PHILOSOPHIE
DE LA TECHNIE.

PHILOSOPHIE
DE LA TECHNIE
ALGORITHMIQUE.

PREMIÈRE SECTION,

CONTENANT

LA LOI SUPRÈME ET UNIVERSELLE DES MATHÉMATIQUES.

Par HOËNÉ WRONSKI.

Nous ,... desirerions sincèrement que l'auteur
eût trouvé la résolution des *équations*, et qu'il
eût fait d'autres découvertes plus belles encore.

Moniteur du 22 Novembre 1812.

A PARIS,

DE L'IMPRIMERIE DE P. DIDOT L'AINÉ.

1815.

AVIS.

Cette *Philosophie de la Technie est la seconde partie de notre Philosophie des Mathématiques, telle que nous l'avons annoncée dans notre premier ouvrage, intitulé* Introduction à la Philosophie des Mathématiques et Technie de l'Algorithmie. *Elle sera composée de plusieurs Sections, dont nous publions ici la première. — La table méthodique générale donnera l'idée de l'ensemble de cette Philosophie de la Technie; et la table méthodique particulière fera connaître les parties constituantes de cette première Section.*

TABLE MÉTHODIQUE
GÉNÉRALE.

A) Première partie. = MOYENS OU INSTRUMENS de la Technie, formant les différens algorithmes particuliers à cette branche de l'Algorithmie.

  a) Déduction philosophique des différens algorithmes techniques.

   *a*2) Déduction théorique ou Possibilité de ces algorithmes.

    *a*3) Principe architectonique de cette possibilité. = RÉDUCTION À LA SOMMATION de tous les modes de la génération des quantités.

    *b*3) Principe métaphysique de la même possibilité. = UNIVERSALITÉ dans la génération des quantités.

   *b*2) Déduction technique ou Nécessité des mêmes algorithmes.

    *a*3) Principe architectonique de cette nécessité. = ÉVALUATION ou MESURE des quantités.

    *b*3) Principe métaphysique de la même nécessité. = FORME UNIQUE nécessaire dans la valeur des quantités, qui donne

     *a*4) La CONCEPTION GÉNÉRALE des algorithmes techniques constitutifs ; et

     *b*4) La CLASSIFICATION ou SPÉCIFICATION des algorithmes techniques comparatifs.

  b) Fondation mathématique des différens algorithmes techniques.

   *a*2) Pour la Constitution technique.

    *a*3) LOIS FONDAMENTALES des algorithmes techniques constitutifs.

    *b*3) CIRCONSTANCES IMMÉDIATES de ces algorithmes.

   *b*2) Pour la Comparaison technique.

*a*3) Résolution des algorithmes techniques comparatifs.

*b*3) Corrélation de ces derniers algorithmes.

B) Seconde partie. $=$ Fins ou Buts de la Technie. (Cette seconde partie de la Table méthodique présente a déjà été donnée dans notre Introduction à la Philosophie des Mathématiques, p. 255.)

a) Fins mathématiques.

*a*2) Fins données par la partie élémentaire de la Théorie de l'Algorithmie.

*a*3) Sous le point de vue transcendantal. $=$ Génération technique des fonctions données immédiatement ou par elles-mêmes.

*b*3) Sous le point de vue logique. $=$ Génération des fonctions données médiatement ou par leurs valeurs consécutives, c'est-à-dire, Emploi des Méthodes d'interpolation.

*b*2) Fins données par la partie systématique de la Théorie de l'Algorithmie.

*a*3) Sous le point de vue transcendantal. $=$ Génération technique des fonctions données par leurs conditions systématiques (telles que sont les différences et différentielles, les intégrales, les grades directs et inverses, les propriétés des nombres, et les termes des équivalences).

*b*3) Sous le point de vue logique. $=$ Résolution technique des Équations de tous les genres.

b) Fins philosophiques.

*a*2) Concernant la Technie de l'Algorithmie en particulier. $=$ Transformation des algorithmes techniques.

*b*2) Concernant l'Algorithmie en général. $=$ Déduction de toutes les lois algorithmiques fondamentales, de la Loi suprème et universelle.

TABLE MÉTHODIQUE

PARTICULIÈRE.

(Pour cette première Section.)

PHILOSOPHIE
DE LA TECHNIE.

Eɴ quoi consistent les Mathématiques? — N'y aurait-il pas moyen d'embrasser, par un seul problème, tous les problèmes de ces sciences, et de résoudre généralement ce problème universel?

Telles sont les questions qui doivent couronner la philosophie du géomètre; et telles sont aussi les questions qu'à la fin de notre Philosophie des Mathématiques, sous la marque (XXXII), nous avons embrassées dans notre loi algorithmique absolue, comme nous allons le montrer.

D'abord, ᴇɴ ǫᴜᴏɪ ᴄᴏɴsɪsᴛᴇɴᴛ ʟᴇs Mᴀᴛʜᴇ́ᴍᴀᴛɪǫᴜᴇs? — C'est la première des deux questions philosophiques que nous venons de poser. — Un peu de réflexion suffit pour reconnaître que, pour répondre à cette première demande, le domaine entier des sciences mathématiques et spécialement de l'Algorithmie qui est leur essence, doit être connu; car, ce n'est qu'alors qu'il devient possible d'embrasser, par une seule loi, l'ensemble de la science. Il faut donc, pour répondre à cette importante proposition, que la Philosophie des Mathématiques et spécialement celle de l'Algorithmie soit connue. Or, cette philosophie se trouvant donnée par nos travaux, nous pouvons entreprendre de résoudre la grande question dont il s'agit; résolution qui, pour l'utilité purement scientifique, sera le premier fruit de notre philosophie. — La voici.

I.

En parcourant l'ensemble de cette philosophie, on découvrira facilement que les différentes questions des Mathématiques ou de l'Algorithmie à laquelle se réduisent ces sciences, consistent originairement dans la GÉNÉRATION DES QUANTITÉS SUIVANT CERTAINES LOIS; de sorte que, pour embrasser dans son origine même l'ensemble de la science, il faudrait embrasser, PAR UNE SEULE LOI, toutes les diverses lois possibles de la génération des quantités. — Ce serait donc là la réponse à la grande question que nous venons de nous proposer. — Or, pour arriver à cette LOI UNIVERSELLE de la génération des quantités, observons que les diverses lois possibles de cette génération, sont autant de fonctions intellectuelles différentes et dépendantes du concours et de la réunion des facultés hétérogènes du savoir, et nommément de l'Entendement et de la Raison. En effet, comme nous l'avons déjà dit ailleurs, la faculté de l'Entendement produit la quantité RÉELLE ou FINIE, qui est en quelque sorte la matière de l'Algorithmie; et la faculté de la Raison établit, par le moyen des quantités INDÉFINIES, une liaison IDÉALE dans la quantité réelle ou finie, en façonnant, pour ainsi dire, la matière de l'Algorithmie : l'Entendement fournit une SOMMATION DISCONTINUE pour la génération des quantités, et la Raison introduit une TRANSITION INDÉFINIE ou une CONTINUITÉ dans cette génération. — Telle est donc l'essence de l'Algorithmie, et, par conséquent, l'essence des Mathématiques qui ne sont proprement que des considérations particulières ou des applications de l'Algorithmie. Et, c'est dans l'expression générale de cette essence de l'Algorithmie, que doit se trouver la loi universelle de la génération des quantités, dont il est question; expression générale dont la découverte ne présente aucune difficulté.

En effet, il suffit de ramener à un seul état la SOMMATION DISCONTINUE qui est la matière ou le contenu de la génération algorithmique des quantités, et la TRANSITION INDÉFINIE qui est la forme de cette génération, et nommément il suffit de ramener cette transition indéfinie à l'état même de la sommation discontinue qui, comme nous venons de le remarquer, est proprement la matière ou le contenu de toute génération algorithmique ; et, cette opération ne présente aucune difficulté, parceque, comme nous l'avons vu dans la Philosophie des Mathématiques, il existe précisément une branche de l'Algorithmie, savoir, le Calcul des différences et spécialement le Calcul des différentielles, qui constitue immédiatement l'opération en question, c'est-à-dire, qui donne l'expression de l'influence de la sommation dans la génération des quantités où domine la graduation, laquelle dernière est proprement la transition indéfinie dont il s'agit. — Voici cette très facile réduction.

Soit Fz une fonction algorithmique quelconque de la variable z, et ζ l'accroissement de cette variable ; on aura, par la conception même du Calcul des différences, la relation d'égalité ... (1)

$$F(z+\zeta) = Fz + \Delta Fz,$$

en désignant par Δ la différence prise, suivant la voie progressive, par rapport à l'accroissement ζ. Or, faisant dans cette relation successivement

$$z = x, \quad z = x + \zeta, \quad z = x + 2\zeta, \quad z = x + 3\zeta, \quad \text{etc.} ;$$

et, substituant les valeurs que donne cette même relation, on obtiendra la suite de valeurs que voici ... (2)

$$F(x+\zeta) = Fx + \Delta Fx$$
$$F(x+2\zeta) = F(x+\zeta) + \Delta F(x+\zeta) = Fx + 2\Delta Fx + \Delta^2 Fx$$
$$F(x+3\zeta) = F(x+2\zeta) + \Delta F(x+2\zeta) = Fx + 3\Delta Fx + 3\Delta^2 Fx + \Delta^3 Fx$$
$$F(x+4\zeta) = F(x+3\zeta) + \Delta F(x+3\zeta) = Fx + 4\Delta Fx + 6\Delta^2 Fx$$
$$+ 4\Delta^3 Fx + \Delta^4 Fx$$

etc., etc. ;

et, procédant de la même manière, on obtiendra généralement, pour un nombre entier quelconque μ, la valeur ... (3)

$$F(x+\mu\zeta) = Fx + \frac{\mu}{1}.\Delta Fx + \frac{\mu(\mu-1)}{1.2}.\Delta^2 Fx$$
$$+ \frac{\mu(\mu-1)(\mu-2)}{1.2.3}.\Delta^3 Fx + \text{etc.}$$

Car, si l'on fait $z = x + \mu\zeta$, la relation (1) donnera

$$F(x+(\mu+1)\zeta) = F(x+\mu\zeta) + \Delta F(x+\mu\zeta);$$

et, si l'expression (3) était vraie pour le nombre μ, on aurait

$$F(x+(\mu+1)\zeta) = Fx + \frac{\mu}{1}.\Delta Fx + \frac{\mu^{2|-1}}{1^{2|1}}.\Delta^2 Fx + \frac{\mu^{3|-1}}{1^{3|1}}.\Delta^3 Fx + \text{etc.}$$
$$+ \Delta Fx + \frac{\mu}{1}.\Delta^2 Fx + \frac{\mu^{2|-1}}{1^{2|1}}.\Delta^3 Fx + \text{etc.};$$

et puisque, pour un nombre quelconque ν, on a

$$\frac{\mu^{\nu|-1}}{1^{\nu|1}} + \frac{\mu^{(\nu-1)|-1}}{1^{(\nu-1)|1}} = \frac{\mu^{(\nu-1)|-1}}{1^{\nu|1}}.\left\{ (\mu-\nu+1) + \nu \right\} = \frac{(\mu+1)^{\nu|-1}}{1^{\nu|1}},$$

on aurait

$$F(x+(\mu+1)\zeta) = Fx + \frac{\mu+1}{1}.\Delta Fx + \frac{(\mu+1)^{2|-1}}{1^{2|1}}.\Delta^2 Fx$$
$$+ \frac{(\mu+1)^{3|-1}}{1^{3|1}}.\Delta^3 Fx + \text{etc.},$$

qui est encore l'expression (3). Donc, pourvu que cette expression soit vraie pour un seul nombre μ, et elle l'est évidemment pour $\mu = 1$, elle le sera pour tous les autres.

Maintenant, si l'on prend cette expression (3) dont la génération se trouve ainsi déduite d'une manière rigoureuse et entièrement théorique, pourvu que μ soit un nombre entier, et si l'on y fait

$$\mu = \frac{i}{\zeta},$$

i étant un multiple exact de l'accroissement ζ, ou réciproquement cet accroissement ζ étant un sous-multiple exact du nombre i, l'expression générale (3) deviendra … (4)

$$F(x+i) = Fx + \frac{i}{1}\cdot\frac{\Delta Fx}{\zeta} + \frac{i(i-\zeta)}{1.2}\cdot\frac{\Delta^2 Fx}{\zeta^2}$$
$$+ \frac{i(i-\zeta)(i-2\zeta)}{1.2.3}\cdot\frac{\Delta^3 Fx}{\zeta^3} + \text{etc.};$$

les différences progressives Δ étant toujours prises par rapport à l'accroissement ζ. Or, cette nouvelle expression (4), comme l'expression (3) dont nous l'avons déduite, est toujours finie, puisque l'accroissement ζ est supposé être un sous-multiple exact de la quantité i. Mais le nombre des termes formant le second membre de cette expression, est évidemment d'autant plus grand que l'accroissement ζ est plus petit; de sorte que, lorsque cet accroissement est INDÉFINIMENT petit, et alors il peut toujours être considéré comme un sous-multiple exact de la quantité i, le nombre de termes dans le second membre de l'expression (4) est nécessairement INFINI. Dans ce cas remarquable, les différences Δ deviendront des différentielles; et si, suivant l'usage, nous désignons alors l'accroissement ζ par dx, l'expression (4) deviendra … (5)

$$F(x+i) = Fx + \frac{i}{1}\cdot\frac{dFx}{dx} + \frac{i^2}{1.2}\cdot\frac{d^2 Fx}{dx^2} + \frac{i^3}{1.2.3}\cdot\frac{d^3 Fx}{dx^3} + \text{etc. } \textit{à l'infini.}$$

C'est là le célèbre *théorème de Taylor*, dont, jusqu'à ce jour, les géomètres n'ont pu donner la déduction (*). — On voit maintenant, non seulement la raison de la forme infinie que présente ce théorème, ainsi que la raison de la suite des puissances entières de i qu'implique cette forme, mais, ce qui est plus et l'essentiel, on voit

____

(*) Voyez le second Mémoire dans notre *Réfutation de la Théorie des fonctions analytiques de Lagrange.*

quelle est l'origine et la véritable signification de cette importante proposition algorithmique; en effet, examinant la marche qui nous y a conduits, on verra que ce théorème n'est rien autre que l'expression de la génération par sommation de la quantité ou de la fonction $F(x + i)$ moyennant les accroissemens successifs et indéfiniment petits formant la suite infinie des quantités

$$Fx, \quad F(x+dx), \quad F(x+2dx), \quad F(x+3dx), \quad F(x+4dx), \quad \text{etc.} \quad \textit{à l'infini;}$$

c'est-à-dire, l'expression de la génération de la fonction $F(x + i)$ moyennant la sommation discontinue des accroissemens indéfiniment petits ou des élémens de cette fonction.

Or, toute fonction $F(x + i)$ implique nécessairement la GRADUATION, car c'est proprement l'influence de cet algorithme régulatif, qui, dans la génération des quantités, est ce qu'on appèle *fonction;* et, comme nous l'avons déjà observé plus haut, l'algorithme de la graduation ne constitue rien autre que la transition indéfinie ou la continuité dans les quantités. Ainsi, l'expression précédente (5), c'est-à-dire, le théorème de Taylor, présente évidemment la réduction de la TRANSITION·INDÉFINIE ou de la CONTINUITÉ dans la génération des quantités, continuité qui est la forme de cette génération, à la SOMMATION DISCONTINUE qui est la matière ou le contenu de la génération algorithmique. C'est donc l'expression très simple (5) qui offre, dans l'Algorithmie, la réduction de la continuité à la discontinuité dans les quantités, que nous nous sommes proposé de découvrir.

Mais, ce n'est encore là que la RÉDUCTION ÉLÉMENTAIRE de la graduation à la sommation, ou de la continuité à la discontinuité dans la génération des quantités, en tant que la variable x de la fonction Fx n'y est considérée que comme donnée elle-même par l'algorithme de la sommation. En effet, on peut concevoir la quantité x comme donnée par l'algorithme de la graduation, c'est-à-dire, comme étant fonction d'une autre quantité y, et chercher la génération par sommation de la fonction $F(x + i)$ moyennant les accroissemens successifs de cette fonction, qui résultent de l'accroissement indéfiniment petit dy que reçoit, non immédiatement la quantité principale x, mais bien la quantité accessoire y; c'est-à-dire, si ψy est la fonction de y constituant la quantité x, on peut concevoir la génération par sommation de la fonction $F(x + i)$ moyennant les accroissemens successifs formant la suite infinie des quantités

$$F(\psi y), \quad F(\psi(y+dy)), \quad F(\psi(y+2dy)), \quad F(\psi(y+3dy)), \quad \text{etc. } \textit{à l'infini.}$$

On peut encore concevoir la quantité y comme étant elle-même fonction d'une troisième quantité z, et chercher la génération par sommation de la fonction $F(x + i)$ moyennant les accroissemens successifs formant la suite infinie des quantités que donne la fonction Fx par l'accroissement indéfiniment petit et successif dz de la seconde quantité accessoire z; et ainsi de suite à l'infini. Bien plus, on peut même concevoir que les accroissemens dx, dy, dz, etc. dont nous venons de parler, soient donnés par l'algorithme de la graduation ou soient fonctions d'autres quantités accessoires à l'infini, c'est-à-dire que ces accroissemens dx, dy, dz, etc., au lieu d'être constans, soient eux-mêmes variables à l'infini; et l'on peut chercher alors la génération par sommation de la fonction $F(x + i)$ moyennant les accroissemens correspondans et successifs de la fonction Fx. — De cette manière, on concevra la possibilité d'une infinité de systèmes de la réduction de la graduation à la sommation, ou de la continuité à la discontinuité dans la génération des quantités; et l'on verra que, pour répondre complètement à la question que nous nous sommes proposée, il faudrait découvrir la loi générale de tous ces systèmes de réduction dont il s'agit, loi qui donnerait ainsi la RÉDUCTION SYSTÉMATIQUE de la graduation à la sommation, ou de la continuité à la discontinuité dans la génération algorithmique.

Avant de procéder à cette dernière découverte, nous allons, pour éclaircir mieux ces différens systèmes de réduction dont il est question, en présenter un exemple que nous prendrons sur le cas le plus simple de cette réduction systématique, savoir, sur le cas où, dans la fonction Fx, la quantité x est considérée comme étant une certaine fonction ψy d'une autre quantité y, de sorte qu'on ait $Fx = F(\psi y)$. — Mais, pour plus de brièveté, faisons $x = o$ dans l'expression (5), et nous aurons

$$F(i) = F\dot{x} + \frac{i}{1}\cdot\frac{dF\dot{x}}{dx} + \frac{i^2}{1.2}\cdot\frac{d^2 F\dot{x}}{dx^2} + \frac{i^3}{1.2.3}\cdot\frac{d^3 F\dot{x}}{dx^3} + \text{etc.},$$

en marquant par le point placé sur x qu'il faut faire $x = o$ après avoir pris les différentielles; et changeant i en x, nous aurons définitivement ... (5)'

$$Fx = F\dot{x} + \frac{x}{1}\cdot\frac{dF\dot{x}}{dx} + \frac{x^2}{1.2}\cdot\frac{d^2 F\dot{x}}{dx^2} + \frac{x^3}{1.2.3}\cdot\frac{d^3 F\dot{x}}{dx^3} + \text{etc.}$$

C'est là ce qu'on appèle *théorème de Maclaurin* (*). — Or, en appliquant ce théorème au développement de la fonction $F(\psi y)$ dont il s'agit, on obtiendra ... (6)

$$F(\psi y) = F(\psi \dot{y}) + \frac{y}{1}\cdot\frac{dF(\psi \dot{y})}{dy} + \frac{y^2}{1.2}\cdot\frac{d^2 F(\psi \dot{y})}{dy^2} + \text{etc.};$$

le point placé sur y marquant ici également qu'il faut faire $y = o$ après avoir pris les différentielles. Ainsi, en supposant que la fonction ψy forme la quantité x, on aura l'équation $\psi y = x$, qui donnera

---

(*) Ce théorème n'étant ainsi qu'un cas particulier de celui de Taylòr, nous le nommerons souvent indistinctement *théorème de Taylor*.

$y = \varphi x$, en désignant par φx la fonction réciproque de ψy. De plus, on aura

$$\frac{dF(\psi y)}{dy} = \left(\frac{dFx}{dy}\right) = \left(\frac{dFx}{dx}\right)\left(\frac{dx}{dy}\right) = \frac{dFx}{d\varphi x} = \Xi_1$$

$$\frac{d^2 F(\psi y)}{dy^2} = \left(\frac{d^2 Fx}{dy^2}\right) = \left(\frac{d\Xi_1}{dx}\right)\left(\frac{dx}{dy}\right) = \frac{d\Xi_1}{d\varphi x} = \Xi_2$$

$$\frac{d^3 F(\psi y)}{dy^3} = \left(\frac{d^3 Fx}{dy^3}\right) = \left(\frac{d\Xi_2}{dx}\right)\left(\frac{dx}{dy}\right) = \frac{d\Xi_2}{d\varphi x} = \Xi_3$$

etc., etc.;

et l'expression (6) deviendra ... (6)'

$$Fx = Fx + \frac{\varphi x}{1}.\dot{\Xi}_1 + \frac{(\varphi x)^2}{1.2}.\dot{\Xi}_2 + \frac{(\varphi x)^3}{1.2.3}.\dot{\Xi}_3 + \text{etc.,}$$

le point marquant ici qu'après les différentiations, il faut donner à la variable x la valeur qui résulte pour cette quantité de la relation $y = 0$, c'est-à-dire, de la relation $\varphi x = 0$.

C'est le *théorème de Paoli*. — On voit maintenant quelle est l'origine et la vraie signification de ce théorème : en effet, l'expression (5)' dont nous l'avons déduit, étant un cas particulier du théorème de Taylor, n'est qu'une détermination particulière de la signification que nous avons reconnue plus haut à ce théorème ; et, joignant à cette détermination la considération de ce que la quantité x est une certaine fonction ψy d'une autre quantité y, on verra que la vraie signification du théorème précédent (6)', est l'expression de la génération par sommation de la fonction Fx moyennant les accroissemens successifs formant la suite infinie des quantités

$$F(\psi(0)), \quad F(\psi(0+dy)), \quad F(\psi(0+2dy)), \quad F(\psi(0+3dy)), \quad \text{etc. } \textit{à l'infini,}$$

en observant que la fonction ψy est la fonction réciproque de la fonction φx par rapport à laquelle procède le développement dans l'expression (6)′, c'est-à-dire, la fonction donnée pour x par l'équation $\varphi x = y$.

Tel (6)′ est le cas le plus particulier ou le plus simple de la réduction systématique de la continuité à la discontinuité dans la génération des quantités; et, parmi l'infinité des systèmes que nous avons reconnus possibles pour cette réduction, le théorème (6)′ est, jusqu'à ce jour, le seul système auquel on soit parvenu, en s'élevant au delà de la réduction élémentaire de la continuité à la discontinuité algorithmique, que présente le théorème élémentaire de Taylor. Encore, ce théorème systématique de Paoli ne donne-t-il que le moyen de la détermination des coefficiens Ξ_1, Ξ_2, Ξ_3, etc., et non leur loi ou l'expression de la nature même de ces coefficiens, telle que nous aurons lieu de la découvrir dans la suite de cette Philosophie de la Technie (*).

Après avoir éclairci, par cet exemple, les systèmes que nous avons reconnus possibles pour la réduction de la graduation à la sommation, ou de la continuité à la discontinuité dans la génération des quantités, procédons maintenant à la déduction de la loi générale de tous ces systèmes possibles. Ce sera là définitivement la réponse à la grande question que nous nous sommes proposée en premier lieu, savoir, à la question de déterminer la loi qui embrasse toutes les générations algorithmiques possibles, c'est-à-dire, la loi universelle de la génération des quantités, et, par conséquent, la LOI SUPRÈME des Mathématiques.

En examinant le théorème particulier (5)′ de Taylor, on voit que

---

(*) Les procédés de dérivations d'Arbogast et de Kramp, appliqués à ce même théorème (6)′, ne donnent toujours que des moyens de la détermination des coefficiens Ξ_1, Ξ_2, Ξ_3, etc., et nullement l'expression de la nature même de ces coefficiens, c'est-à-dire, leur loi.

la génération de la fonction Fx, c'est-à-dire, l'influence de la graduation dans la quantité Fx, s'y trouve ramenée à une sommation discontinue d'une suite indéfinie de termes composés avec les puissances entières de la variable x dont dépend la fonction Fx ; et c'est là la forme de la génération par sommation de cette quantité Fx, lorsqu'on la considère comme engendrée par les accroissemens successifs de la fonction Fx, correspondans à l'accroissement indéfiniment petit et constant dx de la variable elle-même x. En examinant de la même manière le théorème $(6)'$ de Paoli, on voit que la génération de la même fonction Fx, c'est-à-dire, toujours l'influence de la graduation dans la quantité Fx, s'y trouve ramenée à une sommation discontinue d'une suite indéfinie de termes composés avec les puissances d'une fonction arbitraire φx de la variable x dont dépend la fonction Fx ; et c'est ici la forme de la génération par sommation de cette quantité Fx, lorsqu'on la considère comme engendrée par les accroissemens successifs de la fonction Fx, correspondans à l'accroissement indéfiniment petit et constant dy que reçoit, non la variable x elle-même, mais bien une quantité accessoire y formant la quantité x par le moyen de la fonction ψy que donne pour x l'équation $\varphi x = y$. — De cet examen, il résulte immédiatement, non par induction, mais par la nature même de la question, que, lorsque la quantité Fx sera considérée généralement comme engendrée par les accroissemens successifs de la fonction Fx, correspondans à des accroissemens quelconques, constans ou variables, que reçoivent d'autres quantités quelconques y, z, etc., liées par des fonctions déterminées avec la variable x, on aura toujours, pour la génération de la fonction Fx, ramenée à une sommation discontinue, une suite indéfinie de termes composés de certaines fonctions de la variable x ; c'est-à-dire, si l'on désigne par Ω_0, Ω_1, Ω_2, Ω_3, etc. une suite indéfinie de fonctions arbitraires de la variable x, et par A_0,

A_1, A_2, A_3, etc. une suite pareille de certaines quantités déterminées et indépendantes de cette variable x, on aura, dans le cas général en question, pour la génération de la fonction Fx, ramenée à la sommation, la forme ... (7)

$$Fx = A_0\,\Omega_0 + A_1\,\Omega_1 + A_2\,\Omega_2 + A_3\,\Omega_3 + A_4\,\Omega_4 + \text{etc. } \textit{à l'infini.}$$

Cette forme est évidente; et, après tout ce que nous venons de dire de la réduction de la graduation ou de la continuité algorithmique impliquée dans la fonction Fx, à la génération de la quantité Fx moyennant la sommation ou la discontinuité algorithmique, on voit, sans avoir besoin d'aucune déduction ultérieure, que la forme précédente (7) est réellement la FORME UNIVERSELLE de la réduction de la graduation à la sommation, ou de la continuité à la discontinuité dans la génération des quantités. Mais, pour la possibilité algorithmique de cette forme universelle, car ce n'est encore là que la possibilité philosophique de cette forme, il reste à découvrir les conditions auxquelles doivent être soumises les fonctions arbitraires Ω_0, Ω_1, Ω_2, Ω_3, etc., pour que la génération par sommation, donnée par la forme (7) en question, soit possible. — Voici ces conditions.

En marquant par un point placé sur les lettres, la valeur des fonctions désignées par ces lettres, lorsque la variable x devient zéro, formons, avec la fonction proposée Fx, avec les fonctions arbitraires Ω_0, Ω_1, Ω_2, Ω_3, etc., et les quantités constantes A_0, A_1, A_2, A_3, etc., la suite indéfinie d'équations que voici ... (8)

$$\dot{F}x = A_0 . \dot{\Omega}_0 + A_1 . \dot{\Omega}_1 + A_2 . \dot{\Omega}_2 + A_3 . \dot{\Omega}_3 + \text{etc.}$$

$$\frac{d\dot{F}x}{dx} = A_0 . \left(\frac{d\dot{\Omega}_0}{dx}\right) + A_1 . \left(\frac{d\dot{\Omega}_1}{dx}\right) + A_2 . \left(\frac{d\dot{\Omega}_2}{dx}\right) + A_3 . \left(\frac{d\dot{\Omega}_3}{dx}\right) + \text{etc.}$$

$$\frac{d^2\dot{F}x}{dx^2} = A_0 . \left(\frac{d^2\dot{\Omega}_0}{dx^2}\right) + A_1 . \left(\frac{d^2\dot{\Omega}_1}{dx^2}\right) + A_2 . \left(\frac{d^2\dot{\Omega}_2}{dx^2}\right) + A_3 . \left(\frac{d^2\dot{\Omega}_3}{dx^2}\right) + \text{etc.}$$

$$\frac{d^3 \dot{F}x}{dx^3} = A_0 \cdot \left(\frac{d^3 \dot{\Omega}_0}{dx^3}\right) + A_1 \cdot \left(\frac{d^3 \dot{\Omega}_1}{dx^3}\right) + A_2 \cdot \left(\frac{d^3 \dot{\Omega}_2}{dx^3}\right) + A_3 \cdot \left(\frac{d^3 \dot{\Omega}_3}{dx^3}\right) + \text{etc.}$$

$$\frac{d^4 \dot{F}x}{dx^4} = A_0 \cdot \left(\frac{d^4 \dot{\Omega}_0}{dx^4}\right) + A_1 \cdot \left(\frac{d^4 \dot{\Omega}_1}{dx^4}\right) + A_2 \cdot \left(\frac{d^4 \dot{\Omega}_2}{dx^4}\right) + A_3 \cdot \left(\frac{d^4 \dot{\Omega}_3}{dx^4}\right) + \text{etc.}$$

etc. etc. ;

en observant expressément que ces équations sont entièrement indépendantes de la loi ou forme algorithmique (7) qu'il s'agit de déduire. En effet, sans faire aucunement attention à cette loi, rien n'empêche de considérer, d'une part, la suite des valeurs

$$\dot{F}x, \quad \frac{d\dot{F}x}{dx}, \quad \frac{d^2 \dot{F}x}{dx^2}, \quad \frac{d^3 \dot{F}x}{dx^3}, \quad \text{etc.},$$

que donnent les dérivées différentielles de la fonction proposée Fx ; et, de l'autre part, la suite des valeurs

$$\dot{\Omega}_0, \quad \left(\frac{d\dot{\Omega}_0}{dx}\right), \quad \left(\frac{d^2 \dot{\Omega}_0}{dx^2}\right), \quad \left(\frac{d^3 \dot{\Omega}_0}{dx^3}\right), \quad \text{etc.}$$

$$\dot{\Omega}_1, \quad \left(\frac{d\dot{\Omega}_1}{dx}\right), \quad \left(\frac{d^2 \dot{\Omega}_1}{dx^2}\right), \quad \left(\frac{d^3 \dot{\Omega}_1}{dx^3}\right), \quad \text{etc.}$$

$$\dot{\Omega}_2, \quad \left(\frac{d\dot{\Omega}_2}{dx}\right), \quad \left(\frac{d^2 \dot{\Omega}_2}{dx^2}\right), \quad \left(\frac{d^3 \dot{\Omega}_2}{dx^3}\right), \quad \text{etc.}$$

etc., etc.,

que donnent les dérivées différentielles des fonctions arbitraires Ω_0, Ω_1, Ω_2, Ω_3, etc. ; et, enfin, rien n'empêche de former, avec ces valeurs, les équations (8) dont il est question. Mais, le théorème particulier (5)′ donne

$$Fx = \dot{F}x + \frac{x}{1} \cdot \frac{d\dot{F}x}{dx} + \frac{x^2}{1 \cdot 2} \cdot \frac{d^2 \dot{F}x}{dx^2} + \frac{x^3}{1 \cdot 2 \cdot 3} \cdot \frac{d^3 \dot{F}x}{dx^3} + \text{etc.} ;$$

donc, substituant ici les valeurs de $\dot{F}x$, $\dfrac{d\dot{F}x}{dx}$, $\dfrac{d^2 \dot{F}x}{dx^2}$, $\dfrac{d^3 \dot{F}x}{dx^3}$, etc., données par les équations (8), on aura

$$Fx = A_0 . \left\{ \dot{\Omega}_0 + \frac{x}{1} . \left(\frac{d\dot{\Omega}_0}{dx} \right) + \frac{x^2}{1.2} . \left(\frac{d^2 \dot{\Omega}_0}{dx^2} \right) + \frac{x^3}{1.2.3} . \left(\frac{d^3 \dot{\Omega}_0}{dx^3} \right) + \text{etc.} \right\}$$

$$+ A_1 . \left\{ \dot{\Omega}_1 + \frac{x}{1} . \left(\frac{d\dot{\Omega}_1}{dx} \right) + \frac{x^2}{1.2} . \left(\frac{d^2 \dot{\Omega}_1}{dx^2} \right) + \frac{x^3}{1.2.3} . \left(\frac{d^3 \dot{\Omega}_1}{dx^3} \right) + \text{etc.} \right\}$$

$$+ A_2 . \left\{ \dot{\Omega}_2 + \frac{x}{1} . \left(\frac{d\dot{\Omega}_2}{dx} \right) + \frac{x^2}{1.2} . \left(\frac{d^2 \dot{\Omega}_2}{dx^2} \right) + \frac{x^3}{1.2.3} . \left(\frac{d^3 \dot{\Omega}_2}{dx^3} \right) + \text{etc.} \right\}$$

$$+ A_3 . \left\{ \dot{\Omega}_3 + \frac{x}{1} . \left(\frac{d\dot{\Omega}_3}{dx} \right) + \frac{x^2}{1.2} . \left(\frac{d^2 \dot{\Omega}_3}{dx^2} \right) + \frac{x^3}{1.2.3} . \left(\frac{d^3 \dot{\Omega}_3}{dx^3} \right) + \text{etc.} \right\}$$

etc., etc.

Et, puisqu'en vertu du même théorème (5)′, on a

$$\dot{\Omega}_0 + \frac{x}{1} . \left(\frac{d\dot{\Omega}_0}{dx} \right) + \frac{x^2}{1.2} . \left(\frac{d^2 \dot{\Omega}_0}{dx^2} \right) + \text{etc.} = \Omega_0$$

$$\dot{\Omega}_1 + \frac{x}{1} . \left(\frac{d\dot{\Omega}_1}{dx} \right) + \frac{x^2}{1.2} . \left(\frac{d^2 \dot{\Omega}_1}{dx^2} \right) + \text{etc.} = \Omega_1$$

$$\dot{\Omega}_2 + \frac{x}{1} . \left(\frac{d\dot{\Omega}_2}{dx} \right) + \frac{x^2}{1.2} . \left(\frac{d^2 \dot{\Omega}_2}{dx^2} \right) + \text{etc.} = \Omega_2$$

etc., etc.;

donc, on aura définitivement

$$Fx = A_0 \Omega_0 + A_1 \Omega_1 + A_2 \Omega_2 + A_3 \Omega_3 + \text{etc.};$$

et c'est là la forme algorithmique universelle (7) dont il est question.
— Ainsi, lorsque les fonctions arbitraires Ω_0, Ω_1, Ω_2, Ω_3, etc. seront
telles que les équations (8) pourront servir à la détermination des
quantités A_0, A_1, A_2, A_3, etc., la forme universelle (7) de la génération de la fonction Fx sera possible. Ce sont donc les équations (8)
qui constituent les CONDITIONS auxquelles doivent être soumises les
fonctions arbitraires Ω_0, Ω_1, Ω_2, Ω_3, etc., pour que la génération de la
fonction Fx, suivant la forme universelle (7), soit possible (*).

____

(*) Les équations (8) ne sont proprement qu'une des différentes formes que peuvent

De plus, ces équations (8) montrent en même tems quelle est la nature des quantités A_0, A_1, A_2, A_3, etc. constituant les coefficiens dans la génération universelle (7) ; en effet, on voit que les équations (8) donneront, pour les quantités A_0, A_1, A_2, etc., des fonctions sous une forme infinie, composées des différentielles de la fonction proposée Fx, et des différentielles des fonctions arbitraires Ω_0, Ω_1, Ω_2, etc. Aussi, en se rappelant la vraie signification de la génération de la fonction Fx moyennant la forme universelle (7), telle que nous l'avons déduite plus haut, conçoit-on à priori que la nature des quantités A_0, A_1, A_2, etc. dont il s'agit, doit consister en des fonctions composées des différentielles de la fonction principale Fx et des différentielles des fonctions accessoires Ω_0, Ω_1, Ω_2, etc. ; car, ce n'est que de cette manière que peut être opérée la génération de la fonction Fx moyennant les accroissemens successifs correspondans à des accroissemens indéfiniment petits, constans ou variables, de quelques quantités liées avec la variable x par certaines fonctions déterminées et dépendantes des fonctions arbitraires Ω_0, Ω_1, Ω_2, Ω_3, etc., génération qui est proprement l'objet de la forme universelle (7). Et, même réciproquement, cette nature particulière des quantités A_0, A_1, A_2, A_3, etc., telle qu'elle se trouve donnée par les équations (8), suffirait pour faire découvrir la nature propre de la génération de la fonction Fx moyennant la forme (7), quand même nous ne la connaîtrions pas déjà, et que même nous n'aurions pas fixé à dessein et à priori, dans cette forme (7), la génération universelle de la fonction Fx. ×

Ainsi donc, la forme (7) présente la forme de la génération universelle d'une fonction algorithmique Fx ; et, par conséquent, c'est là

---

recevoir les conditions générales dont il s'agit : on verra, dans la suite de cet ouvrage, ces mêmes conditions dans leur généralité absolue.

la forme de la LOI UNIVERSELLE de la génération des quantités, que
nous nous sommes proposé de découvrir pour répondre à la première
des deux grandes questions philosophiques que nous avons posées
au commencement de cet ouvrage, savoir, à la grande question
suivante :

EN QUOI CONSISTENT LES MATHÉMATIQUES, ET SPÉCIALEMENT
L'ALGORITHMIE A LAQUELLE SE RÉDUISENT CES SCIENCES?

C'est en effet, comme nous l'avons déjà observé plus haut, dans ce
qu'il y a d'universel dans les diverses lois possibles de la génération
des quantités, que consiste proprement l'essence de l'Algorithmie; et
c'est cette UNIVERSALITÉ qui, suivant les déductions précédentes, se
trouve donnée dans la forme (7) de la génération des quantités.

Or, cette forme (7) de la loi universelle algorithmique, n'est rien
autre que la forme même de la loi absolue et suprème à laquelle,
sous la marque (XXXII), nous sommes parvenus à la fin de notre
Philosophie des Mathématiques (page 252); et cela pour couronner
cette Philosophie, en la terminant par un algorithme universel et
identique avec le principe premier et simple de cette doctrine, savoir, avec l'algorithme primitif et primordial de la sommation, duquel nous sommes partis dans la déduction de notre Philosophie des
Mathématiques : aussi, avons-nous observé que cette circonstance
présente un critérium infaillible de ce que le système de nos con-
naissances algorithmiques se trouve ainsi complètement achevé par
cet algorithme tout à la fois universel et primordial. Mais, ce qui est
ici essentiel à remarquer, c'est que cette dernière loi (XXXII) de la
Philosophie des Mathématiques, qui, suivant les déductions précédentes, est la loi universelle de la génération des quantités, se trouve
en même tems être la loi fondamentale de la Technie de l'Algorithmie, dont elle constitue l'algorithme systématique et en quelque

sorte général. De cette manière, il se trouve jeté un nouveau jour
sur cette branche nouvelle de l'Algorithmie, que nous nommons
Technie et dont la philosophie spéciale est l'objet de l'ouvrage présent. On verra, en effet, que la Technie de l'Algorithmie, considérée
sous le point de vue particulier dans lequel nous venons de nous
placer dans cet ouvrage, a pour objet spécial L'UNIVERSALITÉ DANS LA
GÉNÉRATION DES QUANTITÉS. — Mais, pour plus de clarté, développons
davantage la nature de cette importante branche de l'Algorithmie,
en la considérant séparément sous chacun des deux points de vue,
sous lesquels on peut l'envisager; savoir, sous le point de vue général,
sous lequel nous l'avons considérée dans notre Philosophie des Mathématiques, et sous le point de vue particulier, sous lequel elle se
montre dans l'ouvrage présent.

D'abord, dans la Philosophie des Mathématiques, en examinant
les différens algorithmes, élémentaires et systématiques, composant
la Théorie de l'Algorithmie, nous avons reconnu que c'étaient là les
différentes formes primaires de la génération des quantités, constituant la nature même ou la construction de ces dernières. Mais, en
considérant en même tems, d'une part, dans la partie élémentaire
de la Théorie de l'Algorithmie, la différence essentielle à côté de la
concordance nécessaire lesquelles se trouvent entre les lois et les
faits des nombres, dont les unes (les lois) et les autres (les faits)
sont donnés par les formes primaires de la génération des quantités, et nommément, les lois des nombres par l'algorithme de la
graduation, et les faits des nombres par l'algorithme de la sommation;
et considérant, de l'autre part, dans la partie systématique de la
Théorie de l'Algorithmie, l'impossibilité absolue d'effectuer réellement, par ces formes primaires de la génération des quantités, tous
les modes possibles de la génération algorithmique, par exemple,
l'intégration de toute fonction différentielle; nous avons reconnu la

NÉCESSITÉ de la réduction des formes primaires dont il s'agit, à des formes secondaires de la génération des quantités, qui soient équivalentes aux formes primaires. Or, cette réduction qui constitue évidemment l'*évaluation* ou la *mesure* des quantités, quoiqu'elle soit opérée par le moyen des formes primaires mêmes de la génération algorithmique, car il ne saurait exister pour l'homme aucun autre procédé possible, n'est cependant pas contenue explicitement, ni même implicitement, dans ces formes primaires de génération ; autrement, cette réduction des formes primaires à des formes secondaires de la génération algorithmique, ne serait pas nécessaire. Cette réduction sort donc du domaine de la SPÉCULATION ALGORITHMIQUE, régie par l'ENTENDEMENT (en général), et constituant la *Théorie de l'Algorithmie :* elle forme une espèce d'ACTION ALGORITHMIQUE, étant évidemment une fin ou un but propre de la VOLONTÉ ; et, comme telle, cette réduction présente un procédé artificiel, un art (τίχνη), et constitue ce que nous nommons *Technie de l'Algorithmie.* Enfin, les algorithmes théoriques spéciaux par le moyen desquels peut et doit être opérée la réduction en question des formes primaires (*) à des formes secondaires de la génération des quantités, ne sauraient être, dans leur origine, que les deux algorithmes primitifs de la sommation et de la graduation, et, dans leur application définitive, que les deux algorithmes dérivés de la numération et des facultés, lesquels derniers, par l'influence de l'algorithme de la reproduction, réu-

---

(*) Il ne faut pas confondre les formes *primaires* de la génération algorithmique, avec les algorithmes *primitifs* eux-mêmes : par ces formes primaires, nous entendons ici visiblement tous les algorithmes THÉORIQUES, primitifs et dérivés, élémentaires et systématiques ; et, de même, par les formes secondaires de la génération algorithmique, nous entendons aussi visiblement tous les algorithmes TECHNIQUES, primitifs et dérivés, élémentaires et systématiques. (Voyez, pour plus de facilité, le Tableau architectonique à la fin de notre Philosophie des Mathématiques).

nissent évidemment tous les algorithmes théoriques possibles, c'est-à-dire, toutes les formes primaires possibles de la génération des quantités, et se trouvent ainsi propres à la réduction de ces formes primaires aux formes secondaires de la génération algorithmique, dont il s'agit.

Suivant cette déduction de la Technie de l'Algorithmie, il est évident, comme nous l'avons déjà conclu dans la Philosophie des Mathématiques, que l'objet général de cette branche de l'Algorithmie, est l'ÉVALUATION ou la MESURE des quantités; c'est-à-dire, lorsque la nature ou la construction d'une quantité algorithmique se trouve donnée au moyen des algorithmes théoriques quelconques, élémentaires ou systématiques, la génération de cette quantité, opérée par l'EMPLOI ARBITRAIRE de l'un des deux algorithmes primitifs de la sommation ou de la graduation, et spécialement par l'un des deux algorithmes dérivés immédiats, la numération ou les facultés, est l'objet de la Technie de l'Algorithmie. De plus, en examinant la nature de la déduction précédente, on verra qu'elle n'établit proprement que la NÉCESSITÉ de cette nouvelle branche de l'Algorithmie; et c'est là le point de vue général sous lequel la Technie en question se trouve envisagée dans notre Philosophie des Mathématiques, point de vue sous lequel on ne découvre encore que la TRANSITION DE LA THÉORIE À LA TECHNIE DE L'ALGORITHMIE; aussi, n'est-ce proprement que cette transition qui se trouve exposée dans la Philosophie que nous venons de nommer. Quant à la POSSIBILITÉ même de la Technie de l'Algorithmie, possibilité qu'il fallait au moins supposer, elle s'y trouve donnée implicitement par la nature des algorithmes de la numération et des facultés, formant les instrumens de cette Technie et impliquant, par le moyen de l'algorithme de la reproduction, une espèce d'UNIVERSALITÉ qui lie tous les algorithmes théoriques, et qui rend ainsi possible la réduction des formes primaires ou théoriques aux formes secondaires ou techniques de la génération des quantités.

En second lieu, dans l'ouvrage présent, desirant découvrir l'essence même de l'Algorithmie, c'est-à-dire, ce qu'il y a d'universel dans les divers modes possibles de la génération des quantités, nous avons reconnu que c'est l'algorithme primitif de la sommation, dont le caractère propre est la discontinuité dans cette génération, que c'est cet algorithme primitif, disons-nous, qui est en quelque sorte la matière ou le contenu de l'Algorithmie. Mais, en examinant ces divers modes possibles de la génération algorithmique, nous avons reconnu, en même tems, que leur nature propre dépend spécialement de l'influence de l'algorithme primitif de la graduation, qui, en déterminant la nature de ces divers modes de génération des quantités, n'est en quelque sorte que la forme de l'Algorithmie, et consiste proprement dans la continuité qu'il introduit dans cette génération ; continuité qui en est le véritable caractère. Ainsi, pour ramener tous les modes de génération algorithmique à l'essence même de l'Algorithmie, et pour obtenir par là l'universalité de cette génération, il fallait ramener généralement la graduation à la sommation, c'est-à-dire, la continuité à la discontinuité dans la génération des quantités. Or, nous avons opéré cette réduction, d'abord d'une manière élémentaire, en ramenant la génération d'une fonction quelconque Fx, c'est-à-dire, un mode quelconque de génération des quantités, car c'est là le vrai sens de ce qu'on appèle *fonction* algorithmique, en ramenant, disons-nous, la génération de cette fonction à une sommation infinie des accroissemens successifs de cette fonction, correspondans à l'accroissement indéfiniment petit et constant dx de la variable x ; et, ensuite d'une manière systématique, en ramenant la génération de la fonction Fx à une sommation infinie des accroissemens successifs de la même fonction, correspondans généralement à des accroissemens quelconques, constans ou variables, de

quelques quantités liées avec la variable x par certaines fonctions
déterminées. L'une et l'autre de ces réductions, savoir, la réduction
élémentaire et la réduction systématique, ont évidemment été opérées
par le moyen de la théorie des différences et des différentielles, théorie qui, comme nous l'avions remarqué, porte spécialement sur l'influence de la sommation dans la graduation; et, pour ne parler plus
ici que de la réduction systématique, qui embrasse la réduction élémentaire comme un cas particulier, nous sommes parvenus à exprimer cette réduction systématique par la forme (7) constituant ainsi
la forme de la LOI UNIVERSELLE de la génération des quantités, et, ce
qui est ici l'essentiel, se trouvant identique avec la forme (XXXII) de
la loi algorithmique absolue ou suprème que nous avons déduite à la
fin de la Philosophie des Mathématiques (page 252) et qui, formant
l'algorithme systématique de la Technie de l'Algorithmie, en est, en
quelque sorte, la loi générale.

Ainsi, suivant la déduction précédente de cette loi générale de la
Technie, l'objet de cette branche de l'Algorithmie est l'UNIVERSALITÉ
DANS LA GÉNÉRATION DES QUANTITÉS; c'est-à-dire que la réduction de
toute génération des quantités à l'algorithme primitif de la sommation
qui est l'essence de l'Algorithmie, ou bien, ce qui est la même chose,
que la réduction de la graduation à la sommation, ou de la continuité
à la discontinuité dans la génération algorithmique, est l'objet général de la Technie de l'Algorithmie. De plus, ayant reconnu, dans la
même déduction, les moyens de cette réduction formant l'objet de la
Technie dont il s'agit, moyens qui consistent dans la sommation
infinie des accroissemens successifs d'une fonction, correspondans à
des accroissemens de sa variable, nous avons établi, par cette déduction de la Technie algorithmique, la POSSIBILITÉ même de cette
branche de l'Algorithmie; et c'est là le point de vue particulier sous
lequel la Technie en question se trouve envisagée dans l'ouvrage

présent, point de vue sous lequel on découvre évidemment la PHILO-
SOPHIE MÊME DE LA TECHNIE DE L'ALGORITHMIE, qui est l'objet de cet
ouvrage. — Quant à la faculté intellectuelle qui domine dans cette
nouvelle branche de l'Algorithmie, c'est manifestement la VOLONTÉ;
parceque, comme nous l'avons déjà remarqué plusieurs fois, la réduction générale de la graduation à la sommation, qui est l'objet de cette
branche algorithmique, n'est point donnée, dans le domaine de la
SPÉCULATION, parmi les divers modes possibles de la génération des
quantités, car alors cette réduction serait inutile: elle ne peut être
qu'une fin ou un but propre de la Volonté, exigeant une ACTION spéciale; et cette circonstance devient de la plus haute importance pour
la Technie en question, parce que, comme nous le verrons dans
l'instant, c'est de cette influence dominante de la Volonté, que dépend proprement la détermination des différens algorithmes techniques élémentaires.

En résumant cette double déduction de la Technie de l'Algorithmie, telle que nous l'avons d'abord donnée dans notre Philosophie
des Mathématiques et telle que nous venons de la donner dans l'ouvrage présent, il résulte que, dans la première de ces déductions, nous
n'avions encore établi que la NÉCESSITÉ de cette nouvelle branche
algorithmique, ce qui nous a ouvert la TRANSITION DE LA THÉORIE À
LA TECHNIE DE L'ALGORITHMIE, et que, dans la dernière de ces déductions, nous avons établi la POSSIBILITÉ même de cette branche algorithmique, ce qui doit nous présenter et nous donne réellement la
PHILOSOPHIE MÊME DE LA TECHNIE DE L'ALGORITHMIE. — Il résulte, en
outre, de la comparaison de ces deux déductions, une détermination
plus précise des objets que ces déductions assignent respectivement à
la Technie dont il s'agit: ainsi lorsque, dans le point de vue général
de la première de ces déductions, dans celui de la nécessité de la
Technie, il se trouve que l'objet de cette branche est la généra-

tion arbitraire de toute quantité, au moyen des algorithmes primitifs de la sommation ou de la graduation, ou bien spécialement au moyen des algorithmes dérivés de la numération ou des facultés , on découvre, du point de vue particulier de la seconde des déductions dont nous parlons, de celui de la possibilité même de la Technie, que l'emploi de l'algorithme de la graduation et spécialement de l'algorithme des facultés, dont il vient d'être question, ne peut avoir lieu dans la Technie de l'Algorithmie, qu'autant que ces algorithmes se trouvent respectivement identiques avec celui de la sommation , car, suivant ce dernier point de vue, l'objet de la Technie consiste précisément dans la réduction, à l'algorithme de la sommation, de tous les modes possibles de génération des quantités ; aussi, comme nous le verrons dans la suite, les deux algorithmes techniques élémentaires qui dépendent de l'emploi de l'algorithme des facultés ou de la graduation et que, dans la Philosophie des Mathématiques, nous avons nommés *Produites continues* et *Facultés strictement dites*, ne sont-ils possibles que par l'identité qui se trouve, du moins implicitement, entre ces algorithmes et celui de la sommation, identité qui, à son tour, est fondée sur le principe téléologique de la théorie des Équivalences (Voyez Philos. des Mathém. page 82).

Mais, jusqu'ici, nous n'avons encore déduit la possibilité de la Technie de l'Algorithmie, qu'en la prenant dans sa généralité, telle qu'elle se trouve embrassée par la loi (XXXII) de notre Philosophie (*) ou par la loi (7) de l'ouvrage présent, loi qui forme l'*algorithme*

____

(*) Comme les marques attachées aux formules relatives à la Technie sont, dans notre Philosophie des Mathématiques, les nombres romains (I), (II), (III), (IV), (V), etc., on ne pourra pas les confondre avec celles de l'ouvrage présent qui sont les chiffres arabes (1), (2), (3), (4), (5), etc. : nous nous dispenserons donc dorénavant de rappeler les ouvrages respectifs auxquels se rapporteront les marques que nous citerons.

technique systématique. — Il nous reste à déduire également la possibilité des différens *algorithmes techniques élémentaires,* primitifs et dérivés; et c'est ce que nous allons faire.

Avant tout, remarquons que l'algorithme technique systématique dont nous venons de parler, embrasse réellement tous les autres algorithmes techniques, et se trouve ainsi l'expression de la généralité de la Technie algorithmique. En effet, cet algorithme technique systématique n'est évidemment que la FORME GÉNÉRALE de tous les autres algorithmes techniques, comme nous l'avons déjà reconnu dans la Philosophie des Mathématiques (page 248), où, donnant la déduction de cet algorithme systématique, nous avons observé que « l'unité « systématique qui lie les algorithmes techniques élémentaires, ne peut « consister que dans la forme générale de ces algorithmes, et que cette « forme générale est nécessairement la forme primitive de toute l'Al- « gorithmie ». Mais, à présent que nous connaissons la possibilité même de l'algorithme systématique dont il s'agit, et que nous savons que la forme de cet algorithme n'est rien autre que la forme de l'universalité même de la génération des quantités, nous concevons, d'une part, pourquoi la forme générale des algorithmes techniques est, en même tems, la forme primitive de toute l'Algorithmie, et nous reconnaissons, de l'autre part, que les algorithmes techniques élémentaires ne peuvent être que des déterminations particulières de cette forme primitive de l'Algorithmie, c'est-à-dire, des modes spéciaux de l'universalité de la génération algorithmique.

Cette dernière connaissance nous conduit immédiatement à la déduction de la possibilité des algorithmes techniques élémentaires. En effet, ces algorithmes n'étant que des modes particuliers de l'algorithme technique systématique ou de l'universalité de la génération des quantités, ne sauraient être évidemment que des TRANSFORMATIONS de cet algorithme systématique; et, alors, il suffit de constater cet état des algorithmes techniques élémentaires, pour avoir la déduction de leur possibilité, qu'il nous restait à donner.

Or, les procédés mêmes par lesquels, dans la Philosophie des Mathématiques, sous les marques (XXVII), (XXIX), (XXX) et (XXXI), nous avons amené les différens algorithmes techniques élémentaires à la forme d'un agrégat de termes, c'est-à-dire, à la forme de l'algorithme systématique (XXXII), servent immédiatement pour constater l'état de dépendance où se trouvent, par rapport à cet algorithme systématique, les algorithmes techniques élémentaires. Ces procédés montrent effectivement que ces algorithmes élémentaires ne sont que des TRANS-FORMATIONS de l'algorithme technique systématique ; et spécialement on voit, suivant ces procédés, 1°.) que l'algorithme technique élémentaire constituant les *Séries,* qui se trouve amené à la forme (XXVII), n'est proprement qu'un CAS PARTICULIER de l'algorithme systématique (XXXII) ; 2°.) que l'algorithme technique élémentaire constituant les *Fractions continues,* qui se trouve amené à la forme (XXIX), est une TRANSFORMATION de l'algorithme systématique (XXXII) et particuliè-rement de l'algorithme des Séries, opérée par l'algorithme théorique de la reproduction régressive, c'est-à-dire, par la division ; 3°.) que l'algorithme technique élémentaire constituant les *Produites conti-nues,* qui se trouve amené à la forme (XXX), est une TRANSFORMATION de l'algorithme systématique (XXXII) et particulièrement de l'algo-rithme des Séries, opérée par l'algorithme théorique des équiva-lences, c'est-à-dire, par l'identité téléologique de la génération par sommation et de la génération par graduation ; et enfin, 4°.) que l'al-gorithme technique élémentaire constituant les *Facultés strictement dites,* qui se trouve amené à la forme (XXXI), est encore une TRANS-FORMATION de l'algorithme systématique (XXXII) et particulièrement de l'algorithme des Séries, opérée par le même algorithme théorique des équivalences, mais appliquée ici aux facteurs élémentaires ou philosophiques mêmes par lesquels sont engendrées les facultés. Aussi, les procédés dont il s'agit, suffisent-ils ainsi complètement pour la déduction de la possibilité des algorithmes techniques élémentaires; et l'on voit déjà que les deux derniers de ces algorithmes, savoir, les Produites continues et les Facultés strictement dites, qui impliquent l'emploi de l'algorithme de la graduation, ne sont ici proprement possibles que par le principe de la théorie des équivalences, c'est-à-dire, par l'identité téléologique de la génération par sommation et de la génération par graduation, de sorte qu'en dernier principe, ces deux algorithmes techniques se réduisent à la sommation et rentrent ainsi dans la forme de l'universalité de la génération des quantités, qui est l'objet général de la Technie algorithmique. Mais, pour donner encore plus de clarté à la déduction de la possibilité des algorithmes techniques élémentaires, nous allons montrer immédiatement les principes de la transformation de l'algorithme technique systématique dans les différens algorithmes techniques élémentaires.

D'abord, pour ce qui concerne l'algorithme élémentaire constituant les Séries, si, dans la forme (7) de la loi universelle, on fait

$$\Omega_0 = \varphi x^0 |\xi = 1, \quad \Omega_1 = \varphi x^1 |\xi = \varphi x, \quad \Omega_2 = \varphi x^2 |\xi, \quad \Omega_3 = \varphi x^3 |\xi, \quad \text{etc.,}$$

φx désignant une fonction quelconque de x; cette loi, qui est l'algorithme technique systématique (xxxii), deviendra ... (9)

$$Fx = A_0 + A_1 . \varphi x + A_2 . \varphi x^2 |\xi + A_3 . \varphi x^3 |\xi + \text{etc.};$$

et telle est la forme générale (viii) des Séries. Ainsi, cet algorithme technique élémentaire n'est évidemment qu'un CAS PARTICULIER de l'algorithme systématique (xxxii); et les conditions de la possibilité de cet algorithme systématique, telles que nous les avons déduites ci-dessus à la marque (8), sont en même tems les conditions de la possibilité de l'algorithme des Séries.

En second lieu, pour ce qui concerne l'algorithme technique élémentaire constituant les FRACTIONS CONTINUES, si, après avoir développé la fonction Fx sous la forme précédente (9) des Séries, on fait successivement ... (10)

$$A_1 . \varphi x + A_2 . \varphi x^{2|\xi} + A_3 . \varphi x^{3|\xi} + \text{etc.} =$$
$$= \frac{\varphi x}{B_0 + B_1 . \varphi(x+\xi) + B_2 . \varphi(x+\xi)^{2|\xi} + B_3 . \varphi(x+\xi)^{3|\xi} + \text{etc.}},$$

$$B_1 . \varphi(x+\xi) + B_2 . \varphi(x+\xi)^{2|\xi} + B_3 . \varphi(x+\xi)^{3|\xi} + \text{etc.} =$$
$$= \frac{\varphi(x+\xi)}{C_0 + C_1 . \varphi(x+2\xi) + C_2 . \varphi(x+2\xi)^{2|\xi} + C_3 . \varphi(x+2\xi)^{3|\xi} + \text{etc.}},$$

$$C_1 . \varphi(x+2\xi) + C_2 . \varphi(x+2\xi)^{2|\xi} + C_3 . \varphi(x+2\xi)^{3|\xi} + \text{etc.} =$$
$$= \frac{\varphi(x+2\xi)}{D_0 + D_1 . \varphi(x+3\xi) + D_2 . \varphi(x+3\xi)^{2|\xi} + D_3 . \varphi(x+3\xi)^{3|\xi} + \text{etc.}},$$

etc., etc.; et généralement ... (11)

$$M_1 . \varphi(x+\mu\xi) + M_2 . \varphi(x+\mu\xi)^{2|\xi} + M_3 . \varphi(x+\mu\xi)^{3|\xi} + \text{etc.} =$$
$$= \frac{\varphi.(x+\mu\xi)}{N_0 + N_1 . \varphi(x+(\mu+1)\xi) + N_2 . \varphi(x+(\mu+1)\xi)^{2|\xi} + N_3 . \varphi(x+(\mu+1)\xi)^{3|\xi} + \text{etc.}};$$

on pourra toujours déterminer les quantités B_0, B_1, B_2, etc. par les quantités A_0, A_1, A_2, etc., les quantités C_0, C_1, C_2, etc. par les quantités B_0, B_1, B_2, etc., les quantités D_0, D_1, D_2, etc. par les quantités C_0, C_1, C_2, etc., etc., et généralement les quantités N_0, N_1, N_2, etc. par les quantités M_0, M_1, M_2, etc.; en supposant que les coefficiens A_0, A_1, A_2, etc. sont indépendans de la variable x, comme cela doit être dans tout développement complet de la fonction Fx en série, et en supposant en même tems que les quantités successives B_0, B_1, B_2, etc., C_0, C_1, C_2, etc., D_0, D_1, D_2, etc., etc., dont il est question, soient aussi indépendantes de la variable x. En effet, divisant par $\varphi(x + \mu\xi)$ la relation générale (11) de ces quantités, on aura ... (12)

$$M_1 + M_2 . \varphi(x+(\mu+1)\xi) + M_3 . \varphi(x+(\mu+1)\xi)^{2}|^{\xi} + \text{etc.} =$$

$$= \frac{1}{N_0 + N_1 . \varphi(x+(\mu+1)\xi) + N_2 . \varphi(x+(\mu+1)\xi)^{2}|^{\xi} + N_3 . \varphi(x+(\mu+1)\xi)^{3}|^{\xi} + \text{etc.}} ;$$

et donnant successivement, dans cette dernière relation, à la variable x les valeurs

$$\dot{x} - (\mu+1)\xi, \quad \dot{x} - (\mu+2)\xi, \quad \dot{x} - (\mu+3)\xi, \quad \dot{x} - (\mu+4)\xi, \quad \text{etc., etc.,}$$

en supposant que $\dot{x}$ est la valeur de x qui résulte pour cette quantité de la relation $\varphi x = 0$, on aura successivement

$$\varphi(x+(\mu+1)\xi) = 0, \quad \varphi(x+(\mu+2)\xi) = 0, \quad \varphi(x+(\mu+3)\xi) = 0, \quad \text{etc., etc.,}$$

et l'on obtiendra la suite d'équations ... (13)

$$M_1 = \frac{1}{N_0}$$

$$M_1 + M_2 . \varphi(\dot{x} - \xi) = \frac{1}{N_0 + N_1 . \varphi(\dot{x} - \xi)}$$

$$M_1 + M_2 . \varphi(\dot{x} - 2\xi) + M_3 . \varphi(\dot{x} - 2\xi)^{2}|^{\xi} = \frac{1}{N_0 + N_1 . \varphi(\dot{x} - 2\xi) + N_2 . \varphi(\dot{x} - 2\xi)^{2}|^{\xi}}$$

$$M_1 + M_2 . \varphi(\dot{x} - 3\xi) + M_3 . \varphi(\dot{x} - 3\xi)^{2}|^{\xi} + M_4 . \varphi(\dot{x} - 3\xi)^{3}|^{\xi} =$$

$$= \frac{1}{N_0 + N_1 . \varphi(\dot{x} - 3\xi) + N_2 . \varphi(\dot{x} - 3\xi)^{2}|^{\xi} + N_3 . \varphi(\dot{x} - 3\xi)^{3}|^{\xi}}$$

etc., etc.,

qui serviront successivement à déterminer les quantités N_0, N_1, N_2, N_3, etc. moyennant les quantités M_1, M_2, M_3, M_4, etc. — Si l'accroissement ξ était indéfiniment petit ou zéro, les équations précédentes (13) seraient identiques; mais, dans ce cas particulier, la relation générale (12) serait simplement ... (12)$'$

$$M_1 + M_2 . \varphi x + M_3 . (\varphi x)^2 + M_4 . (\varphi x)^3 + \text{etc.} =$$
$$= \frac{1}{N_0 + N_1 . \varphi x + N_2 . (\varphi x)^2 + N_3 . (\varphi x)^3 + \text{etc.}};$$

et elle donnerait l'équation

$$M_1 N_0 + (M_1 N_1 + M_2 N_0) . \varphi x + (M_1 N_2 + M_2 N_1 + M_3 N_0) . (\varphi x)^2 +$$
$$+ (M_1 N_3 + M_2 N_2 + M_3 N_1 + M_4 N_0) . (\varphi x)^3 + \text{etc.} = 1,$$

qui, pour être généralement possible, donnerait à son tour la suite d'équations … (13)′

$$1 = M_1 N_0$$
$$0 = M_1 N_1 + M_2 N_0$$
$$0 = M_1 N_2 + M_2 N_1 + M_3 N_0$$
$$0 = M_1 N_3 + M_2 N_2 + M_3 N_1 + M_4 N_0$$
$$\text{etc., etc.};$$

équations qui serviraient à déterminer successivement les quantités N_0, N_1, N_2, N_3, etc. au moyen des quantités M_1, M_2, M_3, M_4, etc. — Or, ayant ainsi déterminé, par les relations (10), les quantités successives B_0, B_1, B_2, etc., C_0, C_1, C_2, etc., D_0, D_1, D_2, etc., etc., et spécialement les quantités B_0, C_0, D_0, etc., si l'on substitue ces mêmes relations (10) dans la Série qui donne le développement de la fonction Fx, savoir, dans la Série

$$Fx = A_0 + A_1 . \varphi x + A_2 . \varphi x^2 |^{\xi} + A_3 . \varphi x^3 |^{\xi} + \text{etc.},$$

on obtiendra, pour cette fonction, l'expression nouvelle … (14)

$$Fx = A_0 + \cfrac{\varphi x}{B_0 + \cfrac{\varphi (x + \xi)}{C_0 + \cfrac{\varphi (x + 2\xi)}{D_0 + \text{etc.},}}}$$

qui est la forme générale (IX) des Fractions continues. — Ainsi, ce second algorithme technique élémentaire n'est évidemment qu'une

PHILOSOPHIE

TRANSFORMATION des Séries, opérée par l'algorithme théorique de la reproduction régressive, c'est-à-dire, par la division; et, par conséquent, les conditions de la possibilité des Séries, sont en même tems celles de la possibilité des Fractions continues.

En troisième lieu, pour ce qui concerne l'algorithme technique élémentaire constituant les PRODUITES CONTINUES, concevons que, suivant l'algorithme des Séries, la fonction Fx soit développée par rapport aux simples puissances progressives d'une fonction arbitraire φx, c'est-à-dire que, dans la Série générale (9), l'accroissement ξ soit indéfiniment petit ou zéro. On aura ... (15)

$$Fx = A_0 + A_1 \cdot \varphi x + A_2 \cdot (\varphi x)^2 + A_3 \cdot (\varphi x)^3 + \text{etc.}$$

Or, en vertu de la théorie des équivalences, il peut exister une infinité de valeurs pour la fonction φx qui rendent égal à zéro le polynome infini

$$A_0 + A_1 \cdot \varphi x + A_2 \cdot (\varphi x)^2 + A_3 \cdot (\varphi x)^3 + \text{etc.}$$

Soient y_1, y_2, y_3, y_4, etc. ces valeurs de la fonction φx, et x_1, x_2, x_3, x_4, etc. les valeurs correspondantes de la variable x; de sorte qu'on ait

$$\varphi x_1 = y_1, \quad \varphi x_2 = y_2, \quad \varphi x_3 = y_3, \quad \varphi x_4 = y_4, \quad \text{etc.}$$

Ainsi, et cela en vertu du même principe téléologique de la théorie des équivalences, les quantités ou fonctions ... (15)'

$$(y_1 - \varphi x), \quad (y_2 - \varphi x), \quad (y_3 - \varphi x), \quad (y_4 - \varphi x), \quad \text{etc.,}$$

seront toutes facteurs du polynome infini que nous venons d'indiquer. On aura donc successivement ... (15)''

$$A_0 + A_1 \cdot \varphi x + A_2 \cdot (\varphi x)^2 + A_3 \cdot (\varphi x)^3 + \text{etc.} =$$
$$(y_1 - \varphi x) \cdot \left(B_0 + B_1 \cdot \varphi x + B_2 \cdot (\varphi x)^2 + B_3 \cdot (\varphi x)^3 + \text{etc.} \right)$$

$$B_0 + B_1 \cdot \varphi x + B_2 \cdot (\varphi x)^2 + B_3 \cdot (\varphi x)^3 + \text{etc.} =$$
$$(y_2 - \varphi x) \cdot \left(C_0 + C_1 \cdot \varphi x + C_2 \cdot (\varphi x)^2 + C_3 \cdot (\varphi x)^3 + \text{etc.} \right)$$

$$C_0 + C_1 . \varphi x + C_2 . (\varphi x)^2 + C_3 . (\varphi x)^3 + \text{etc.} =$$
$$(y_3 - \varphi x) . \left(D_0 + D_1 . \varphi x + D_2 . (\varphi x)^2 + D_3 . (\varphi x)^3 + \text{etc.} \right)$$

etc., etc ;

en faisant

$$B_0 = \frac{A_0}{y_1} \qquad C_0 = \frac{B_0}{y_2} \qquad D_0 = \frac{C_0}{y_3}$$

$$B_1 = \frac{A_1 + B_0}{y_1} \qquad C_1 = \frac{B_1 + C_0}{y_2} \qquad D_1 = \frac{C_1 + D_0}{y_3}$$

$$B_2 = \frac{A_2 + B_1}{y_1} \qquad C_2 = \frac{B_2 + C_1}{y_2} \qquad D_2 = \frac{C_2 + D_1}{y_3}$$

$$B_3 = \frac{A_3 + B_2}{y_1} \qquad C_3 = \frac{B_3 + C_2}{y_2} \qquad D_3 = \frac{C_3 + D_2}{y_3}$$

etc. ;   etc. ;   etc. ; etc.

Et, substituant les développemens successifs par graduation $(15)''$, il viendra

$$A_0 + A_1 . \varphi x + A_2 . (\varphi x)^2 + A_3 . (\varphi x)^3 + \text{etc.} =$$
$$(y_1 - \varphi x)(y_2 - \varphi x)(y_3 - \varphi x)(y_4 - \varphi x) \ldots \text{etc.} ;$$

c'est-à-dire, ... (16)

$$Fx = (y_1 - \varphi x)(y_2 - \varphi x)(y_3 - \varphi x)(y_4 - \varphi x) \ldots \text{etc.} ;$$

expression qui est la forme générale (XIII) des Produites continues (*).

(*) En déduisant cette forme générale (XIII) des Produites continues, qui est

$$Fx = f_0 x \times f_1 x \times f_2 x \times f_3 x \times \text{etc.},$$

nous avons cru à tort que les fonctions $f_0 x, f_1 x, f_2 x$, etc., formant les facteurs de la Produite infinie, soient nécessairement DÉTERMINÉES, et non ARBITRAIRES ; car, suivant la déduction que nous venons de donner de la possibilité de cet algorithme technique (16), on découvre que les facteurs dont il est question, peuvent être des fonctions arbitraires. — Il en résulte l'avantage précieux que, de cette manière, la fonction qui constitue ce que nous nommons la *mesure algorithmique*, peut être une FONCTION

Ainsi, ce troisième algorithme technique élémentaire n'est encore qu'une TRANSFORMATION des Séries, et nommément une transformation du cas particulier (15) de ces dernières, opérée par le principe de la théorie des équivalences, c'est-à-dire, par l'identité téléologique qui se trouve entre la génération par sommation et la génération par graduation; et, par conséquent, les conditions de la possibilité des Séries, sont encore les conditions de la possibilité des Produites continues. De plus, quoique ce troisième algorithme technique emploie explicitement la graduation, il se réduit cependant, en dernier principe, à l'algorithme de la sommation dont il n'est que l'équivalence; de sorte que les Produites continues reviennent définitivement à la génération par sommation infinie, qui est le caractère de la génération universelle des quantités, constituant l'objet général de la Technie algorithmique.

Dans cette déduction de la possibilité des Produites continues, nous nous sommes attachés spécialement à ramener cette possibilité aux conditions de la possibilité des Séries, et nous avons négligé la considération d'une condition accessoire tenant au procédé même par lequel nous avons opéré la transformation des Séries en Produites continues. — Voici cette condition accessoire.

Puisque les quantités variables (15)$'$ sont supposées être des diviseurs du polynome infini $(A_0 + A_1 . \varphi x + A_2 . (\varphi x)^2 +$ etc.$)$, ces quantités variables, étant multipliées respectivement par des quantités constantes quelconques $m_1, m_2, m_3, m_4,$ etc., ne cesseront pas d'être diviseurs du même polynome ; de sorte que, prenant à la place des diviseurs particuliers (15)$'$, les diviseurs généraux

$$(m_1 y_1 - m_1 \varphi x), \quad (m_2 y_2 - m_2 \varphi x), \quad (m_3 y_3 - m_3 \varphi x), \quad \text{etc.,}$$

ARBITRAIRE dans tous les quatre algorithmes techniques élémentaires; circonstance qui donne à la Technie algorithmique le plus haut degré de perfection.

et opérant les divisions successives, comme sous la marque $(15)''$, on obtiendra généralement l'équivalence

$$A_0 + A_1 . \varphi x + A_2 . (\varphi x)^2 + A_3 . (\varphi x)^3 + \text{etc.} =$$
$$(m_1 y_1 - m_1 \varphi x)(m_2 y_2 - m_2 \varphi x)(m_3 y_3 - m_3 \varphi x)(m_4 y_4 - m_4 \varphi x) \dots \text{etc.};$$

c'est-à-dire qu'on aura généralement ... $(16)'$

$$Fx = M . (y_1 - \varphi x)(y_2 - \varphi x)(y_3 - \varphi x)(y_4 - \varphi x) \dots \text{etc.},$$

en désignant par M la quantité constante que donne le produit des facteurs m_1, m_2, m_3, m_4, etc.

Telle $(16)'$ est donc définitivement la forme effective des Produites continues, en y faisant entrer toutes les conditions de leur génération (*); et, dans cette forme, on pourra toujours déterminer la

---

(*) Dans notre Philosophie des Mathématiques, en traitant de l'équivalence entre les développemens par graduation et les développemens par sommation des fonctions algorithmiques élémentaires, nous n'avons fait attention au facteur constant M de la forme générale et effective $(16)'$, que dans les développemens par graduation des fonctions $sin. x$ et $cos. x$, qui se trouvent, sous la marque (gg), à la page 81 de cette Philosophie; et cela pour amener immédiatement ces développemens à la forme connue, découverte par Jean Bernoulli: dans les développemens par graduation des autres fonctions théoriques élémentaires, et spécialement dans les développemens des fonctions immanentes $(x^m + 1)$ et $(x^m - 1)$, qui se trouvent, sous les marques (dd) et (ee), à la page 78 du même ouvrage, nous avons négligé la considération de ce facteur constant M, comme nous l'avons fait ci-dessus dans la forme (16); et cela en nous attachant spécialement à la déduction des principes de l'équivalence entre les développemens par graduation et ceux par sommation. — Mais, ce dont il importe essentiellement d'être prévenu, c'est que nous avons reconnu depuis que ces développemens par graduation (dd) et (ee) ne peuvent être étendus généralement aux cas où l'exposant m est fractionnaire ou négatif, parce que la continuité de génération, sur laquelle nous avions cru pouvoir fonder cette extension, n'a point lieu, comme nous le montrerons dans la suite de l'ouvrage présent, en faisant connaître une propriété idéale des polynomes infinis $(A + Bx + Cx^2 + Dx^3 + \text{etc.})$, de laquelle dépendent ces développemens.

quantité constante M, car, en assignant à la variable x une valeur convenable z, on aura immédiatement ... (16)″

$$M = \frac{Fz}{(y_1 - \varphi z)(y_2 - \varphi z)(y_3 - \varphi z)(y_4 - \varphi z)\ldots\text{etc.}}.$$

En quatrième et dernier lieu, pour ce qui concerne la possibilité de l'algorithme technique élémentaire constituant les FACULTÉS STRICTE-MENT DITES, concevons toujours que la fonction Fx soit développée en Série, sous la forme générale ... (17)

$$Fx = A_0 + A_1 . \varphi x + A_2 . \varphi x^{2|\xi} + A_3 . \varphi x^{3|\xi} + \text{etc.}$$

De l'autre part, prenons la faculté $(\psi z)^{\varphi x|\zeta}$ qui, suivant la forme (XIV), doit, en vertu de ce quatrième algorithme technique élémentaire, donner l'évaluation de la fonction Fx; et, développant cette faculté par le moyen de la loi fondamentale des facultés algorithmiques, telle que nous l'avons donnée dans la Première Note de la *Réfutation de Lagrange*, nous obtiendrons, en transformant ce développement, l'expression ... (17)′

$$(\psi z)^{\varphi x|\zeta} = B_0 + B_1 . \varphi x + B_2 . \varphi x^{2|\xi} + B_3 . \varphi x^{3|\xi} + \text{etc.},$$

dans laquelle les coefficiens B_0, B_1, B_2, B_3, etc., indépendans de la variable x, seront évidemment fonctions des dérivées différentielles de la fonction ψz. Mais, dans l'évaluation en question qui forme l'algorithme technique dont il s'agit, savoir, dans ... (18)

$$Fx = (\psi z)^{\varphi x|\zeta},$$

la valeur de z est nécessairement déterminée; de sorte que les coefficiens précédens B_0, B_1, B_2, etc. ne se trouveront donnés que par des valeurs déterminées des dérivées différentielles de la fonction ψz. Or, pour que la relation (18) ait lieu généralement, il faut que les développemens (17) et (17)′ des deux membres de cette relation, soient identiques; et, par conséquent, il faut qu'on ait

$$B_0 = A_0, \quad B_1 = A_1, \quad B_2 = A_2, \quad B_3 = A_3, \quad \text{etc.}$$

Ces équations qui donnent la détermination des coefficiens B_0, B_1, B_2, B_3, etc., serviront à déterminer les valeurs des dérivées différentielles $\left(\frac{d\psi z}{dz}\right)$, $\left(\frac{d^2\psi z}{dz^2}\right)$, $\left(\frac{d^3\psi z}{dz^3}\right)$, etc. dont ces coefficiens sont fonctions. Et, ces valeurs étant données, le théorème (5) de Taylor servira à déterminer la fonction elle-même ψz. — Ainsi, la relation (18), formant l'algorithme technique élémentaire que nous avons nommé Facultés strictement dites, est possible; et les conditions de cette possibilité sont encore celles de la possibilité de la Série (17) dont nous l'avons déduite.

Mais, pour reconnaître que cet algorithme technique n'est aussi qu'une transformation des Séries, et pour approfondir ainsi jusqu'au principe de la possibilité de cet algorithme, il faut connaître la vraie signification du développement (17)$'$ de la faculté $(\psi z)^{\varrho x | \zeta}$, c'est-à-dire qu'il faut connaître la signification philosophique de la loi fondamentale des facultés en général, loi par le moyen de laquelle nous avons supposé qu'on opère le développement (17)$'$ en question. — Or, cette loi fondamentale des facultés algorithmiques, telle qu'elle se trouve donnée à l'endroit cité plus haut, n'est rien autre que le produit effectif de la multiplication des facteurs élémentaires ou philosophiques (Voyez Philos. des Mathém. pages 178 et suiv., et Réfut. de Lagrange, pages 119 et suiv.) qui engendrent les facultés (*). — De cette con-

---

(*) Cette observation est de la plus haute importance pour la philosophie des Mathématiques. C'est en effet dans cette vérité très simple que consiste proprement la déduction tant cherchée de la loi fondamentale de l'algorithme primitif de la graduation, c'est-à-dire, de la loi ou du binome de Newton. — On sait que, jusqu'à ce jour, les géomètres n'ont pu, malgré leurs efforts, démontrer ce célébre binome, d'une manière rigoureuse et entièrement théorique, c'est-à-dire, sans supposer en rien l'existence des séries qui appartiennent déjà à la Technie dont la Théorie doit rester indépendante; et, faisant allusion à l'observation dont il s'agit ici, nous avons remar-

naissance, il résulte clairement que la détermination des coefficiens B_0, B_1, B_2, B_3, etc. du développement $(17)'$ de la faculté, par le moyen des coefficiens A_0, A_1, A_2, A_3, etc. du développement (17) en Série, n'est rien autre qu'une détermination IMMÉDIATE des facteurs élémentaires ou philosophiques de la faculté $(\downarrow z)^{\rho x | \zeta}$ en question, c'est-à-dire, rien autre que la détermination de facteurs tels que leur produit donne la Série (17). — Ainsi donc, les Facultés strictement dites, constituant le dernier des algorithmes techniques élémentaires, ne sont aussi qu'une TRANSFORMATION des Séries, et cela en une suite infinie de facteurs propres à engendrer ces facultés; transformation qui, comme pour les Produites continues, se trouve évidemment opérée en vertu du principe de la théorie des équivalences, c'est-à-dire, en vertu de l'identité téléologique de la génération par graduation et

---

qué, dans la note de la page 243 de la Philosophie des Mathématiques, que celles des déductions du binome de Newton, qu'on a cherché à donner d'une manière purement théorique et qui ont une certitude supérieure à la certitude attachée à la simple induction, sont toutes fondées sur le principe téléologique de la théorie des équivalences, comme l'est notre déduction des factorielles, à l'occasion de laquelle nous avons fait cette assertion, dont on voit maintenant la raison. Mais, outre ces déductions théoriques qui sont purement présomptives, et même outre les déductions techniques du binome dont il est question, lesquelles, en vertu de la note que nous venons de citer et que nous avons réalisée ci-dessus dans la déduction du théorème (5) de Taylor, lesquelles déductions, disons-nous, sont suffisantes dans l'Algorithmie, il faut encore, pour la philosophie de la science, avoir une déduction théorique et absolument rigoureuse de ce binome formant la première loi fondamentale; et cette déduction philosophique consiste précisément dans l'*effectuation* de la multiplication des facteurs élémentaires ou philosophiques qui, suivant ce qui a été dit dans notre Philosophie des Mathématiques, sont les principes métaphysiques de l'algorithme de la graduation (des puissances). — Nous donnerons ailleurs cette déduction philosophique du binome de Newton, et, de plus, de la loi fondamentale des facultés, qui se trouve évidemment fondée sur les mêmes principes.

de la génération par sommation ; de sorte que, quoique ce dernier algorithme technique emploie explicitement aussi la graduation, car tel est le caractère des facultés en général, il se réduit cependant, en dernier principe, à l'algorithme de la sommation, dont il n'est également que l'équivalence, comme les Produites continues. De cette manière, les Facultés strictement dites reviennent définitivement, ainsi que les Produites continues, à la génération par sommation infinie qui, comme nous l'avons déjà remarqué plusieurs fois, est le caractère de l'universalité de la génération des quantités, constituant l'objet général de la Technie de l'Algorithmie.

Il est donc avéré, jusque dans les premiers principes, que les quatre algorithmes techniques élémentaires, savoir, les Séries, les Fractions continues, les Produites continues et les Facultés strictement dites, sont possibles et qu'ils ne sont proprement que des transformations de la loi universelle (7) de la génération des quantités. — Mais cette possibilité des algorithmes techniques élémentaires ne légitime pas encore leur présence indispensable dans l'Algorithmie, c'est-à-dire, leur nécessité ; car, on peut concevoir une infinité d'autres transformations de la loi universelle (7), et cependant toutes ces différentes transformations ne constituent pas autant d'algorithmes distincts et nécessaires à la science. Bien plus, cette possibilité des quatre algorithmes techniques élémentaires, se trouvant déduite de principes entièrement théoriques, on ne voit pas encore la nécessité d'une branche distincte de la Théorie, c'est-à-dire, la nécessité de la Technie, qui embrasserait ces divers algorithmes : on conçoit bien que la loi universelle (7) et ses diverses transformations, telles que nous venons de les déduire, forment une branche à part, en tant qu'elles portent spécialement sur l'universalité de la génération des quantités ; mais on ne voit pas que ces divers algorithmes, qui sont et ne peuvent être fondés que par la Théorie de l'Algorithmie, se détachent néanmoins de cette Théorie

pour former ensemble, dans l'Algorithmie, une branche essentiellement distincte. Tout ce qu'on peut concevoir, et l'on y est porté par
l'existence effective et indispensable des Séries, des Fractions continues, des Produites continues, etc. dans l'Algorithmie, dont cependant
la Théorie seule ne saurait légitimer la nécessité, c'est que, par l'influence d'un principe étranger à la simple SPÉCULATION qui est le domaine de la Théorie, les algorithmes dont il s'agit, soient rendus nécessaires à l'Algorithmie, et néanmoins hétérogènes à sa Théorie.

Or, ce principe hétérogène à la spéculation, a déjà été indiqué plus
haut où nous avons remarqué que la réduction des divers modes possibles de la génération des quantités au seul mode de la sommation
infinie, c'est-à-dire, à l'universalité de cette génération, ne pouvait
elle-même se trouver parmi ces divers modes de génération, parce
qu'alors il y aurait une contradiction entre l'indépendance de ces
modes et leur réduction à un seul, et, par conséquent, que cette réduction ne pouvait être que le résultat d'une FIN OU D'UN BUT PROPRE
DE LA VOLONTÉ ; circonstance qui donne à cette réduction le caractère
d'un procédé artificiel, d'un art, dont l'ensemble, comme nous l'avons
également remarqué, constitue précisément la Technie de l'Algorithmie, formant cette branche distincte et différente de la Théorie, dont
il est question. Il ne resterait donc, pour avoir la légitimation complète de cette branche nouvelle et hétérogène à la Théorie, qu'à montrer comment, par l'influence du principe de la volonté, c'est-à-dire,
des fins ou buts propres de cette faculté, se trouve fondée la NÉCESSITÉ
des divers algorithmes techniques, élémentaires et systématiques, dont
nous venons de déduire la possibilité, en reconnaissant en même tems
que l'existence indispensable de ces algorithmes, c'est-à-dire, leur
nécessité ne pouvait être déduite de la seule Théorie ; et c'est précisément ce complément de la légitimation de la Technie de l'Algorithmie, qui se trouve donné dans notre Philosophie des Mathématiques,

où, partant réellement de l'influence du principe de la volonté, dont il s'agit, nous avons déduit, non seulement la nécessité de la Technie en général, mais de plus la nécessité spéciale de chacun des algorithmes techniques en particulier, composant cette branche nouvelle de l'Algorithmie.

Il serait inutile de reproduire ici cette déduction de la nécessité spéciale des différens algorithmes techniques, parceque, dans l'ouvrage que nous venons de nommer, elle se trouve complètement développée. D'ailleurs, il aurait été hors de propos de placer cette déduction dans l'ouvrage présent qui, ayant pour objet la Philosophie même de la Technie algorithmique, porte essentiellement sur la possibilité de cette branche de l'Algorithmie : la nécessité de cette branche et de ses différentes parties constituantes, devait déjà être donnée ; et c'est à la Transition de la Théorie à la Technie, faisant une partie de l'Introduction à la Philosophie des Mathématiques, qu'il appartenait de la donner. Il suffira, pour bien faire apprécier cette déduction de la nécessité spéciale des différens algorithmes techniques, de faire remarquer qu'elle porte essentiellement sur la FINALITÉ ALGORITHMIQUE (*), et non, comme dans tout ce qui concerne la Théorie de l'Algorithmie, sur la simple SPÉCULATION ALGORITHMIQUE ; c'est-à-dire que, dans la déduction dont il est question, les différens algorithmes techniques dérivent de la détermination de certaines FINS nécessaires à l'Algorithmie, et de la conception des MOYENS propres à atteindre ces fins, tandis que, dans la Théorie, les différens algorithmes dérivent simplement de la détermination des différens modes nécessaires de la spéculation algorithmique, provenant de la combinaison et de

____

(*) Il s'agit ici de la finalité SUBJECTIVE ($\pi\rho\alpha\gamma\mu\alpha\tau\epsilon\iota\alpha$) et non de la finalité OBJECTIVE ($\tau\epsilon\lambda\epsilon\iota\omega\sigma\iota\varsigma$). — Cette dernière est le véritable objet de la Théorie des Nombres, comme on le verra dans notre Philosophie de cette Théorie.

l'influence réciproque des deux modes primitifs de la sommation et de la graduation. En effet, nous avons d'abord déduit, sous la marque (1), les deux schémas ... (19)

$$Fx = A + \Phi x, \quad \text{et} \quad Fx = A \times \Phi x,$$

comme étant les deux formes nécessaires de la transformation des fonctions théoriques en fonctions de numération et de facultés, et, par conséquent, comme étant les deux FINS SPÉCIALES NÉCESSAIRES de l'Algorithmie; car, cette transformation est précisément la FIN OU LE BUT GÉNÉRAL que, déjà à plusieurs reprises, nous avons reconnu être le principe de la Technie. Et, ensuite, cherchant les MOYENS de réaliser ces deux fins spéciales, nous avons trouvé, pour chacun des deux schémas précédens, deux modes possibles d'employer la mesure algorithmique φx pour arriver à cette réalisation; et, nommément, pour le premier de ces schémas, en établissant la comparaison directe et la comparaison inverse de la fonction Φx avec la mesure φx, et, pour le second de ces schémas, en rendant le facteur A dépendant et indépendant de la mesure φx. Or, c'est de cette quadruple considération, la seule qui soit possible, que résultent manifestement les quatre algorithmes techniques élémentaires, exposés sous les marques (VIII), (IX), (XIII) et (XIV), c'est-à-dire, les Séries, les Fractions continues, les Produites continues et les Facultés strictement dites; et l'on voit par là, avec une certitude complète, que ces quatre algorithmes doivent exclusivement leur EXISTENCE NÉCESSAIRE dans l'Algorithmie à la conception de la FINALITÉ ALGORITHMIQUE, formant le principe de la Technie de l'Algorithmie.

Quoique, comme nous venons de le remarquer, il soit inutile de reproduire ici, dans sa généralité, la déduction technique dont il vient d'être question, il sera peut-être agréable à une certaine classe de géomètres de la voir éclaircie par des exemples; et nous pensons qu'en leur faveur, les autres géomètres voudront bien trouver bon que nous quittions, pour un instant, le point de vue général et philosophique où nous nous trouvons, pour entrer dans quelques détails propres à servir d'exemples et à répandre plus de clarté sur cette importante question (*).

Or, pour ce qui concerne, d'abord, la déduction technique des Séries, prenons, pour la mesure algorithmique φx, la simple variable x; et, partant du premier des deux schémas précédens (19), savoir,

$$\ldots (19)'$$

$$Fx = A + \Phi x,$$

observons que, pour transformer ainsi la fonction Fx en deux quantités, l'une A indépendante de la variable x, et l'autre Φx dépendante de cette variable ou plutôt MESURABLE PAR ELLE GÉNÉRALEMENT, il faut que cette fonction Φx soit telle que lorsque $x = o$, on ait aussi $\Phi x = o$; car, ce n'est qu'alors que la fonction Φx sera généralement comparable avec la variable x, et que leur rapport ne sera jamais indéfini, ni par conséquent impossible à déterminer. Si nous désignons donc par A_0 et $\Phi_0 x$ les deux quantités en question, et par un point placé sur la variable x sa valeur zéro, nous aurons

$$Fx = A_0 + \Phi_0 x, \quad \text{et} \quad A_0 = F\dot{x}.$$

Mais, ce qui est ici essentiel, il faut comprendre que cette détermination de la quantité A_0, se trouve donnée entièrement par la conception de la finalité impliquée dans l'évaluation ou dans la mesure de la fonction Fx, moyennant la variable x; et nullement par quelque considération spéculative : c'est là, nous le répétons, le nœud de la

____

(*) Nous supposons toujours qu'on a sous les yeux notre Introduction à la Philosophie des Mathématiques, où se trouvent les formules générales dont nous allons présenter quelques exemples.

déduction technique dont il s'agit. — Maintenant, puisque la fonction $\Phi_0 x$ est généralement comparable avec la variable x, si l'on fait

$$\frac{\Phi_0 x}{x} = F_1 x,$$

la fonction $F_1 x$ aura nécessairement, dans tous les cas, une valeur déterminée; et l'on pourra de nouveau entreprendre son évaluation générale. Pour cela, suivant le schéma précédent $(19)'$, on aura encore la transformation

$$F_1 x = A_1 + \Phi_1 x;$$

et, en vertu de la conception de la finalité que nous venons d'alléguer, la quantité ou fonction $\Phi_1 x$ devra être généralement comparable avec la mesure x, c'est-à-dire, il faudra que $\Phi_1 x = 0$, lorsque $x = 0$. On aura donc

$$A_1 = F_1 \dot{x};$$

et, substituant les valeurs précédentes de $F_1 x$, il viendrait

$$A_1 = \frac{\Phi_0 \dot{x}}{\dot{x}} = \frac{F\dot{x} - A_0}{\dot{x}} = \frac{0}{0};$$

mais, prenant les différentielles du numérateur et du dénominateur de cette fraction, on obtiendra

$$A_1 = \frac{dF\dot{x}}{dx}.$$

En troisième lieu, puisque $\Phi_1 x$ est généralement mesurable par la variable x, si l'on fait

$$\frac{\Phi_1 x}{x} = F_2 x,$$

la fonction $F_2 x$ aura encore, dans tous les cas, une valeur déterminée; et l'on pourra de nouveau procéder à son évaluation générale. Ainsi, suivant toujours le schéma $(19)'$ de cette évaluation, on aura

$$F_2 x = A_2 + \Phi_2 x;$$

et, en vertu de la finalité dominant dans cette question, il faudra prendre la fonction $\Phi_2 x$ de manière qu'on ait $\Phi_2 x = 0$, lorsque $x = 0$. On aura donc

$$A_2 = F_2 \dot{x} ;$$

et, substituant les valeurs précédentes de $F_2 x$, il viendrait

$$A_2 = \frac{\Phi_1 \dot{x}}{\dot{x}} = \frac{F_1 \dot{x} - A_1}{\dot{x}} = \frac{\Phi_0 \dot{x} - A_1 . \dot{x}}{\dot{x}^2} = \frac{F \dot{x} - A_0 - A_1 . \dot{x}}{\dot{x}^2} = \frac{0}{0} ;$$

mais, prenant les secondes différentielles du numérateur et du dénominateur de la dernière fraction, on obtiendra

$$A_2 = \frac{d^2 F \dot{x}}{1.2.dx^2} .$$

Évaluant de la même manière le rapport généralement déterminable des quantités $\Phi_2 x$ et x, on trouverait

$$A_3 = \frac{F \dot{x} - A_0 - A_1 . \dot{x} - A_2 . \dot{x}^2}{\dot{x}^3} = \frac{0}{0} ;$$

mais, prenant la troisième différentielle du numérateur et du dénominateur de cette fraction, on obtiendra

$$A_3 = \frac{d^3 F \dot{x}}{1.2.3.dx^3} .$$

Et, procédant toujours de cette manière dans l'évaluation successive et générale des rapports

$$\frac{\Phi_1 x}{x}, \quad \frac{\Phi_2 x}{x}, \quad \frac{\Phi_3 x}{x}, \quad \frac{\Phi_4 x}{x}, \quad \text{etc.,}$$

on obtiendra visiblement, pour un indice quelconque μ, la valeur

$$A_\mu = \frac{d^\mu F \dot{x}}{1^{\mu | 1} . dx^\mu} .$$

Ainsi, substituant ces valeurs des quantités A_0, A_1, A_2, A_3, etc. dans la forme générale (VIII) des Séries, en y mettant, en même tems, la simple variable x à la place de la mesure algorithmique φx, et en y rendant égal à zéro l'accroissement ξ de cette mesure, on aura la Série … $(19)''$

$$Fx = F\dot{x} + \frac{dF\dot{x}}{dx}\cdot\frac{x}{1} + \frac{d^2F\dot{x}}{dx^2}\cdot\frac{x^2}{1.2} + \frac{d^3F\dot{x}}{dx^3}\cdot\frac{x^3}{1.2.3} + \text{etc.,}$$

qui est le théorème particulier de Taylor, que nous avons déduit ci-dessus, à la marque $(5)'$, en partant de considérations purement théoriques, pour en légitimer ou plutôt reconnaître la possibilité. La déduction technique précédente, sans faire aucunement attention à la possibilité même de ce développement de la fonction Fx, car elle ne suppose nullement la forme … $(19)'''$

$$Fx = A + Bx + Cx^2 + Dx^3 + \text{etc.}$$

de ce développement (*), ou plutôt en postulant la possibilité d'une telle évaluation de la fonction Fx, cette déduction précédente, disons-nous, se réduit manifestement à établir la NÉCESSITÉ de cette évaluation, par la nécessité même d'un pareil but algorithmique; et c'est là le caractère propre de cette déduction technique, provenant de la

---

(*) On voit ici que c'est sur cette déduction technique que se fonde, en premier principe, le procédé qu'emploie Lagrange, au commencement de sa Théorie des fonctions analytiques, pour déterminer successivement les coefficiens du développement de la fonction $f(x+i)$. Mais on voit aussi qu'en assignant aux fonctions précédentes $\Phi_0 x$, $\Phi_1 x$, $\Phi_2 x$, etc. les formes déterminées xP, xQ, xR, etc., ce géomètre n'a rien compris au véritable esprit de ce procédé; parce que, de cette manière, il suppose déjà la forme $(19,''')$ de la Série, et ramène par là ce procédé extraordinaire à celui de la *méthode des coefficiens indéterminés*, qui est tout autre chose. — Cette remarque pourra servir à jeter un nouveau jour sur la contradiction dans laquelle sont tombés MM. les Commissaires de l'Institut de France, qui ont rédigé le Rapport sur notre Réfutation de cette Théorie de Lagrange (Voyez l'Observation sur le premier Point de ce Rapport, page 91 de la Réfutation de Lagrange).

conception de la finalité impliquée dans l'évaluation générale de la fonction Fx moyennant la mesure x.

Voici encore un exemple de la déduction technique des Séries, en prenant successivement, pour la mesure algorithmique, la suite des quantités

$$x, \quad (x+\xi), \quad (x+2\xi), \quad (x+3\xi), \quad \text{etc.,}$$

ξ étant un accroissement quelconque; mais, comme l'esprit philosophique de cette déduction nous est déjà bien connu, nous nous bornerons aux simples procédés algorithmiques qui la composent. Or, suivant le schéma $(19)'$, on aura toujours

$$Fx = A_0 + \Phi_0 x;$$

et, à cause de la première mesure x, la fonction $\Phi_0 x$ devra être telle que $\Phi_0 x = 0$, lorsque $x = 0$. On aura donc encore

$$A_0 = F\dot{x}.$$

En second lieu, faisant

$$\frac{\Phi_0 x}{x} = F_1 x, \qquad \text{et} \qquad F_1 x = A_1 + \Phi_1 x;$$

il faudra, à cause de la seconde mesure $(x+\xi)$, prendre la fonction $\Phi_1 x$ de manière que $\Phi_1 x = 0$, lorsque $x + \xi = 0$. On aura donc

$$A_1 = F_1(-\xi);$$

et puisque

$$F_1 x = \frac{\Phi_0 x}{x} = \frac{Fx - A_0}{x},$$

et par conséquent

$$F_1(x-\xi) = \frac{Fx - \Delta Fx - A_0}{x - \xi},$$

en désignant par Δ la différence régressive, prise par rapport à l'accroissement ξ de la variable x; on obtiendra, en faisant $x = 0$, la valeur

$$A_1 = \frac{\Delta Fx}{\xi}.$$

En troisième lieu, faisant

$$\frac{\Phi_1 x}{x + \xi} = F_2 x, \qquad \text{et} \qquad F_2 x = A_2 + \Phi_2 x;$$

il faudra, à cause de la troisième mesure $(x + 2\xi)$, prendre la fonction $\Phi_2 x$ de manière que $\Phi_2 x = 0$, lorsque $x + 2\xi = 0$. On aura donc

$$A_2 = F_2(-2\xi);$$

et puisque

$$F_2 x = \frac{\Phi_1 x}{x + \xi} = \frac{F_1 x - A_1}{x + \xi} = \frac{\Phi_0 x - A_1 . x}{x(x + \xi)} = \frac{Fx - A_0 - A_1 . x}{x(x + \xi)},$$

et par conséquent

$$F_2(x - 2\xi) = \frac{F(x - 2\xi) - A_0 - A_1(x - 2\xi)}{(x - 2\xi)(x - \xi)} = \frac{Fx - 2\Delta Fx + \Delta^2 Fx - A_0 - A_1(x - 2\xi)}{(x - 2\xi)(x - \xi)};$$

on obtiendra, en faisant $x = 0$, la valeur

$$A_2 = \frac{\Delta^2 Fx}{1 . 2 . \xi^2}.$$

Évaluant de la même manière le rapport général des quantités $\Phi_2 x$ et $(x + 2\xi)$, on aura

$$A_3 = F_3(-3\xi), \qquad F_3 x = \frac{Fx - A_0 - A_1 . x - A_2 . x(x + \xi)}{x(x + \xi)(x + 2\xi)},$$

$$F_3(x - 3\xi) = \frac{Fx - 3\Delta Fx + 3\Delta^2 Fx - \Delta^3 Fx - A_0 - A_1(x - 3\xi) - A_2(x - 3\xi)(x - 2\xi)}{(x - 3\xi)(x - 2\xi)(x - \xi)};$$

et l'on obtiendra, en faisant $x = 0$, la valeur

$$A_3 = \frac{\Delta^3 Fx}{1 . 2 . 3 . \xi^3}.$$

Et, procédant toujours de cette manière dans l'évaluation successive
et générale des rapports

$$\frac{\Phi_1 x}{x + \xi}, \qquad \frac{\Phi_2 x}{x + 2\xi}, \qquad \frac{\Phi_3 x}{x + 3\xi}, \qquad \frac{\Phi_4 x}{x + 4\xi}, \qquad \text{etc.},$$

on obtiendra visiblement, pour un indice quelconque μ, la valeur

$$A_\mu = \frac{\Delta^\mu F\dot{x}}{1^{\mu|1} \cdot \xi^\mu}.$$

Ainsi, donnant, dans la forme (VIII) des Séries, à la mesure algorithmique générale φx la détermination particulière x, et substituant les
valeurs précédentes des quantités A_0, A_1, A_2, A_3, etc., on aura la
Série ... (19)^{IV}

$$Fx = F\dot{x} + \frac{\Delta F\dot{x}}{\xi} \cdot \frac{x}{1} + \frac{\Delta^2 F\dot{x}}{\xi^2} \cdot \frac{x^{2|\xi}}{1^{2|1}} + \frac{\Delta^3 F\dot{x}}{\xi^3} \cdot \frac{x^{3|\xi}}{1^{3|1}} + \text{etc.},$$

dans laquelle l'accroissement ξ sera une quantité arbitraire.

On voit facilement, par ces exemples, que si, au lieu de prendre,
pour la mesure algorithmique φx, la simple variable x, on prenait
une fonction quelconque de cette variable, on parviendrait toujours,
suivant le procédé de cette déduction technique, à la détermination
successive des coefficiens A_0, A_1, A_2, A_3, etc. des Séries (VIII). Mais,
cette vérité une fois reconnue, ce qui suffit pour la légitimation générale de la nécessité des Séries, on peut chercher, par d'autres procédés (*), la loi générale que suivent ces coefficiens des Séries; et nous
y parviendrons, dans la suite de cet ouvrage, en déduisant cette loi
générale de la loi (7) qui régit la génération universelle des quantités,
dont nous avons déjà reconnu que les Séries sont une transformation,
ou plutôt un cas particulier.

(*) Par exemple, le procédé que nous avons suivi dans la dernière Note de la *Réfutation de Lagrange*, pour déduire la loi fondamentale des Séries, dont il s'agit.

A l'occasion de cette déduction technique des Séries, nous devons prévenir que, dans la suite des fonctions

$$\varphi x, \quad \varphi(x+\xi), \quad \varphi(x+2\xi), \quad \varphi(x+3\xi), \quad \text{etc.,}$$

que l'on peut prendre successivement pour la mesure algorithmique, suivant ce qui a été dit après la marque (IV), il n'est pas nécessaire que l'accroissement ξ s'applique à la variable x elle-même. Cet accroissement peut s'appliquer à toute autre quantité; et, généralement, si l'on conçoit la fonction $\varphi\,(x, a, b, c, \text{etc.})$ de la variable x et de plusieurs autres quantités a, b, c, etc., et qu'on désigne par $\xi, \alpha, \beta, \gamma$, etc. les accroissemens respectifs de ces quantités, on peut prendre successivement, pour la mesure algorithmique, les quantités ... (20)

$$\varphi(x, a, b, c, \text{etc.}), \quad \varphi(x+\xi,\ a+\alpha,\ b+\beta,\ c+\gamma,\ \text{etc.}),$$
$$\varphi(x+2\xi,\ a+2\alpha,\ b+2\beta,\ c+2\gamma,\ \text{etc.}), \text{ etc.}$$

Nous en avons fait usage dans la Philosophie des Mathématiques où, pour donner un exemple de l'expression (XX), nous avons, suivant ce procédé technique, déduit, sous la marque (XXI), le développement de la quantité $\left(\dfrac{1}{2}\right)^{x}$, en prenant, pour les mesures algorithmiques successives, les quantités

$$\left(\frac{1}{3}\right)^{x}, \quad \left(\frac{1}{5}\right)^{x}, \quad \left(\frac{1}{7}\right)^{x}, \quad \left(\frac{1}{9}\right)^{x}, \quad \text{etc.,}$$

dans lesquelles l'accroissement constant 2 s'applique au premier dénominateur 3, et non à la variable x. Mais, pour comprendre les calculs que nous avons présentés pour ce développement, il faut savoir, en outre, que, dans la déduction technique générale des Séries, qui conduit à la forme (VIII) de cet algorithme, il n'est pas nécessaire non plus que les quantités A_0, A_1, A_2, A_3, etc. que donnent les évaluations successives (III), (IV), (V) et généralement (VI), soient indépendantes de la variable x : il suffit évidemment que les fonctions

$\Phi_0 x$, $\Phi_1 x$, $\Phi_2 x$, $\Phi_3 x$, etc. soient prises de manière à ce qu'elles soient généralement comparables avec leurs mesures respectives φx, $\varphi(x + \xi)$, $\varphi(x + 2\xi)$, $\varphi(x + 3\xi)$, etc., ou autres quelconques (20). Dans ce cas, on n'obtient pas le DÉVELOPPEMENT COMPLET de la fonction Fx : et c'est précisément pour arriver à ce développement complet, que, dans la déduction technique qui conduit à la forme (VIII), nous supposons que les quantités A_0, A_1, A_2, etc. soient indépendantes de la variable ; car, c'est là le dernier but du développement des fonctions. Cependant, un développement incomplet, tel que nous venons d'en reconnaître la possibilité, peut quelquefois être utile pour des fins accessoires ; et c'est ainsi que, dans le développement (XXI) dont nous venons de parler, les coefficiens A_0, A_1, A_2, etc. impliquent encore la variable x, parce que, en y faisant $x = 1$, on arrive facilement (*) au développement proposé de la quantité $\frac{1}{2}$. Quoi qu'il en soit, le développement (XXI), pris dans sa généralité, présente la série ... (21)

$$\left(\frac{1}{2}\right)^x = A_1 \cdot \left(\frac{1}{3}\right)^x + A_2 \cdot \left(\frac{1}{3.5}\right)^x + A_3 \cdot \left(\frac{1}{3.5.7}\right)^x + A_4 \cdot \left(\frac{1}{3.5.7.9}\right)^x + \text{etc.},$$

les coefficiens étant ... (21)'

$$A_1 = \frac{x}{1} \cdot 1 \cdot \left(\frac{1}{2}\right)^{x-1} + \frac{x(x-1)}{1.2} \cdot 1^2 \cdot \left(\frac{1}{2}\right)^{x-2} + \frac{x(x-1)(x-2)}{1.2.3} \cdot 1^3 \cdot \left(\frac{1}{2}\right)^{x-3} + \text{etc.}$$

$$A_2 = \frac{x}{1} \cdot 2 \cdot \left(\frac{1}{2}\right)^{x-1} + \frac{x(x-1)}{1.2} \cdot 2^2 \cdot \left(\frac{1}{2}\right)^{x-2} + \frac{x(x-1)(x-2)}{1.2.3} \cdot 2^3 \cdot \left(\frac{1}{2}\right)^{x-3} + \text{etc.}$$

$$A_3 = \frac{x}{1} \cdot 3 \cdot \left(\frac{1}{2}\right)^{x-1} + \frac{x(x-1)}{1.2} \cdot 3^2 \cdot \left(\frac{1}{2}\right)^{x-2} + \frac{x(x-1)(x-2)}{1.2.3} \cdot 3^3 \cdot \left(\frac{1}{2}\right)^{x-3} + \text{etc.}$$

etc., etc. ;

____

(*) Il en est de même du développement (XVIII) de la quantité $\left(\frac{N}{n^\mu}\right)^x$, où, en supposant la variable x égale à l'unité, on obtient facilement le développement proposé de la quantité N.

de sorte que, faisant successivement $x = 1$, $x = 2$, $x = 3$, etc., on obtiendrait les séries convergentes ... $(21)''$

$$\frac{1}{2} = 1 \cdot \frac{1}{3} + 2 \cdot \frac{1}{3.5} + 3 \cdot \frac{1}{3.5.7} + 4 \cdot \frac{1}{3.5.7.9} + \text{etc.}$$

$$\frac{1}{4} = 1.2 \cdot \left(\frac{1}{3}\right)^2 + 2.3 \cdot \left(\frac{1}{3.5}\right)^2 + 3.4 \cdot \left(\frac{1}{3.5.7}\right)^2 + 4.5 \cdot \left(\frac{1}{3.5.7.9}\right)^2 + \text{etc.}$$

$$\frac{1}{8} = \frac{13}{4} \cdot \left(\frac{1}{3}\right)^3 + \frac{62}{4} \cdot \left(\frac{1}{3.5}\right)^3 + \frac{171}{4} \cdot \left(\frac{1}{3.5.7}\right)^3 + \frac{364}{4} \cdot \left(\frac{1}{3.5.7.9}\right)^3 + \text{etc.}$$

etc.

Ce que nous venons de dire sur les mesures algorithmiques générales (20) et dont nous avons présenté l'exemple précédent (21) dans notre Philosophie des Mathématiques, nous l'avions déjà fait connaître en 1810 à l'Institut de France, avec tous les détails relatifs à cet état le plus général de l'algorithme technique des Séries. On lit, en effet, dans le Rapport fait par Lagrange et Lacroix à la Classe des sciences de ce Corps savant, Rapport qui est inséré dans le *Moniteur* du 15 novembre 1810, que notre loi absolue s'applique au développement suivant ... $(21)'''$

$$
\begin{aligned}
Fx = {}& A_0 + A_1 \cdot \varphi(x_1, x_2, x_3, \text{etc.}) \\
& + A_2 \cdot \varphi(x_1, x_2, x_3, \text{etc.}) \cdot \varphi(x_1 + \xi_1, x_2 + \xi_2, x_3 + \xi_3, \text{etc.}) \\
& + A_3 \cdot \varphi(x_1, x_2, x_3, \text{etc.}) \cdot \varphi(x_1 + \xi_1, x_2 + \xi_2, x_3 + \xi_3, \text{etc.}) \times \\
& \qquad\qquad \times \varphi(x_1 + 2\xi_1, x_2 + 2\xi_2, x_3 + 2\xi_3, \text{etc.}) \\
& + \text{etc., etc.} ;
\end{aligned}
$$

et l'on voit, dans le même Rapport, que nous avions fait connaître, déjà à cette époque, la LOI ELLE-MÊME de cette Série, c'est-à-dire, l'expression générale de ses coefficiens A_0, A_1, A_2, A_3, etc. Nous reproduirons cette loi dans la suite de l'ouvrage présent, en la déduisant de la loi absolue (7), lorsque cette dernière nous sera connue. Mais, en attendant, pour compléter les éclaircissemens que nous venons de donner sur la déduction technique des Séries, nous allons encore appliquer ce procédé technique à la déduction de la forme $(21)'''$ de cette Série générale et à la détermination de la valeur de ses coefficiens. — Pour cela, il faut remarquer, d'abord, que ces coefficiens A_0, A_1, A_2, etc. étant indépendans de la variable x, l'une ou plusieurs des quantités x_1, x_2, x_3, etc. qui servent à la construction des mesures algorithmiques donnant la série $(21)'''$, sont identiques avec la variable x de la fonction Fx qu'il s'agit d'évaluer moyennant ces mesures; et, ensuite, il faut remarquer que, puisque le nombre des quantités x_1, x_2, x_3, etc. dont nous venons de parler, est quelconque ou arbitraire, indéfini même si l'on veut, et que les valeurs de ces quantités et de leurs accroissemens ξ_1, ξ_2, ξ_3, etc. sont également arbitraires, les mesures algorithmiques successives dont il est question, savoir, ... $(21)^{IV}$

$$\varphi(x_1,\ x_2,\ x_3,\ \text{etc.}),\qquad \varphi(x_1+\xi_1,\ x_2+\xi_2,\ x_3+\xi_3,\ \text{etc.}),$$
$$\varphi(x_1+2\xi_1,\ x_2+2\xi_2,\ x_3+2\xi_3,\ \text{etc.}),\qquad \varphi(x_1+3\xi_1,\ x_2+3\xi_2,\ x_3+3\xi_3,\ \text{etc.}),\ \text{etc.},$$

sont évidemment autant de fonctions arbitraires différentes de la variable x, que nous avons présentées sous cette forme pour introduire une espèce de régularité ou de loi dans cette suite de fonctions différentes et arbitraires. Mais, pour plus de brièveté, nous dénoterons ici ces fonctions arbitraires simplement par ... $(21)^V$

$$\varphi_0 x,\qquad \varphi_1 x,\qquad \varphi_2 x,\qquad \varphi_3 x,\qquad \varphi_4 x,\qquad \text{etc.};$$

et telles seront, dans la question générale présente, les mesures algorithmiques successives pour l'évaluation de la fonction Fx.

Or, suivant le schéma $(19)'$, on aura d'abord

$$Fx = A_0 + \Phi_0 x;$$

et, à cause de la première mesure $\varphi_0 x$, la fonction $\Phi_0 x$ devra, en vertu de la finalité qui est le principe de cette évaluation, être telle que

$\Phi_0 x = 0$, lorsque $\varphi_0 x = 0$. Ainsi, désignant par α_0 la valeur de x que donne la relation $\varphi_0 x = 0$, on aura

$$A_0 = F(\alpha_0).$$

En second lieu, puisque la fonction $\Phi_0 x$ est généralement comparable avec la première mesure $\varphi_0 x$, si l'on fait

$$\frac{\Phi_0 x}{\varphi_0 x} = F_1 x,$$

la fonction $F_1 x$ aura nécessairement, dans tous les cas, une valeur déterminée; et l'on pourra de nouveau entreprendre son évaluation générale. Pour cela, suivant toujours le schéma $(19)'$, on aura

$$F_1 x = A_1 + \Phi_1 x;$$

et, à cause de la seconde mesure $\varphi_1 x$, la fonction $\Phi_1 x$ devra, en vertu de la finalité dominant dans cette déduction, être telle que $\Phi_1 x = 0$, lorsque $\varphi_1 x = 0$. Ainsi, désignant de nouveau par α_1 la valeur de x que donne la relation $\varphi_1 x = 0$, on aura

$$A_1 = F_1(\alpha_1);$$

et, substituant les valeurs précédentes de $F_1 x$, il viendra

$$A_1 = \frac{\Phi_0(\alpha_1)}{\varphi_0(\alpha_1)} = \frac{F(\alpha_1) - A_0}{\varphi_0(\alpha_1)}.$$

En troisième lieu, puisque $\Phi_1 x$ est généralement comparable avec $\varphi_1 x$, si l'on fait

$$\frac{\Phi_1 x}{\varphi_1 x} = F_2 x,$$

la fonction $F_2 x$ sera encore, dans tous les cas, une quantité déterminée; et l'on pourra de nouveau procéder à son évaluation générale. Ainsi, suivant le schéma $(19)'$, on aura

$$F_2 x = A_2 + \Phi_2 x;$$

et, à cause de la troisième mesure $\varphi_2 x$, la fonction $\Phi_2 x$ devra, toujours en vertu de la finalité qui régit cette déduction, être telle que $\Phi_2 x = 0$, lorsque $\varphi_2 x = 0$. Désignant donc par α_2 la valeur de x qui résulte de la relation $\varphi_2 x = 0$, on aura

$$A_2 = F_2(\alpha_2);$$

et, substituant les valeurs précédentes de $F_2 x$, il viendra

$$A_2 = \frac{\Phi_1(\alpha_2)}{\varphi_1(\alpha_2)} = \frac{F_1(\alpha_2) - A_1}{\varphi_1(\alpha_2)} = \frac{\Phi_0(\alpha_2) - A_1 \cdot \varphi_0(\alpha_2)}{\varphi_0(\alpha_2) \cdot \varphi_1(\alpha_2)} =$$
$$= \frac{F(\alpha_2) - A_0 - A_1 \cdot \varphi_0(\alpha_2)}{\varphi_0(\alpha_2) \cdot \varphi_1(\alpha_2)}.$$

Évaluant de la même manière le rapport généralement déterminable des quantités $\Phi_2 x$ et $\varphi_2 x$, et désignant par α_3 la valeur de x qui résulte de la relation $\varphi_3 x = 0$, on obtiendra

$$A_3 = \frac{F(\alpha_3) - A_0 - A_1 \cdot \varphi_0(\alpha_3) - A_2 \cdot \varphi_0(\alpha_3) \cdot \varphi_1(\alpha_3)}{\varphi_0(\alpha_3) \cdot \varphi_1(\alpha_3) \cdot \varphi_2(\alpha_3)}.$$

Et, procédant toujours de la même manière dans l'évaluation successive et générale des rapports

$$\frac{\Phi_0 x}{\varphi_0 x}, \quad \frac{\Phi_1 x}{\varphi_1 x}, \quad \frac{\Phi_2 x}{\varphi_2 x}, \quad \frac{\Phi_3 x}{\varphi_3 x}, \quad \frac{\Phi_4 x}{\varphi_4 x}, \quad \text{etc.,}$$

si l'on désigne généralement par α_μ la valeur de x que donne la relation $\varphi_\mu x = 0$, on obtiendra visiblement, pour un indice quelconque μ, la valeur générale ... $(21)^{\text{VI}}$

$$A_\mu = \frac{\left\{\begin{array}{l} F(\alpha_\mu) - A_0 - A_1 \cdot \varphi_0(\alpha_\mu) - A_2 \cdot \varphi_0(\alpha_\mu) \cdot \varphi_1(\alpha_\mu) - A_3 \cdot \varphi_0(\alpha_\mu) \cdot \varphi_1(\alpha_\mu) \cdot \varphi_2(\alpha_\mu) \\ - A_4 \cdot \varphi_0(\alpha_\mu) \cdot \varphi_1(\alpha_\mu) \cdot \varphi_2(\alpha_\mu) \cdot \varphi_3(\alpha_\mu) \dots - A_{\mu-1} \cdot \varphi_0(\alpha_\mu) \cdot \varphi_1(\alpha_\mu) \dots \varphi_{\mu-2}(\alpha_\mu) \end{array}\right\}}{\varphi_0(\alpha_\mu) \cdot \varphi_1(\alpha_\mu) \cdot \varphi_2(\alpha_\mu) \cdot \varphi_3(\alpha_\mu) \dots \varphi_{\mu-1}(\alpha_\mu)},$$

dans laquelle une quelconque A_μ des quantités A_0, A_1, A_2, etc. se trouve déterminée au moyen des quantités précédentes A_0, A_1, A_2, ... $A_{\mu-1}$.

De plus, en observant que la déduction générale précédente est, quant à sa nature, parfaitement la même que celle ci-dessus qui, dans notre Philosophie des Mathématiques, nous a conduits à la forme (VIII) des séries, et qu'elle en diffère seulement en ce qu'au lieu des mesures algorithmiques particulières

$$\varphi x, \quad \varphi(x+\xi), \quad \varphi(x+2\xi), \quad \varphi(x+3\xi), \quad \text{etc.},$$

on emploie les mesures générales (20) ou $(21)^{\text{v}}$, savoir,

$$\varphi_0 x, \quad \varphi_1 x, \quad \varphi_2 x, \quad \varphi_3 x, \quad \text{etc.};$$

on verra qu'il suffit d'échanger ces mesures algorithmiques dans la forme générale (VIII) des Séries, pour avoir immédiatement, dans le cas général présent, la forme ... $(21)^{\text{vii}}$

$$Fx = A_0 + A_1 . \varphi_0 x + A_2 . \varphi_0 x . \varphi_1 x + A_3 . \varphi_0 x . \varphi_1 x . \varphi_2 x$$
$$+ A_4 . \varphi_0 x . \varphi_1 x . \varphi_2 x . \varphi_3 x + \text{etc.},$$

dont la déduction se trouve ainsi donnée d'une manière rigoureuse, c'est-à-dire, sans rien supposer d'avance de cette forme elle-même (*).

(*) On pourrait étendre, à ce cas général, le procédé dont Lagrange s'est servi au commencement de sa Théorie des fonctions analytiques et dont nous avons parlé ci-dessus dans la note de la page 44, en assignant ici immédiatement aux fonctions $\Phi_0 x$, $\Phi_1 x$, $\Phi_2 x$, $\Phi_3 x$, etc. dont il s'agit dans notre déduction technique, les formes déterminées $\varphi_0 x . P$, $\varphi_1 x . Q$, $\varphi_2 x . R$, $\varphi_3 x . S$, etc. Mais, cette extension du procédé de Lagrange ne serait qu'une preuve de ce que, comme Lagrange, on n'aurait rien compris au véritable esprit de cette déduction technique, c'est-à-dire, à la finalité algorithmique impliquée dans cette déduction. En effet, donnant immédiatement aux fonctions $\Phi_0 x$, $\Phi_1 x$, $\Phi_2 x$, etc., les déterminations particulières $\varphi_0 x . P$, $\varphi_1 x . Q$, $\varphi_2 x . R$, etc., les transformations techniques successives auxquelles conduit notre déduction philosophique, savoir, les transformations encore entièrement indéterminées ... (A)

$$Fx = A_0 + \Phi_0 x, \quad F_1 x = A_1 + \Phi_1 x, \quad F_2 x = A_2 + \Phi_2 x, \quad \text{etc.},$$

se trouveraient déterminées immédiatement et seraient ... (B)

$$Fx = A_0 + \varphi_0 x . P, \quad P = A_1 + \varphi_1 x . Q, \quad Q = A_2 + \varphi_2 x . R, \quad \text{etc.};$$

Et, par cette déduction technique qui établit la nécessité d'une pareille évaluation de la fonction Fx, se trouveront en même tems déterminés, dans l'expression générale $(21)^{VI}$, les coefficiens mêmes A_0, A_1, A_2, etc. de cette Série, c'est-à-dire qu'on aura ... $(21)^{VIII}$

$$A_0 = F(\alpha_0)$$

$$A_1 = \frac{F(\alpha_1) - A_0}{\varphi_0(\alpha_1)}$$

$$A_2 = \frac{F(\alpha_2) - A_0 - A_1 . \varphi_0(\alpha_2)}{\varphi_0(\alpha_2) . \varphi_1(\alpha_2)}$$

$$A_3 = \frac{F(\alpha_3) - A_0 - A_1 . \varphi_0(\alpha_3) - A_2 . \varphi_0(\alpha_3) . \varphi_1(\alpha_3)}{\varphi_0(\alpha_3) . \varphi_1(\alpha_3) . \varphi_2(\alpha_3)}$$

etc., etc.

Pour avoir, d'une manière indépendante, les valeurs définitives de ces coefficiens, il faudrait substituer successivement, les unes dans les autres, les valeurs précédentes $(21)^{VIII}$ de ces coefficiens. Mais, par ce procédé, on ne parviendrait qu'aux expressions isolées ou particulières des coefficiens A_0, A_1, A_2, etc. dont il s'agit, et non à l'EXPRESSION GÉNÉRALE même de ces coefficiens; et c'est précisément cette expression générale qui est la LOI de la Série générale $(21)^{VII}$ en question, de sorte que cette loi resterait encore inconnue. Aussi, ne s'agit-

---

détermination qui n'est évidemment possible qu'en vertu de la forme même de la Série $(21)^{VII}$

$$Fx = A_0 + A_1 . \varphi_0 x + A_2 . \varphi_0 x . \varphi_1 x + A_3 . \varphi_0 x . \varphi_1 x . \varphi_2 x + \text{etc.},$$

comme l'ont reconnu et avoué les Commissaires mêmes de l'Institut de France dans leur Rapport sur notre Réfutation de Lagrange (page 91 de cette Réfutation); de sorte que, loin de donner la déduction de la forme précédente $(21)^{VII}$ de cette Série générale, comme le font les transformations indéterminées (A), les déterminations (B) supposeraient EXPLICITEMENT cette forme elle-même, et ne seraient qu'une GROSSIÈRE PÉTITION DE PRINCIPE.

il dans la déduction_technique précédente que d'établir la nécessité de cette forme générale (21)^{VII} des Séries : la loi elle-même de cette Série (*), qu'il reste ici à connaître, se trouvera ci-après déduite, comme cas particulier, de la loi universelle (7), lorsque cette dernière sera connue, ainsi que nous l'avons déjà annoncé plus haut.

Venons maintenant à des exemples de la déduction technique des Fractions continues, qui, dans notre Philosophie des Mathématiques, nous a conduits à la forme (IX) de ce second algorithme élémentaire. — Or, en examinant cette déduction, on s'aperçoit sur-le-champ qu'elle ne diffère de la déduction technique des Séries, qu'en ce que, dans l'évaluation successive des quantités $\Phi_0 x$, $\Phi_1 x$, $\Phi_2 x$, etc., au lieu d'établir les rapports directs

$$\frac{\Phi_0 x}{\varphi x}, \quad \frac{\Phi_1 x}{\varphi(x+\xi)}, \quad \frac{\Phi_2 x}{\varphi(x+2\xi)}, \quad \frac{\Phi_3 x}{\varphi(x+3\xi)}, \quad \text{etc.},$$

comme pour la génération des Séries, on établit ici les rapports inverses

$$\frac{\varphi x}{\Phi_0 x}, \quad \frac{\varphi(x+\xi)}{\Phi_1 x}, \quad \frac{\varphi(x+2\xi)}{\Phi_2 x}, \quad \frac{\varphi(x+3\xi)}{\Phi_3 x}, \quad \text{etc.}$$

Ainsi, l'esprit philosophique de cette déduction technique des Fractions continues est le même que celui de la déduction précédente des

---

(*) C'est cette loi technique que, parmi une infinité d'autres, nous avions fait connaître à l'Institut de France déjà en 1810, et c'est de cette loi qu'il est proprement question dans le *Moniteur* du 15 novembre 1810 que nous avons cité plus haut. Nous nous bornerons ici à apprendre aux géomètres que cette loi est susceptible de diverses formes, et que, parmi ces formes, celle qui donne les expressions provenant des substitutions successives des valeurs (21)^{VIII}, se trouve tout-à-fait identique avec la forme de notre LOI FONDAMENTALE des Séries que nous avons présentée dans la Réfutation de Lagrange; comme on peut s'en assurer facilement en déduisant cette loi suivant l'instruction que nous venons de donner. Au reste, on trouvera, dans la suite de cet ouvrage, toutes ces diverses formes de la loi en question, comme cas particuliers de notre loi suprême.

Séries; et elle n'en diffère que par le procédé algorithmique. Nous nous bornerons donc, pour avoir des exemples de cette déduction des Fractions continues, à exposer les procédés algorithmiques qui la composent.

Soit x la mesure algorithmique φx, et soit égal à zéro l'accroissement successif ξ de cette mesure. En vertu du schéma (II), nous aurons

$$Fx = A_0 + \Phi_0 x\,;$$

et, en vertu de la finalité qu'implique cette déduction, la fonction $\Phi_0 x$ devra être telle que $\Phi_0 x = 0$, lorsque $x = 0$. Nous aurons donc encore

$$A_0 = F\dot{x}\,;$$

en marquant toujours par le point la valeur zéro de la variable x. En second lieu, établissant ici le rapport inverse

$$\frac{x}{\Phi_0 x} = F_1 x\,; \quad \text{et faisant} \quad F_1 x = A_1 + \Phi_1 x,$$

la fonction $\Phi_1 x$ devra encore être telle qu'elle devienne zéro, lorsque la variable x est zéro. Donc, on aura

$$A_1 = F_1 \dot{x}\,;$$

et, substituant les valeurs précédentes, il viendrait

$$F_1 \dot{x} = \frac{\dot{x}}{\Phi_0 \dot{x}} = \frac{\dot{x}}{F\dot{x} - A_0} = \frac{0}{0}\,;$$

mais, prenant les différentielles du numérateur et du dénominateur de la dernière fraction, on obtiendra

$$F_1 \dot{x} = \frac{dx}{dFx}\,; \quad \text{c'est-à-dire,} \quad A_1 = \frac{dx}{dF\dot{x}}.$$

En troisième lieu, établissant le rapport inverse

$$\frac{x}{\Phi_1 x} = F_2 x\,; \quad \text{et faisant de nouveau} \quad F_2 x = A_2 + \Phi_2 x,$$

la fonction $\Phi_2 x$ devra être prise de manière que $\Phi_2 x = 0$, lorsque $x = 0$. Donc, on aura

$$A_2 = F_2 \dot{x} \, ;$$

et, substituant les valeurs précédentes, il viendrait

$$F_2 \dot{x} = \frac{\dot{x}}{\Phi_1 \dot{x}} = \frac{\dot{x}}{F_1 \dot{x} - A_1} = \frac{\dot{x}}{\dfrac{\dot{x}}{F\dot{x} - A_0} - A_1} =$$

$$= \frac{\dot{x}\,(F\dot{x} - A_0)}{\dot{x} - A_1\,(F\dot{x} - A_0)} = \frac{0}{0} \, ;$$

mais, prenant les secondes différentielles du numérateur et du dénominateur de la dernière fraction, on obtiendra

$$F_2 \dot{x} = - \frac{2\,dF\dot{x} \cdot dx}{A_1 \cdot d^2 F\dot{x}} \, ;$$

et par conséquent

$$A_2 = - \frac{2\,(dF\dot{x})^2}{d^2 F\dot{x}} \, .$$

En troisième lieu, établissant de nouveau le rapport inverse

$$\frac{x}{\Phi_2 x} = F_3 x \, ; \quad \text{et faisant} \quad F_3 x = A_3 + \Phi_3 x,$$

la fonction $\Phi_3 x$ devra encore être telle que $\Phi_3 x = 0$, lorsque $x = 0$. Donc, on aura

$$A_3 = F_3 \dot{x} \, ;$$

et, substituant les valeurs précédentes, il viendrait

$$F_3 \dot{x} = \frac{\dot{x}}{\Phi_2 \dot{x}} = \frac{x}{F_2 \dot{x} - A_2} = \frac{\dot{x}}{\dfrac{\dot{x}\,(F\dot{x} - A_0)}{\dot{x} - A_1 \cdot (F\dot{x} - A_0)} - A_2} =$$

$$= \frac{\dot{x}\,\big(\dot{x} - A_1\,(F\dot{x} - A_0)\big)}{\dot{x}\,(F\dot{x} - A_0) - A_2\,\big(\dot{x} - A_1\,(F\dot{x} - A_0)\big)} = \frac{0}{0} \, ;$$

mais, prenant les troisièmes différentielles du numérateur et du dénominateur de la dernière fraction, on obtiendra

$$F_3\dot{x} = -\frac{3A_1 . d^2F\dot{x} . dx}{3d^2F\dot{x} . dx + A_1 A_2 . d^3F\dot{x}};$$

et par conséquent

$$A_3 = -\frac{3(d^2F\dot{x})^2 . dx}{dF\dot{x} . \left(3(d^2F\dot{x})^2 - 2dF\dot{x} . d^3F\dot{x}\right)}.$$

Et, procédant de la même manière dans l'évaluation générale des rapports inverses suivans

$$\frac{x}{\Phi_3 x}, \quad \frac{x}{\Phi_4 x}, \quad \frac{x}{\Phi_5 x}, \quad \frac{x}{\Phi_6 x}, \quad \text{etc.,}$$

on obtiendra visiblement la détermination des autres quantités A_4, A_5, A_6, etc. qui, avec celles que nous venons de déterminer, donneront, en vertu du schéma (IX), la Fraction continue ... (22)

$$Fx = A_0 + \cfrac{x}{A_1 + \cfrac{x}{A_2 + \cfrac{x}{A_3 + \cfrac{x}{A_4 + \text{etc.}}}}}$$

Voici encore un exemple de cette déduction technique des Fractions continues, en prenant toujours, pour la mesure algorithmique générale φx, la simple variable x, mais en laissant subsister dans sa généralité l'accroissement ξ de cette mesure, c'est-à-dire, en prenant, pour les mesures algorithmiques successives, les quantités ... (22)'

$$x, \quad (x+\xi), \quad (x+2\xi), \quad (x+3\xi), \quad \text{etc.}$$

Or, en vertu du schéma (II), on a d'abord

$$Fx = A_0 + \Phi_0 x;$$

et, la première mesure étant x, il faut prendre la fonction $\Phi_0 x$ de manière que $\Phi_0 x = 0$, lorsque $x = 0$. On aura donc, comme plus haut,

$$A_0 = F\dot{x},$$

$\dot{x}$ marquant la valeur zéro de la variable x. En second lieu, établissant le rapport inverse

$$\frac{x}{\Phi_0 x} = F_1 x; \quad \text{et faisant} \quad F_1 x = A_1 + \Phi_1 x,$$

puisque la seconde mesure est $(x + \xi)$, il faut que la fonction $\Phi_1 x$ soit telle que $\Phi_1 x = 0$, lorsque $(x + \xi) = 0$. On aura donc

$$A_1 = F_1(-\xi).$$

Mais, substituant les valeurs précédentes, on a

$$F_1 x = \frac{x}{\Phi_0 x} = \frac{x}{Fx - A_0};$$

et par conséquent

$$F_1(x - \xi) = \frac{x - \xi}{Fx - \Delta Fx - A_0},$$

Δ désignant la différence régressive, prise par rapport à l'accroissement ξ. Ainsi, lorsque $x = 0$, il viendra

$$F_1(-\xi) = \frac{\xi}{\Delta F\dot{x}}; \quad \text{c'est-à-dire,} \quad A_1 = \frac{\xi}{\Delta F\dot{x}}.$$

En troisième lieu, établissant le rapport inverse

$$\frac{x + \xi}{\Phi_1 x} = F_2 x; \quad \text{et faisant de nouveau} \quad F_2 x = A_2 + \Phi_2 x,$$

puisque la troisième mesure est $(x + 2\xi)$, la fonction $\Phi_2 x$ doit être telle que $\Phi_2 x = 0$, lorsque $(x + 2\xi) = 0$. On aura donc

$$A_2 = F_2(-2\xi).$$

Mais, substituant les valeurs précédentes, on a

$$F_2 x = \frac{x+\xi}{\Phi_1 x} = \frac{x+\xi}{F_1 x - A_1} = \frac{x+\xi}{\dfrac{x}{Fx-A_0} - A_1} = \frac{(x+\xi)(Fx-A_0)}{x - A_1(Fx-A_0)};$$

et par conséquent

$$F_2(x-2\xi) = \frac{(x-\xi)(Fx-2\Delta Fx+\Delta^2 Fx-A_0)}{x-2\xi-A_1(Fx-2\Delta Fx+\Delta^2 Fx-A_0)}.$$

Ainsi, lorsque $x=0$, il viendra

$$F_2(-2\xi) = \frac{\xi(\Delta^2 Fx-2\Delta Fx)}{2\xi+A_1(\Delta^2 Fx-2\Delta Fx)};$$

et par conséquent, en substituant la valeur de A_1, on obtiendra

$$A_2 = \Delta Fx - \frac{2(\Delta Fx)^2}{\Delta^2 Fx}.$$

En quatrième lieu, établissant le rapport inverse

$$\frac{x+2\xi}{\Phi_2 x} = F_3 x; \qquad \text{et faisant encore} \qquad F_3 x = A_3 + \Phi_3 x,$$

puisque la quatrième mesure est $(x+3\xi)$, la fonction $\Phi_3 x$ devra être telle que $\Phi_3 x = 0$, lorsque $(x+3\xi)=0$. On aura donc

$$A_3 = F_3(-3\xi).$$

Mais, substituant les valeurs précédentes, on a

$$F_3 x = \frac{x+2\xi}{\Phi_2 x} = \frac{x+2\xi}{F_2 x - A_2} = \frac{x+2\xi}{\dfrac{(x+\xi)(Fx-A_0)}{x-A_1(Fx-A_0)} - A_2} =$$

$$= \frac{(x+2\xi)(x-A_1(Fx-A_0))}{(x+\xi+A_1 A_2)(Fx-A_0)-A_2 x};$$

et par conséquent

$$F_3(x-3\xi) = \frac{(x-\xi)(x-3\xi-A_1(Fx-3\Delta Fx+3\Delta^2 Fx-\Delta^3 Fx-A_0))}{(x-2\xi+A_1 A_2)(Fx-3\Delta Fx+3\Delta^2 Fx-\Delta^3 Fx-A_0)-A_2(x-3\xi)}.$$

Ainsi, lorsque $x = 0$, il viendra

$$F_3(-3\xi) = \frac{\xi\left(A_1(\Delta^3 F\dot{x} - 3\Delta^2 F\dot{x} + 3\Delta F\dot{x}) - 3\xi\right)}{(A_1 A_2 - 2\xi)(\Delta^3 F\dot{x} - 3\Delta^2 F\dot{x} + 3\Delta F\dot{x}) - 3\xi A_2};$$

et par conséquent, en substituant les valeurs de A_1 et A_2, on obtiendra

$$A_3 = -\frac{\xi(\Delta^3 F\dot{x} - 3\Delta^2 F\dot{x})\Delta^2 F\dot{x}}{\Delta F\dot{x}.\left(\Delta^2 F\dot{x}(\Delta^3 F\dot{x} - 3\Delta^2 F\dot{x}) + 2\Delta F\dot{x}.\Delta^3 F\dot{x}\right)}.$$

Et, procédant de la même manière dans l'évaluation générale des rapports inverses suivans

$$\frac{x + 3\xi}{\Phi_3 x}, \quad \frac{x + 4\xi}{\Phi_4 x}, \quad \frac{x + 5\xi}{\Phi_5 x}, \quad \text{etc.},$$

on obtiendra visiblement la détermination des autres quantités A_4, A_5, A_6, etc. qui, avec celles que nous venons de déterminer, donneront, en vertu de la forme (IX), la Fraction continue ... (22)''

$$Fx = A_0 + \cfrac{x}{A_1 + \cfrac{x + \xi}{A_2 + \cfrac{x + 2\xi}{A_3 + \cfrac{x + 3\xi}{A_4 + \text{etc.}}}}}$$

On voit encore ici facilement que si, au lieu de prendre, pour la mesure algorithmique φx, la simple variable x, on prenait une fonction quelconque de cette variable, on obtiendrait toujours, suivant le procédé de cette déduction technique, la détermination des dénominateurs successifs A_1, A_2, A_3, A_4, etc. des Fractions continues. Et, c'est précisément en suivant ce procédé que, ci-après, en employant d'ailleurs la loi fondamentale des Séries dont les Fractions continues sont une transformation, nous découvrirons la loi générale des dénominateurs en question, pour une fonction quelconque φx servant de

mesure algorithmique; loi qui est évidemment la LOI FONDAMENTALE
des Fractions continues.

Il faut aussi remarquer, dans cette déduction des Fractions continues, comme plus haut dans la déduction technique des Séries, qu'il
n'est pas nécessaire que, dans la suite des fonctions.... $(22)'''$

$$\varphi x, \quad \varphi(x+\xi), \quad \varphi(x+2\xi), \quad \varphi(x+3\xi), \quad \text{etc.},$$

servant successivement de mesures algorithmiques, selon ce qui a été
dit après la marque (IV), l'accroissement ξ s'applique exclusivement
à la variable x. Cet accroissement peut être appliqué à toute autre
quantité; et, généralement, on peut prendre, pour les mesures algorithmiques dans les Fractions continues, les quantités successives que,
plus haut sous les marques (20), $(21)^{\text{IV}}$ ou $(21)^{\text{V}}$, nous avons indiquées
pour les Séries. Mais, comme la nature de cette déduction technique
générale reste toujours la même que celle qui nous a conduits à la
forme (IX), il suffit évidemment d'échanger les mesures simples ou
fondamentales $(22)'''$, savoir,

$$\varphi x, \quad \varphi(x+\xi), \quad \varphi(x+2\xi), \quad \varphi(x+3\xi), \quad \text{etc.},$$

dont nous nous sommes servis dans notre Philosophie des Mathématiques, pour les mesures composées ou générales (20) ou $(21)^{\text{V}}$,
savoir,

$$\varphi_0 x, \quad \varphi_1 x, \quad \varphi_2 x, \quad \varphi_3 x, \quad \text{etc.};$$

et l'on aura, moyennant cette forme fondamentale (IX) des Fractions
continues, la forme générale de ce second algorithme technique élémentaire, qui sera ... (23)

$$Fx = A_0 + \cfrac{\varphi_0 x}{A_1 + \cfrac{\varphi_1 x}{A_2 + \cfrac{\varphi_2 x}{A_3 + \cfrac{\varphi_3 x}{A_4 + \text{etc.}}}}}$$

On conçoit facilement que la liaison immédiate qui, pour la déduction technique conduisant à la nécessité des Fractions continues, se trouve entre le cas fondamental (IX) et le cas général précédent (23) de cet algorithme élémentaire, se trouve également pour la déduction théorique que nous avons donnée plus haut sous les marques (10), (11), ... (14) pour établir la possibilité des Fractions continues : il suffit aussi d'y échanger les mesures algorithmiques fondamentales (22)''' pour les mesures algorithmiques générales (20) ou (21)ᵛ.

Il faut remarquer, de plus, que les dénominateurs successifs A_1, A_2, A_3, A_4, etc. dans la forme fondamentale (IX) des Fractions continues, peuvent contenir la variable x ; et cela moyennant qu'on laisse subsister cette variable dans quelques parties de la fonction Fx, lors du développement de cette fonction en Fractions continues, comme plus haut dans le développement des fonctions en Séries. Nous en avons donné un exemple dans la Philosophie des Mathématiques, sous la marque (XXII), en développant la fonction $\left(\frac{N}{M}\right)^x$ moyennant la mesure $\left(\frac{n}{m}\right)^x$. Mais alors, les Fractions continues ne présentent pas un DÉVELOPPEMENT COMPLET de la fonction Fx ; et c'est précisément pour obtenir ce développement complet que, dans la déduction technique qui conduit à la forme fondamentale (IX) de cet algorithme, nous supposons que les quantités A_0, A_1, A_2, A_3, etc. dont il est question, soient indépendantes de la variable x.

Passons à des exemples de la déduction technique des Produites continues, formant le troisième des quatre algorithmes techniques élémentaires ; déduction qui nous a conduits à la forme (XIII) de ce troisième algorithme. — Mais observons d'abord que, dans cette déduction, nous partons du schéma (XII) de la génération de la fonction Fx par graduation et spécialement par l'algorithme des facultés, savoir, du schéma ... (24)

$$Fx = A \times \Phi x;$$

expression dans laquelle on peut considérer le facteur A comme dépendant ou comme indépendant de la variable x, c'est-à-dire, comme formant lui-même la mesure algorithmique de la fonction Fx, ou comme ne formant pas cette mesure générale ; et que c'est en suivant la première de ces considérations que nous arrivons à la forme (XIII) de l'algorithme des Produites continues dont il s'agit.

Or, d'après cette observation, voulant évaluer généralement la fonction Fx par le moyen de l'algorithme en question, le facteur A qui, dans le cas présent, est une fonction de x, doit évidemment être tel que la valeur de x qui donne $A = 0$, donne aussi $Fx = 0$; car, ce n'est qu'alors que le rapport de la fonction Fx avec le facteur A constituant la mesure, peut généralement être déterminé, c'est-à-dire que la fonction Φx qui est l'expression de ce rapport, peut généralement être une quantité déterminée ; ce qui est indispensable pour la possibilité de l'évaluation générale de la fonction Fx. De plus, la fonction de x qui constitue le facteur A, quoique déterminée par la circonstance précédente, quant à sa valeur, reste cependant indéterminée quant à sa nature ; et l'on peut, comme nous l'avons déjà remarqué plus haut (dans la note de la page 31), faire dépendre cette fonction d'une fonction quelconque arbitraire φx qu'on prend pour la mesure algorithmique.

Soit donc, suivant le schéma précédent (24), la première transformation

$$Fx = f_0 x \times \Phi_0 x,$$

constituant la première évaluation de la fonction Fx ; et prenons, pour la mesure algorithmique de cette évaluation, la simple variable x. Il est évident que, pour satisfaire à la finalité dont la conception se trouve impliquée dans cette évaluation, la fonction $f_0 x$ doit, suivant l'observation générale précédente, avoir la forme $(x - a)$, la quantité a donnant $Fa = 0$; car, alors la quantité $\Phi_0 x$, formant l'expression du rapport de la fonction Fx et de sa première mesure $(x - a)$, savoir,

$$\frac{Fx}{x - a} = \Phi_0 x',$$

pourra généralement être déterminée. Maintenant, pour déterminer effectivement cette quantité $\Phi_0 x$, suivant le même algorithme (24), faisons

$$\Phi_0 x = f_1 x \times \Phi_1 x;$$

et observons que le facteur $f_1 x$, constituant ici la mesure dépendante de la mesure particulière x que nous avons adoptée, doit, en vertu de la finalité mentionnée plus haut, avoir la forme $(x - b)$, la quantité b donnant $\Phi_0 b = 0$, c'est-à-dire,

$$\frac{Fb}{b - a} = 0.$$

On aura donc

$$\Phi_1 x = \frac{\Phi_0 x}{x - b} = \frac{Fx}{(x - a)(x - b)};$$

et la quantité $\Phi_1 x$ pourra encore être généralement déterminée. En troisième lieu, pour déterminer effectivement cette dernière quantité, faisons de nouveau

$$\Phi_1 x = f_2 x \times \Phi_2 x;$$

et observons que, par les raisons alléguées plus haut, le facteur $f_2 x$ devra avoir la forme $(x - c)$, la quantité c donnant $\Phi_1 c = 0$, c'est-à-dire,

$$\frac{Fc}{(c - a)(c - b)} = 0.$$

On aura donc

$$\Phi_2 x = \frac{\Phi_1 x}{x - c} = \frac{Fx}{(x - a)(x - b)(x - c)};$$

et la quantité $\Phi_2 x$ pourra de nouveau être déterminée pour toutes les valeurs de x. Et, procédant toujours de cette manière dans l'évaluation générale des quantités successives

$$\Phi_0 x, \quad \Phi_1 x, \quad \Phi_2 x, \quad \Phi_3 x, \quad \Phi_4 x, \quad \text{etc.,}$$

on obtiendra visiblement, pour un indice quelconque μ, la valeur ... (25)

$$\Phi_\mu x = \frac{Fx}{(x-y_0)(x-y_1)(x-y_2)(x-y_3)\ldots(x-y_\mu)};$$

les quantités constantes y_0, y_1, y_2, y_3, etc. étant telles qu'on ait successivement ... (25)'

$$F(y_0) = 0, \quad \frac{F(y_1)}{y_1-y_0} = 0, \quad \frac{F(y_2)}{(y_2-y_0)(y_2-y_1)} = 0,$$

$$\frac{F(y_3)}{(y_3-y_0)(y_3-y_1)(y_3-y_2)} = 0, \quad \frac{F(y_4)}{(y_4-y_0)(y_4-y_1)(y_4-y_2)(y_4-y_3)} = 0,$$

etc., et généralement pour un indice quelconque ρ,

$$\frac{F(y_\rho)}{(y_\rho-y_0)(y_\rho-y_1)(y_\rho-y_2)\ldots(y_\rho-y_{\rho-1})} = 0.$$

Or, dans cette évaluation successive des fonctions $\Phi_0 x$, $\Phi_1 x$, $\Phi_2 x$, $\Phi_3 x$, etc., il est clair, par la forme générale (25) de ces quantités, qu'on épuise successivement l'influence de la variable x dans la fonction Fx; de sorte que, du moins idéalement, c'est-à-dire, à l'infini, on doit nécessairement arriver à une quantité ou fonction $\Phi_\mu x$ telle que l'influence de la variable x s'y trouve nulle ou du moins indéfiniment petite. Désignant donc par Φ_ω cette dernière fonction où l'influence de la variable x est ou peut être considérée comme nulle, on aura définitivement, par la formule (25), l'expression ... (26)

$$Fx = \Phi_\omega \cdot \left\{ (x-y_0)(x-y_1)(x-y_2)(x-y_3)\ldots(x-y_\omega) \right\},$$

dans laquelle la constante Φ_ω pourra être déterminée par la relation particulière qui résulte de cette expression générale dans le cas de toute valeur déterminée de la variable x.

C'est là (26), sur-tout lorsque ω est infini, l'évaluation de la fonction Fx par le moyen du troisième algorithme technique élémentaire,
que nous nommons Produites continues, dans le cas où l'on prend,
pour la mesure algorithmique, la simple variable x. — Et, l'on voit,
par cet exemple, qu'on obtiendrait de la même manière l'évaluation
de la fonction Fx, en prenant, pour la mesure algorithmique, une
fonction quelconque φx de cette variable, et en donnant, aux facteurs
successifs $f_0 x$, $f_1 x$, $f_2 x$, $f_3 x$, etc. qui composent la Produite continue, la forme dépendante de cette mesure; d'ailleurs, nous ferons
nous-mêmes, dans l'instant, quelque usage de cette généralité de la
mesure algorithmique.

Mais, ce qu'il faut remarquer essentiellement dans la déduction
technique précédente des Produites continues, c'est qu'elle se trouve
fondée entièrement sur la conception de la finalité, qui est impliquée
dans une pareille évaluation de la fonction Fx ; et nullement sur
quelques considérations spéculatives, comme plus haut où, pour déduire la possibilité de cet algorithme, nous nous sommes fondés sur
le principe de la théorie des équivalences, sur l'identité téléologique
de la génération par sommation et de la génération par graduation.
Aussi, cette déduction technique, qui suppose déjà la possibilité d'une
telle évaluation algorithmique, n'établit-elle proprement que la nécessité de cette évaluation, par la nécessité même d'un pareil but algorithmique ; et c'est là son caractère distinctif, le même que nous avons
déjà reconnu dans la déduction technique des Séries et des Fractions
continues.

C'est ici le lieu de prévenir qu'en comparant la déduction théorique
et la déduction technique de l'algorithme formant les Produites continues, déductions dont nous venons de parler, nous avons reconnu la
propriété idéale des polynômes infinis (annoncée ci-dessus dans la
note de la page 33), consistant en ce que ces polynômes peuvent

avoir des facteurs ou des diviseurs exacts qu'on ne saurait découvrir par la recherche des racines des équations formées en égalant à zéro ces mêmes polynomes. En effet, comparant les polynomes successifs $(15)''$ auxquels conduit la déduction théorique des Produites continues, avec les formules $(25)'$ de la détermination des valeurs y_1, y_2, y_3, etc., auxquelles conduit la déduction technique de cet algorithme, on voit que ces valeurs y_1, y_2, y_3, etc., n'étant pas données simplement par les équations $F(y_1) = 0$, $F(y_2) = 0$, $F(y_3) = 0$, etc., ne sauraient être découvertes généralement par la recherche des racines de l'équation qu'on formerait en égalant à zéro le polynome infini que donne le développement en série de la fonction Fx. — Il en résulte, pour la génération des Produites continues, la considération très importante que voici : toutes les fois que la fonction Fx qu'il s'agit de développer en Produites continues, est de nature que l'équation $Fx = 0$ donne, pour la quantité x, une infinité de valeurs différentes, il suffit de prendre ces valeurs mêmes pour les quantités y_0, y_1, y_2, y_3, etc. qui entrent dans les facteurs de la Produite continue; mais, lorsque l'équation $Fx = 0$ ne donne qu'un nombre fini de valeurs pour la quantité x, il faut déterminer les quantités y_0, y_1, y_2, y_3, etc. en question, par les formules $(25)'$ elles-mêmes, par lesquelles elles se trouvent données généralement. C'est en négligeant cette considération que, dans la Philosophie des Mathématiques, nous avons cru pouvoir étendre les développemens par graduation des fonctions immanentes $(x^m + 1)$ et $(x^m - 1)$, qui se trouvent à la page 78, sous les marques (dd) et (ee), au cas où l'exposant m serait fractionnaire ou négatif; parce que, ces développemens par graduation ayant lieu réellement pour le cas où l'exposant m est irrationnel ou transcendant, et les développemens par sommation des fonctions $(x^m + 1)$ et $(x^m - 1)$ étant infinis dans le cas où l'exposant m est fractionnaire ou négatif, nous avons cru, en nous fondant sur la continuité dans cette génération algorithmique, que les polynomes infinis formant ces derniers développemens par sommation, étaient composés des seuls facteurs que donnent respectivement les équations ... $(26)'$

$$x^m + 1 = 0, \quad \text{et} \quad x^m - 1 = 0,$$

comme le sont les polynomes infinis qui forment les développemens par sommation des fonctions $(x^m + 1)$ et $(x^m - 1)$ dans le cas où l'exposant m est irrationnel ou transcendant. On voit maintenant que cette continuité dans la génération algorithmique présente, n'a point lieu (comme nous l'avons déjà annoncé dans la note citée plus haut); parceque, dans le cas où les équations précédentes $(26)'$ ne donnent pas une infinité de valeurs différentes pour x, les développemens par sommation des fonctions $(x^m + 1)$ et $(x^m - 1)$ contiennent, outre les facteurs que donnent ces équations, les facteurs nouveaux que donnent généralement les formules $(25)'$. — Mais, pour éclaircir mieux et tout à la fois, d'une part, ce développement par graduation des fonctions $(x^m + 1)$ et $(x^m - 1)$, dans le cas où l'exposant m est une quantité rationnelle, et, de l'autre part, l'exemple précédent de la déduction technique des Produites continues, qui nous a conduits à l'expression (26) de cet algorithme, nous allons appliquer cet exemple au cas particulier où la fonction Fx dont il y est question, est la fonction immanente $(x^m + 1)$ ou $(x^m - 1)$, et généralement $(x^m + (-1)^n)$, l'exposant n étant un nombre entier.

D'abord, lorsque m est un nombre entier et positif, l'équation ... (27)

$$x^m + (-1)^n = 0$$

donnera pour x les m valeurs comprises sous la formule périodique

$$x = \cos. \frac{n+1}{2m} \pi + \sqrt{-1} . \sin. \frac{n+1}{2m} \pi,$$

et correspondantes aux différentes valeurs de n, paires ou impaires;

la lettre π désignant le nombre philosophique de la théorie des sinus et cosinus. Et, dans ce cas, si l'on désigne ces m valeurs par

$$y_0, \quad y_1, \quad y_2, \quad y_3, \quad \ldots \quad y_{m-1},$$

on voit qu'elles satisferont aux formules $(25)'$, et que, pour $\omega = m - 1$, la constante Φ_ω de l'expression (26) sera égale à l'unité, c'est-à-dire que

$$\frac{x^m + (-1)^n}{(x - y_0)(x - y_1)(x - y_2) \ldots (x - y_{m-1})} = 1;$$

de sorte que les développemens par graduation de la fonction $(x^m + (-1)^n)$ seront... $(27)'$

$$x^m + 1 = \left(x - \cos.\frac{\pi}{2m} - \sqrt{-1}.\sin.\frac{\pi}{2m} \right)\left(x - \cos.\frac{3\pi}{2m} - \sqrt{-1}.\sin.\frac{3\pi}{2m} \right) \times$$
$$\times \left(x - \cos.\frac{5\pi}{2m} - \sqrt{-1}.\sin.\frac{5\pi}{2m} \right)\left(x - \cos.\frac{7\pi}{2m} - \sqrt{-1}.\sin.\frac{7\pi}{2m} \right) \times$$
$$\times \ldots \left(x - \cos.\frac{(2m-1)\pi}{2m} - \sqrt{-1}.\sin.\frac{(2m-1)\pi}{2m} \right),$$

lorsque n est un nombre pair, et ... $(27)''$

$$x^m - 1 = \left(x - \cos.\frac{\pi}{m} - \sqrt{-1}.\sin.\frac{\pi}{m} \right)\left(x - \cos.\frac{2\pi}{m} - \sqrt{-1}.\sin.\frac{2\pi}{m} \right) \times$$
$$\times \left(x - \cos.\frac{3\pi}{m} - \sqrt{-1}.\sin.\frac{3\pi}{m} \right)\left(x - \cos.\frac{4\pi}{m} - \sqrt{-1}.\sin.\frac{4\pi}{m} \right) \times$$
$$\times \ldots \left(x - \cos.\frac{m\pi}{m} - \sqrt{-1}.\sin.\frac{m\pi}{m} \right),$$

lorsque n est un nombre impair (*). — Mais, dans ce premier cas, où l'exposant m est un nombre entier et positif et où les développe-

---

(*) Dans l'état où se trouvent les formules (dd) et (ee) de la Philosophie des Mathématiques, page 78, en y négligeant la considération du facteur constant Φ_ω de l'expression (26) de cet ouvrage-ci, elles ne s'étendent pas au-delà du cas particulier des formules précédentes $(27)'$ et $(27)''$.

mens par graduation de la fonction $(x'^n + (-1)^n)$ sont toujours finis, ces développemens appartiennent proprement à la théorie des équivalences, et non à l'algorithme technique des Produites continues.

En second lieu, lorsque m est un nombre entier mais négatif, l'équation ... (28)

$$x^{-m} + (-1)^n = 0$$

donnera encore pour x les m valeurs comprises sous la formule périodique

$$x = \cos. \frac{n+1}{2m}\pi - \sqrt{-1}\,.\sin.\frac{n+1}{2m}\pi,$$

et correspondantes aux différentes valeurs de n, paires ou impaires. Et, si l'on désigne ces m valeurs de x par

$$y_0, \quad y_1, \quad y_2, \quad y_3, \quad \cdots \quad y_{m-1},$$

on verra encore qu'elles satisferont aux formules $(25)'$. Mais alors, la fonction suivante $\Phi_{m-1}(x)$ n'est pas une quantité constante; car, on a

$$(x-y_0)(x-y_1)(x-y_2)\cdots(x-y_{m-1}) = x^m + (-1)^n,$$

et par conséquent, en vertu de la formule (25), on aura

$$\Phi_{m-1}(x) = \frac{x^{-m} + (-1)^n}{x^m + (-1)^n} = \frac{1 + (-1)^n . x^m}{x^{2m} + (-1)^n . x^m}.$$

Ainsi, la génération par graduation de la fonction $(x^{-m} + (-1)^n)$ ne se trouve pas épuisée par les m valeurs $y_0, y_1, y_2, y_3, \cdots y_{m-1}$; et il faut chercher encore d'autres valeurs $y_m, y_{m+1}, y_{m+2}, y_{m+3}$, etc. par le moyen des formules générales $(25)'$, ou, ce qui est la même chose, par le moyen des relations ... $(25)''$

$$\Phi_{m-1}(y_m) = 0, \quad \Phi_m(y_{m+1}) = 0, \quad \Phi_{m+1}(y_{m+2}) = 0, \quad \text{etc.}$$

Or, la première de ces relations est

$$\frac{1 + (-1)^n . y_m^m}{y_m^{2m} + (-1)^n . y_m^m} = 0;$$

et elle donne pour y_m une valeur infinie sous la forme générale

$$\infty\,(\cos. a + \sqrt{-1}\,.\sin. a),$$

valeur que nous marquerons par ∞_0. Et, puisqu'on a généralement

$$\Phi_\mu x = \frac{\Phi_{\mu-1}(x)}{x - y_\mu};$$

la seconde des relations $(25)''$ sera

$$\frac{1 + (-1)^n . y_{m+1}^m}{(y_{m+1} - \infty_0)(y_{m+1}^{2m} + (-1)^n . y_{m+1}^m)} = 0;$$

et elle donnera encore pour y_{m+1} une valeur infinie, toujours sous la forme générale

$$\infty\,(\cos. a + \sqrt{-1}\,.\sin. a),$$

valeur que nous distinguerons par ∞_1. Par la même raison, la troisième des relations $(25)''$ est

$$\frac{1 + (-1)^n . y_{m+2}^m}{(y_{m+2} - \infty_0)(y_{m+2} - \infty_1)(y_{m+2}^{2m} + (-1)^n . y_{m+2}^m)} = 0;$$

et elle donnera de nouveau pour y_{m+2} une valeur infinie sous la forme générale

$$\infty\,(\cos. a + \sqrt{-1}\,.\sin. a),$$

valeur que nous distinguerons par ∞_2. Et, l'on voit facilement que les relations suivantes $(25)''$ donneront toutes, pour les quantités y_{m+3}, y_{m+4}, y_{m+5}, etc., des valeurs infinies sous la même forme générale

$$\infty\,(\cos. a + \sqrt{-1}\,.\sin. a),$$

valeurs que nous marquerons par ∞_3, ∞_4, ∞_5, etc. — En réunissant maintenant, d'une part, les m valeurs y_0, y_1, y_2, $\ldots y_{m-1}$ que donne l'équation (28), et, de l'autre part, le nombre infini des valeurs infinies différentes y_m, y_{m+1}, y_{m+2}, y_{m+3}, etc. que donnent les relations

$(25)''$, on aura, en vertu de la formule (26), le développement par graduation … $(28)'$

$$x^{-m} + (-1)^n = \Phi_\omega \cdot \left\{ (x-y_0)(x-y_1)(x-y_2)\ldots(x-y_{m-1}) \times \right.$$
$$\left. \times (x-y_m)(x-y_{m+1})(x-y_{m+2})\ldots(x-y_\infty) \right\},$$

dont le facteur constant Φ_ω pourra être déterminé en donnant à la variable x une valeur quelconque k; de sorte que l'on aura définitivement … $(28)''$

$$x^{-m} + (-1)^n = (k^{-m} + (-1)^n) \cdot \frac{x-y_0}{k-y_0} \cdot \frac{x-y_1}{k-y_1} \cdot \frac{x-y_2}{k-y_2} \ldots \frac{x-y_{m-1}}{k-y_{m-1}} \times$$
$$\times \frac{x-\infty_0}{k-\infty_0} \cdot \frac{x-\infty_1}{k-\infty_1} \cdot \frac{x-\infty_2}{k-\infty_2} \cdot \frac{x-\infty_3}{k-\infty_3} \ldots \textit{à l'infini};$$

ou bien … $(28)'''$

$$x^{-m} + (-1)^n = \frac{1 + (-1)^n \cdot k^m}{k^{2m} + (-1)^n \cdot k^m} \cdot (x-y_0)(x-y_1)(x-y_2)\ldots(x-y_{m-1}) \times$$
$$\times \frac{x-\infty_0}{k-\infty_0} \cdot \frac{x-\infty_1}{k-\infty_1} \cdot \frac{x-\infty_2}{k-\infty_2} \cdot \frac{x-\infty_3}{k-\infty_3} \ldots \textit{à l'infini}.$$

Donc, lorsque n est un nombre pair, il viendra … $(28)^{IV}$

$$x^{-m} + 1 = \left(1 + \frac{1}{k^m}\right) \cdot \frac{x-y_0}{k-y_0} \cdot \frac{x-y_1}{k-y_1} \cdot \frac{x-y_2}{k-y_2} \ldots \frac{x-y_{m-1}}{k-y_{m-1}} \times$$
$$\times \frac{x-\infty_0}{k-\infty_0} \cdot \frac{x-\infty_1}{k-\infty_1} \cdot \frac{x-\infty_2}{k-\infty_2} \cdot \frac{x-\infty_3}{k-\infty_3} \ldots \textit{à l'infini},$$

les m valeurs $y_0, y_1, y_2, \ldots y_{m-1}$ étant données par la formule

$$y_\mu = \cos.\frac{2\mu+1}{2m}\pi + \sqrt{-1}.\sin.\frac{2\mu+1}{2m}\pi;$$

et, lorsque n est un nombre impair, il viendra … $(28)^V$

$$x^{-m} - 1 = \left(\frac{1}{k^m} - 1\right) \cdot \frac{x-y_0}{k-y_0} \cdot \frac{x-y_1}{k-y_1} \cdot \frac{x-y_2}{k-y_2} \ldots \frac{x-y_{m-1}}{k-y_{m-1}} \times$$
$$\times \frac{x-\infty_0}{k-\infty_0} \cdot \frac{x-\infty_1}{k-\infty_1} \cdot \frac{x-\infty_2}{k-\infty_2} \cdot \frac{x-\infty_3}{k-\infty_3} \ldots \textit{à l'infini},$$

les m valeurs y_0, y_1, y_2, ... y_{m-1} étant ici données par la formule

$$y_\mu = \cos. \frac{\mu + 1}{m} \pi + \sqrt{-1} \, . \sin. \frac{\mu + 1}{m} \pi .$$

Quant aux valeurs infinies ∞_0, ∞_1, ∞_2, ∞_3, etc., nous avons déjà vu qu'elles sont comprises généralement sous la forme

$$\infty \, (\cos. a + \sqrt{-1} \, . \sin. a) ;$$

et, pour les rendre différentes, il faut prendre, d'une part, à la place de ∞, tous les nombres infinis différens ∞, 2∞, 3∞, 4∞, etc. jusqu'à $\infty \infty$, et, de l'autre part, pour chacun de ces nombres infinis, à la place de a, tous les nombres finis différens, depuis $a = 0$ jusqu'à $a = \pi$. De cette manière, le nombre total des valeurs infinies différentes ∞_0, ∞_1, ∞_2, ∞_3, etc. sera un infini du second ordre, c'est-à-dire, ∞^2 ; et tel sera aussi le nombre de facteurs des Produites continues $(28)^{\text{iv}}$ et $(28)^{\text{v}}$.

En troisième et dernier lieu, lorsque, dans la fonction immanente $(x^m + (-1)^n)$ dont il s'agit, l'exposant m est un nombre fractionnaire $\frac{r}{s}$, l'équation ... (29)

$$x^{\frac{r}{s}} + (-1)^n = 0$$

donnera pour x les r valeurs comprises sous la formule périodique

$$x = \cos. \frac{n + 1}{2r} s\pi + \sqrt{-1} \, . \sin. \frac{n + 1}{2r} s\pi ,$$

et correspondantes aux différentes valeurs de n, paires ou impaires. Et, si l'on désigne encore par y_0, y_1, y_2, ... y_{r-1} ces r valeurs, on verra qu'elles satisfont aux r premières formules $(25)'$. Mais, la fonction suivante $\Phi_{r-1}(x)$ ne sera pas non plus une quantité constante ; car, on a ici

$$(x - y_0)(x - y_1)(x - y_2) \ldots (x - y_{r-1}) = x^r - (-1)^{s(n+1)} ,$$

et par conséquent, en vertu de la formule (25), on aura

$$\Phi_{r-1}(x) = \frac{x^{\frac{r}{s}} + (-1)^n}{x^r - (-1)^{s(n+1)}} \cdot$$

Ainsi, la génération par graduation de la fonction $(x^{\frac{r}{s}} + (-1)^n)$ ne se trouvera pas épuisée par les r valeurs $y_0, y_1, y_2, \ldots y_{r-1}$; et il faudra de nouveau, comme dans le cas précédent, chercher encore d'autres valeurs $y_r, y_{r+1}, y_{r+2}, y_{r+3}$, etc. par le moyen des formules générales (25)$'$, ou, ce qui est la même chose, par le moyen des relations

$$\Phi_{r-1}(y_r) = 0, \quad \Phi_r(y_{r+1}) = 0, \quad \Phi_{r+1}(y_{r+2}) = 0, \quad \text{etc.}$$

Or, procédant ici comme dans le cas précédent où nous sommes partis des relations pareilles (25)$''$, on trouvera, pour les valeurs en question y_r, y_{r+1}, y_{r+2}, etc. la même suite des quantités infinies que nous y avons désignées par $\infty_0, \infty_1, \infty_2, \infty_3$, etc.; et par conséquent, réunissant ces diverses valeurs, on aura, en vertu de la formule (26), pour le développement par graduation dont il s'agit, l'expression $\ldots$ (29)$'$

$$x^{\frac{r}{s}} + (-1)^n = \Phi_\omega \cdot \{ (x-y_0)(x-y_1)(x-y_2)\ldots(x-y_{r-1}) \times$$
$$\times (x-\infty_0)(x-\infty_1)(x-\infty_2)(x-\infty_3)\ldots \text{etc.} \},$$

dont le facteur constant Φ_ω pourra être déterminé en donnant à la variable x une valeur quelconque k. Et, avec cette détermination, on aura définitivement $\ldots$ (29)$''$

$$x^{\frac{r}{s}} + (-1)^n = (k^{\frac{r}{s}} + (-1)^n) \cdot \frac{x-y_0}{k-y_0} \cdot \frac{x-y_1}{k-y_1} \cdot \frac{x-y_2}{k-y_2} \ldots \frac{x-y_{r-1}}{k-y_{r-1}} \times$$
$$\times \frac{x-\infty_0}{k-\infty_0} \cdot \frac{x-\infty_1}{k-\infty_1} \cdot \frac{x-\infty_2}{k-\infty_2} \cdot \frac{x-\infty_3}{k-\infty_3} \ldots \text{etc.};$$

ou bien ... $(29)'''$

$$x^{\frac{r}{s}} + (-1)^n = \frac{k^{\frac{r}{s}} + (-1)^n}{k^r - (-1)^{s(n+1)}} \cdot (x-y_0)(x-y_1)(x-y_2) \ldots (x-y_{i-1}) \times$$

$$\times \frac{x-\infty_0}{k-\infty_0} \cdot \frac{x-\infty_1}{k-\infty_1} \cdot \frac{x-\infty_2}{k-\infty_2} \cdot \frac{x-\infty_3}{k-\infty_3} \ldots \text{etc.}$$

Un cas remarquable du développement précédent est celui où, l'exposant n étant un nombre impair, on a $\frac{r}{s} = \frac{1}{\infty}$. Dans ce cas, il viendra

$$x^{\frac{1}{\infty}} - 1 = \frac{Lx}{\infty}, \quad \text{et} \quad k^{\frac{1}{\infty}} - 1 = \frac{Lk}{\infty},$$

L désignant le logarithme naturel; et par conséquent, en vertu de l'expression $(29)''$, on aura ... (30)

$$Lx = Lk \cdot \frac{x-1}{k-1} \cdot \frac{x-\infty_0}{k-\infty_0} \cdot \frac{x-\infty_1}{k-\infty_1} \cdot \frac{x-\infty_2}{k-\infty_2} \cdot \frac{x-\infty_3}{k-\infty_3} \ldots \text{etc.};$$

ou bien ... $(30)'$

$$Lx = \frac{x-1}{e-1} \cdot \frac{x-\infty_0}{e-\infty_0} \cdot \frac{x-\infty_1}{e-\infty_1} \cdot \frac{x-\infty_2}{e-\infty_2} \cdot \frac{x-\infty_3}{e-\infty_3} \ldots \text{etc.,}$$

en prenant, pour le nombre k, la base des logarithmes naturels, que nous désignons par e. — C'est ce dernier développement par graduation de la fonction transcendante Lx, qu'il faut substituer à la place de celui qui, sous la marque (ff), se trouve dans notre Philosophie des Mathématiques (page 79), et qui, ayant été fondé sur l'extension que nous y avons cru pouvoir donner aux développemens (dd) et (ee) des fonctions $(x^m + 1)$ et $(x^m - 1)$, se trouve fautif, parceque, comme nous l'avons déjà remarqué plus haut, cette extension n'a pas lieu.

Les développemens précédens $(28)''$, $(29)''$ et $(30)'$ de la fonction immanente $(x^m + (-1)^n)$ ne présenteront peut-être jamais aucune utilité dans l'application de la science, mais ils sont importans pour la science elle-même, et sur-tout pour sa philosophie qu'ils servent à compléter sous l'aspect dont il s'agit ici. Ce sont, en effet, ces développemens par graduation qui donnent l'équivalence qui doit avoir lieu pour les développemens par sommation de la même fonction, savoir, pour les développemens ... (31)

$$x^{-m} + (-1)^n = A + Bx + Cx^2 + Dx^3 + \text{etc.}$$

$$x^{\frac{r}{s}} + (-1)^n = a + bx + cx^2 + dx^3 + \text{etc.}$$

$$Lx = \alpha + \beta x + \gamma x^2 + \delta x^3 + \text{etc.},$$

dont les coefficiens respectifs sont à la vérité des quantités infinies ; mais, comme tels, ces coefficiens n'empêchent pas que les développemens précédens (31) n'aient au moins une possibilité idéale, comme nous le verrons mieux dans la suite de cet ouvrage.

Nous terminerons ces éclaircissemens de la déduction technique des Produites continues, en exposant, pour exemple de cette déduction, le cas où les facteurs de la Produite dépendent d'une mesure algorithmique arbitraire φx ; comme nous l'avons promis plus haut. Mais, pour plus de brièveté et de détermination, nous allons prendre cet exemple immédiatement sur les fonctions périodiques *sin. x* et *cos. x* ; en nous bornant d'ailleurs aux procédés algorithmiques constituant la déduction technique dont il est question, et en négligeant les détails relatifs à l'esprit philosophique de cette déduction, esprit que nous avons déjà reconnu et fixé plus haut dans l'exemple qui nous a conduits à l'expression (26). — Or, les équations ... (32)

$$\sin. x = 0, \quad \text{et} \quad \cos. x = 0,$$

donnent respectivement pour x les valeurs

$$x = \frac{m\pi}{2}, \quad \text{et} \quad x = \frac{(1 + 2m)\pi}{4},$$

π désignant toujours le nombre philosophique de la théorie des sinus
et cosinus, et m étant un nombre entier quelconque. Ainsi, le nombre
de ces valeurs étant infini, ces valeurs, suivant l'observation fondamentale que nous avons faite plus haut, suffiront pour la formation
des facteurs des Produites continues respectives. Et, si l'on désigne ici
respectivement par y'_0, y'_1, y'_2, y'_3, etc. et y''_0, y''_1, y''_2, y''_3, etc. les
quantités que, dans les exemples précédens, nous avons désignées
simplement par y_0, y_1, y_2, y_3, etc., on aura généralement ... $(32)'$

$$y'_\mu = \varphi\left(\frac{\mu\pi}{2}\right), \quad \text{et} \quad y''_\mu = \varphi\left(\frac{1+2\mu}{4}\pi\right);$$

en observant que les indices μ peuvent ici être des nombres entiers
quelconques, positifs, négatifs ou zéro. De cette manière, les facteurs
généraux respectifs pour le développement en Produites continues des
fonctions *sin. x* et *cos. x*, seront ... $(32)''$

$$\left(\varphi x - \varphi\left(\frac{\mu\pi}{2}\right)\right), \quad \text{et} \quad \left(\varphi x - \varphi\left(\frac{1+2\mu}{4}\pi\right)\right);$$

et, procédant comme dans l'exemple général qui nous a conduits à
l'expression (26), nous obtiendrons les développemens ... $(32)'''$

$$\sin. x = \Phi'_\omega . \left\{ \left(\varphi x - \varphi(0)\right)\left(\varphi x - \varphi\left(\tfrac{1}{2}\pi\right)\right)\left(\varphi x - \varphi\left(-\tfrac{1}{2}\pi\right)\right)\left(\varphi x - \varphi\left(\tfrac{2}{2}\pi\right)\right) \times \right.$$
$$\left. \times \left(\varphi x - \varphi\left(-\tfrac{2}{2}\pi\right)\right)\left(\varphi x - \varphi\left(\tfrac{3}{2}\pi\right)\right)\left(\varphi x - \varphi\left(-\tfrac{3}{2}\pi\right)\right) \dots \text{etc.} \right\}$$

$$\cos. x = \Phi''_\omega . \left\{ \left(\varphi x - \varphi\left(\tfrac{1}{4}\pi\right)\right)\left(\varphi x - \varphi\left(-\tfrac{1}{4}\pi\right)\right)\left(\varphi x - \varphi\left(\tfrac{3}{4}\pi\right)\right)\left(\varphi x - \varphi\left(-\tfrac{3}{4}\pi\right)\right) \times \right.$$
$$\left. \times \left(\varphi x - \varphi\left(\tfrac{5}{4}\pi\right)\right)\left(\varphi x - \varphi\left(-\tfrac{5}{4}\pi\right)\right) \dots \text{etc.} \right\},$$

les facteurs Φ'_ω et Φ''_ω étant des quantités constantes qu'on pourra déterminer moyennant une valeur quelconque k de la variable x. Et,
avec cette détermination, on aura ... $(32)^{iv}$

$$\sin x = \frac{\sin k}{\varphi k - \varphi(0)} \cdot (\varphi x - \varphi(0)) \cdot \frac{\varphi x - \varphi\left(\frac{1}{2}\pi\right)}{\varphi k - \varphi\left(\frac{1}{2}\pi\right)} \cdot \frac{\varphi x - \varphi\left(-\frac{1}{2}\pi\right)}{\varphi k - \varphi\left(-\frac{1}{2}\pi\right)} \cdot \frac{\varphi x - \varphi\left(\frac{2}{2}\pi\right)}{\varphi k - \varphi\left(\frac{2}{2}\pi\right)} \times$$

$$\times \frac{\varphi x - \varphi\left(-\frac{2}{2}\pi\right)}{\varphi k - \varphi\left(-\frac{2}{2}\pi\right)} \cdot \frac{\varphi x - \varphi\left(\frac{3}{2}\pi\right)}{\varphi k - \varphi\left(\frac{3}{2}\pi\right)} \cdot \frac{\varphi x - \varphi\left(-\frac{3}{2}\pi\right)}{\varphi k - \varphi\left(-\frac{3}{2}\pi\right)} \ldots \text{etc.}$$

$$\cos x = \cos k \cdot \frac{\varphi x - \varphi\left(\frac{1}{4}\pi\right)}{\varphi k - \varphi\left(\frac{1}{4}\pi\right)} \cdot \frac{\varphi x - \varphi\left(-\frac{1}{4}\pi\right)}{\varphi k - \varphi\left(-\frac{1}{4}\pi\right)} \cdot \frac{\varphi x - \varphi\left(\frac{3}{4}\pi\right)}{\varphi k - \varphi\left(\frac{3}{4}\pi\right)} \cdot \frac{\varphi x - \varphi\left(-\frac{3}{4}\pi\right)}{\varphi k - \varphi\left(-\frac{3}{4}\pi\right)} \times$$

$$\times \frac{\varphi x - \varphi\left(\frac{5}{4}\pi\right)}{\varphi k - \varphi\left(\frac{5}{4}\pi\right)} \cdot \frac{\varphi x - \varphi\left(-\frac{5}{4}\pi\right)}{\varphi k - \varphi\left(-\frac{5}{4}\pi\right)} \ldots \text{etc.} ;$$

k étant une quantité arbitraire. — Si l'on fait $k = 0$, et que l'on marque cette valeur par $\varkappa$, on aura, pour la seconde de ces deux Produites continues, $\cos \varkappa = 1$; et, pour la première de ces Produites, il viendrait $\dfrac{\sin \varkappa}{\varphi \varkappa - \varphi(0)} = \dfrac{0}{0}$; mais, prenant la différentielle relativement à $\varkappa$ du numérateur et du dénominateur de cette fraction, on aura

$$\frac{\sin \varkappa}{\varphi \varkappa - \varphi(0)} = \frac{\cos \varkappa}{\left(\dfrac{d\varphi \varkappa}{d\varkappa}\right)} = \frac{1}{\left(\dfrac{d\varphi \varkappa}{d\varkappa}\right)} .$$

Ainsi, avec cette valeur de k, les expressions (32)[IV] donneront définitivement ... (32)[V]

$$\sin x = \frac{1}{\left(\dfrac{d\varphi \varkappa}{d\varkappa}\right)} \cdot (\varphi x - \varphi(0)) \cdot \frac{\varphi x - \varphi\left(\frac{1}{2}\pi\right)}{\varphi \varkappa - \varphi\left(\frac{1}{2}\pi\right)} \cdot \frac{\varphi x - \varphi\left(-\frac{1}{2}\pi\right)}{\varphi \varkappa - \varphi\left(-\frac{1}{2}\pi\right)} \cdot \frac{\varphi x - \varphi\left(\frac{2}{2}\pi\right)}{\varphi \varkappa - \varphi\left(\frac{2}{2}\pi\right)} \times$$

$$\times \frac{\varphi x - \varphi\left(-\frac{2}{2}\pi\right)}{\varphi \varkappa - \varphi\left(-\frac{2}{2}\pi\right)} \cdot \frac{\varphi x - \varphi\left(\frac{3}{2}\pi\right)}{\varphi \varkappa - \varphi\left(\frac{3}{2}\pi\right)} \cdot \frac{\varphi x - \varphi\left(-\frac{3}{2}\pi\right)}{\varphi \varkappa - \varphi\left(-\frac{3}{2}\pi\right)} \ldots \text{etc.}$$

$$\cos x = \frac{\varphi x - \varphi\left(\frac{1}{4}\pi\right)}{\varphi \varkappa - \varphi\left(\frac{1}{4}\pi\right)} \cdot \frac{\varphi x - \varphi\left(-\frac{1}{4}\pi\right)}{\varphi \varkappa - \varphi\left(-\frac{1}{4}\pi\right)} \cdot \frac{\varphi x - \varphi\left(\frac{3}{4}\pi\right)}{\varphi \varkappa - \varphi\left(\frac{3}{4}\pi\right)} \cdot \frac{\varphi x - \varphi\left(-\frac{3}{4}\pi\right)}{\varphi \varkappa - \varphi\left(-\frac{3}{4}\pi\right)} \times$$

$$\times \frac{\varphi x - \varphi\left(\frac{5}{4}\pi\right)}{\varphi \varkappa - \varphi\left(\frac{5}{4}\pi\right)} \cdot \frac{\varphi x - \varphi\left(-\frac{5}{4}\pi\right)}{\varphi \varkappa - \varphi\left(-\frac{5}{4}\pi\right)} \ldots \text{etc.}$$

Par exemple, si la fonction arbitraire φx formant la mesure algorithmique, était $L(1+\alpha x)$, où L dénote toujours le logarithme naturel, les deux expressions précédentes $(32)^{\text{v}}$ donneraient les Produites continues ... $(32)^{\text{vi}}$

$$\sin x = \frac{1}{\alpha} \cdot L(1+\alpha x) \cdot \frac{L\left(\frac{1+\alpha x}{1+\frac{1}{2}\alpha\pi}\right)}{L\left(1+\frac{1}{2}\alpha\pi\right)} \cdot \frac{L\left(\frac{1+\alpha x}{1-\frac{1}{2}\alpha\pi}\right)}{L\left(1-\frac{1}{2}\alpha\pi\right)} \cdot \frac{L\left(\frac{1+\alpha x}{1+\frac{2}{2}\alpha\pi}\right)}{L\left(1+\frac{2}{2}\alpha\pi\right)} \times$$

$$\times \frac{L\left(\frac{1+\alpha x}{1-\frac{2}{2}\alpha\pi}\right)}{L\left(1-\frac{2}{2}\alpha\pi\right)} \cdot \frac{L\left(\frac{1+\alpha x}{1+\frac{3}{2}\alpha\pi}\right)}{L\left(1+\frac{3}{2}\alpha\pi\right)} \cdot \frac{L\left(\frac{1+\alpha x}{1-\frac{3}{2}\alpha\pi}\right)}{L\left(1-\frac{3}{2}\alpha\pi\right)} \dots \text{etc.}$$

$$\cos x = \frac{L\left(\frac{1+\alpha x}{1+\frac{1}{4}\alpha\pi}\right)}{L\left(1+\frac{1}{4}\alpha\pi\right)} \cdot \frac{L\left(\frac{1+\alpha x}{1-\frac{1}{4}\alpha\pi}\right)}{L\left(1-\frac{1}{4}\alpha\pi\right)} \cdot \frac{L\left(\frac{1+\alpha x}{1+\frac{3}{4}\alpha\pi}\right)}{L\left(1+\frac{3}{4}\alpha\pi\right)} \cdot \frac{L\left(\frac{1+\alpha x}{1-\frac{3}{4}\alpha\pi}\right)}{L\left(1-\frac{3}{4}\alpha\pi\right)} \times$$

$$\times \frac{L\left(\frac{1+\alpha x}{1+\frac{5}{4}\alpha\pi}\right)}{L\left(1+\frac{5}{4}\alpha\pi\right)} \cdot \frac{L\left(\frac{1+\alpha x}{1-\frac{5}{4}\alpha\pi}\right)}{L\left(1-\frac{5}{4}\alpha\pi\right)} \dots \text{etc.};$$

dans lesquelles α serait une quantité arbitraire. — Sous cette forme, les facteurs composant ces Produites, contiendraient des quantités idéales (imaginaires), tant que α serait une quantité finie. Mais, si l'on prend pour α une quantité indéfiniment petite, c'est-à-dire, si l'on fait $\alpha = \frac{1}{\infty}$, et si l'on observe qu'on a généralement

$$L\left(1+\mu\cdot\frac{1}{\infty}\right) = \mu\cdot\frac{1}{\infty}, \quad \text{et} \quad L\left(\frac{1+\nu\cdot\frac{1}{\infty}}{1+\mu\cdot\frac{1}{\infty}}\right) = (\nu-\mu)\cdot\frac{1}{\infty},$$

les expressions générales $(32)^{\text{vi}}$ donneront, pour ce cas, les Produites continues particulières ... $(32)^{\text{vii}}$

$$\sin . x = x \left(1 - \frac{2x}{\pi}\right) \left(1 + \frac{2x}{\pi}\right) \left(1 - \frac{2x}{2\pi}\right) \left(1 + \frac{2x}{2\pi}\right) \left(1 - \frac{2x}{3\pi}\right) \dots \text{etc.}$$

$$\cos . x = \left(1 - \frac{4x}{\pi}\right) \left(1 + \frac{4x}{\pi}\right) \left(1 - \frac{4x}{3\pi}\right) \left(1 + \frac{4x}{3\pi}\right) \left(1 - \frac{4x}{5\pi}\right) \dots \text{etc.,}$$

qui ne contiendront plus que des quantités réelles, et qui sont précisément les premières Produites continues découvertes par Jean Bernoulli.

En terminant ici ces éclaircissemens de la déduction technique des Produites continues, nous devons remarquer, comme nous l'avons fait pour la déduction technique des Séries et des Fractions continues, que cette déduction des Produites, dont nous venons de présenter des exemples, ne fait proprement qu'établir la nécessité d'une telle évaluation de la fonction Fx, c'est-à-dire qu'elle ne donne proprement que la CONCEPTION GÉNÉRALE de ce troisième algorithme technique élémentaire. Pour arriver à la détermination même des facteurs composant ces Produites continues, il faut ici connaître d'avance les valeurs de x qui satisfont à l'équation $Fx = 0$; connaissance qui est en quelque sorte étrangère à l'algorithme technique dont il s'agit. Il reste donc à découvrir la génération de ces facteurs, indépendamment de cette connaissance préliminaire des racines de l'équation $Fx = 0$; et c'est cette découverte qui, dans la suite de cet ouvrage, nous conduira à ce qui constitue la LOI FONDAMENTALE de l'algorithme technique élémentaire dont nous venons de reconnaître la nécessité.

Procédons maintenant et en dernier lieu à quelques exemples de la déduction technique des Facultés strictement dites, formant le quatrième et dernier algorithme technique élémentaire ; déduction qui, dans notre Philosophie des Mathématiques, nous a conduits à la forme générale (XIV) de cet algorithme.

Mais observons d'abord, comme plus haut, que, dans cette dé-

duction, ainsi que dans la déduction technique des Produites continues, nous partons du schéma (XII) de la génération par graduation
de la fonction Fx, et spécialement de sa génération par l'algorithme
des facultés; et remarquons de nouveau, comme nous l'avons fait
en reproduisant ce schéma sous la marque (24), savoir,

$$Fx = A \times \Phi x,$$

que le facteur A peut être considéré comme dépendant ou comme
indépendant de la variable x, c'est-à-dire, comme formant lui-
même la mesure algorithmique ou comme ne formant pas cette
mesure générale. Observons de plus que, suivant la première de ces
considérations, si l'on constitue le facteur A mesure générale de la
fonction Fx, on arrive à la forme (XIII) de l'algorithme des Produites continues, ainsi que nous l'avons déjà dit plus haut; et que
c'est suivant la dernière de ces deux considérations, c'est-à-dire, en
laissant le facteur A indépendant de la mesure de la fonction Fx,
que nous sommes arrivés à la forme (XIV) de l'algorithme des Facultés
strictement dites, dont il est question.

Or, laissant ainsi, dans la première transformation ou évaluation

$$Fx = A_0 \times \Phi_0 x$$

de la fonction Fx, et par conséquent dans les transformations ou
évaluations suivantes

$$\Phi_0 x = A_1 \times \Phi_1 x, \qquad \Phi_1 x = A_2 \times \Phi_2 x,$$
$$\Phi_2 x = A_3 \times \Phi_3 x, \qquad \Phi_3 x = A_4 \times \Phi_4 x, \qquad \text{etc.},$$

des fonctions subséquentes $\Phi_0 x$, $\Phi_1 x$, $\Phi_2 x$, $\Phi_3 x$, etc., laissant ainsi,
disons-nous, les facteurs A_0, A_1, A_2, A_3, etc. indépendans de la
mesure générale de ces fonctions, c'est-à-dire, indépendans de la
variable x, l'évaluation générale de la fonction Fx ne saurait évidemment être opérée qu'en faisant entrer cette mesure générale dans
le nombre même de ces facteurs, c'est-à-dire, dans l'exposant de la

faculté; car, dans ce cas, ce n'est que de cette manière que la valeur de la fonction Fx peut être déterminée généralement. Et, fixant un tel mode de l'évaluation de la fonction Fx, surtout par le choix arbitraire d'une mesure algorithmique quelconque φx, il est également évident que, pour atteindre à ce but, il suffit de déterminer convenablement la loi que doivent suivre les facteurs A_0, A_1, A_2, A_3, etc.; et c'est là la finalité dont la conception établit la nécessité de cette évaluation de la fonction Fx, par la nécessité même d'un pareil but algorithmique. — On voit ainsi que cette déduction technique de l'algorithme élémentaire formant les Facultés strictement dites, diffère essentiellement de la déduction théorique de cet algorithme, que nous avons donnée plus haut, sous la marque (18), pour reconnaître la possibilité d'une telle évaluation de la fonction Fx : dans la déduction technique, il n'entre que la conception de la FINALITÉ que nous venons d'alléguer; et dans la déduction théorique, nous avons eu besoin du principe SPÉCULATIF de la théorie des équivalences, c'est-à-dire, de l'identité téléologique de la génération par sommation et de la génération par graduation. C'est aussi là (dans cette finalité) le caractère distinctif de cette déduction technique des Facultés strictement dites, le même que nous avons reconnu plus haut dans la déduction technique des Séries, des Fractions continues et des Produites continues. — Mais, voici proprement un exemple de l'évaluation algorithmique dont il s'agit, en prenant la simple variable x pour la mesure algorithmique φx.

Suivant la forme générale (XIV) de ce quatrième algorithme technique élémentaire, savoir,

$$Fx = (\Psi z)^{\varphi x}|\zeta,$$

nous aurons, dans le cas particulier présent, l'expression ... (33)

$$Fx = (\Psi z)^{x}|\zeta;$$

et, suivant la déduction technique de cet algorithme, il suffit, comme nous venons de le reconnaître, de déterminer la nature de la fonction Ψz, car cette détermination, donnant les fonctions

$$\Psi z, \quad \Psi(z+\zeta), \quad \Psi(z+2\zeta), \quad \Psi(z+3\zeta), \quad \text{etc.},$$

sera évidemment la détermination de la loi qui régit les facteurs

$$A_0, \quad A_1, \quad A_2, \quad A_3, \quad \text{etc.}$$

que nous venons d'examiner pour reconnaître le vrai caractère de cette déduction. Or, en nous fondant sur la conception de finalité qui, d'après ce caractère, motive la détermination de la loi en question, c'est-à-dire, en ne considérant ici rien autre que les MOYENS algorithmiques propres pour arriver au BUT que nous nous proposons, on trouve facilement que l'évaluation précédente (33) peut être opérée généralement sous la forme ... (33)$'$

$$Fx = F(o) . \left(\frac{F(z+1)}{Fz}\right)^{x|1},$$

en marquant par z que cette variable auxiliaire doit recevoir la valeur zéro; c'est-à-dire, on trouvera facilement que la fonction Ψz constituant la loi en question, doit ici être $\dfrac{F(z+1)}{Fz}$. En effet, il est facile de reconnaître que, sous la forme (33)$'$, cette évaluation a lieu identiquement pour tous les nombres entiers x, positifs et négatifs, et par conséquent réellement pour tous les nombres x quelconques. Car, lorsque x est un nombre entier positif, il suffit de faire successivement

$$x = o, \quad x = 1, \quad x = 2, \quad x = 3, \quad \text{etc.},$$

et l'on aura immédiatement

$$F(o) = F(o) . 1$$

$$F(1) = F(o) . \frac{F(1)}{F(o)} = F(1)$$

$$F(2) = F(0) \cdot \frac{F(1)}{F(0)} \cdot \frac{F(2)}{F(1)} = F(2)$$

$$F(3) = F(0) \cdot \frac{F(1)}{F(0)} \cdot \frac{F(2)}{F(1)} \cdot \frac{F(3)}{F(2)} = F(3)$$

etc.;

et, lorsque x est un nombre entier négatif, on a (*Réfut. de La-grange,* formule (60))

$$F(-x) = F(0) \cdot \left(\frac{F(z+1)}{Fz} \right)^{-x|1} = \frac{F(0)}{\left(\frac{F(z-x+1)}{F(z-x)} \right)^{x|1}},$$

et par conséquent

$$F(-x) = F(0) \cdot \left(\frac{F(z-x)}{F(z-x+1)} \right)^{x|1};$$

de sorte que, faisant encore successivement

$$x = 0, \quad x = 1, \quad x = 2, \quad x = 3, \quad \text{etc.,}$$

on aura

$$F(0) = F(0) \cdot 1$$

$$F(-1) = F(0) \cdot \frac{F(-1)}{F(0)} = F(-1)$$

$$F(-2) = F(0) \cdot \frac{F(-2)}{F(-1)} \cdot \frac{F(-1)}{F(-0)} = F(-2)$$

$$F(-3) = F(0) \cdot \frac{F(-3)}{F(-2)} \cdot \frac{F(-2)}{F(-1)} \cdot \frac{F(-1)}{F(0)} = F(-3)$$

etc.

Ainsi, l'évaluation générale de la fonction Fx, opérée par le moyen de l'algorithme technique des Facultés strictement dites, en prenant pour la mesure algorithmique φx la simple variable x, aura lieu réellement sous la forme précédente (33)$'$, savoir,

$$Fx = F(o) . \left(\frac{F(\overset{.}{z} + 1)}{F\overset{.}{z}} \right)^{x|1} ;$$

et, suivant la nature des facultés en général, cette évaluation qui, sous cette forme, devient identique lorsque x est un nombre entier, reçoit cependant une signification déterminée et tout-à-fait différente de celle de la fonction Fx elle-même, lorsque x est un nombre fractionnaire, irrationnel, transcendant et idéal (imaginaire). Bien plus, en développant la Faculté présente par le moyen de notre loi fondamentale des facultés algorithmiques en général, on obtiendra, pour la fonction Fx, des développemens que n'aurait pu donner aucun des trois autres algorithmes techniques élémentaires. — Voici, par exemple, ce développement pour le cas où la fonction Fx serait le binome $(a + x)^n$, les quantités a et n étant des nombres quelconques ; mais, pour ne pas trop nous étendre ici, nous supposerons que le lecteur, ayant sous les yeux la première Note de la *Réfutation de Lagrange* où se trouve la loi fondamentale des facultés, suppléera aux détails de cette exposition.

En admettant que $Fx = (a + x)^n$, l'expression $(33)'$ donnera ... $(33)''$

$$(a + x)^n = a^n . \left\{ \left(\frac{a + \overset{.}{z} + 1}{a + \overset{.}{z}} \right)^n \right\}^{x|1} .$$

Mais, pour rapprocher la notation présente de celle sous laquelle se trouve donnée la loi fondamentale des facultés, changeons, dans l'expression précédente $(33)''$, x en m et z en x ; et nous aurons ... $(33)'''$

$$(a + m)^n = a^n . \left\{ \left(\frac{a + \overset{.}{x} + 1}{a + \overset{.}{x}} \right)^n \right\}^{m|1} ,$$

en marquant toujours par $\overset{.}{x}$ que la variable auxiliaire x doit recevoir la valeur zéro. Or, c'est la Faculté

$$\left\{ \left(\frac{a+\dot{x}+1}{a+\dot{x}} \right)^n \right\}^{m\mid 1}$$

qu'il faut développer par la loi (65) de la *Réfutation de Lagrange*. Pour cela, suivant la notation que nous y avons employée, on a

$$\varphi x = \left(\frac{a+x+1}{a+x} \right)^n, \quad \text{et} \quad \xi = 1;$$

et prenant la dérivée différentielle du logarithme naturel de la fonction φx, que nous désignons par L, on aura

$$\frac{dL\varphi x}{dx} = -\, n \cdot \frac{1}{a+x} \cdot \frac{1}{b+x},$$

en faisant $a+1=b$. Ainsi, cette dérivée différentielle est un produit de deux facteurs variables; de sorte qu'en y appliquant notre loi fondamentale de la théorie des différences et spécialement de la théorie des différentielles (*Philos. des Mathém.* (*l*), page 44), pour avoir la dérivée différentielle de l'ordre général μ, on obtiendra immédiatement ... (33)[IV]

$$\left(\frac{d^\mu L\varphi x}{dx^\mu}\right) = -\frac{n}{dx^{\mu-1}} \cdot \left\{ d^{\mu-1}\left(\frac{1}{a+x}\right) \cdot \frac{1}{b+x} + \frac{\mu-1}{1} \cdot d^{\mu-2}\left(\frac{1}{a+x}\right) \cdot d\left(\frac{1}{b+x}\right) \right.$$
$$\left. + \frac{(\mu-1)(\mu-2)}{1.2} \cdot d^{\mu-3}\left(\frac{1}{a+x}\right) \cdot d^2\left(\frac{1}{b+x}\right) + \text{etc.} \right\}.$$

Mais, k étant une quantité constante, on a

$$d(k+x)^{-1} = -\, 1 \cdot (k+x)^{-2} \cdot dx$$
$$d^2(k+x)^{-1} = +\, 1.2 \cdot (k+x)^{-3} \cdot dx^2$$
$$d^3(k+x)^{-1} = -\, 1.2.3 \cdot (k+x)^{-4} \cdot dx^3$$

etc., et généralement

$$d^\rho(k+x)^{-1} = (-1)^\rho \cdot 1^{\rho\mid 1} \cdot (k+x)^{-(\rho+1)} \cdot dx^\rho.$$

Donc, lorsque $x=0$, on aura

$$\frac{d^{p}(k+\dot{x})^{-1}}{dx^{p}} = (-1)^{p} \cdot \frac{1^{p|1}}{k^{p+1}};$$

et par conséquent

$$\frac{d^{\mu-\nu-1}(a+\dot{x})^{-1}}{dx^{\mu-\nu-1}} \cdot \frac{d^{\nu}(b+\dot{x})^{-1}}{dx^{\nu}} = (-1)^{\mu-1} \cdot \frac{1^{(\mu-\nu-1)|1} \cdot 1^{\nu|1}}{a^{\mu-\nu} \cdot b^{\nu+1}}.$$

Substituant cette valeur dans l'expression précédente $(33)^{\text{iv}}$ de la dérivée différentielle $\left(\dfrac{d^{\mu}L\varphi x}{dx^{\mu}}\right)$, après y avoir fait $x=0$, on obtiendra définitivement

$$\left(\frac{d^{\mu}L\varphi\dot{x}}{dx^{\mu}}\right) = (-1)^{\mu} \cdot \frac{n \cdot 1^{(\mu-1)|1}}{a^{\mu+1}} \times$$

$$\times \left\{ \frac{a}{b} + \left(\frac{a}{b}\right)^{2} + \left(\frac{a}{b}\right)^{3} + \left(\frac{a}{b}\right)^{4} \ldots + \left(\frac{a}{b}\right)^{\mu} \right\};$$

et par conséquent, on aura ... $(33)^{\text{v}}$

$$\left(\frac{d^{\mu}L\varphi\dot{x}}{dx^{\mu}}\right) = (-1)^{\mu} \cdot n \cdot 1^{(\mu-1)|1} \cdot \frac{b^{\mu}-a^{\mu}}{(ab)^{\mu}}.$$

Si l'on prend donc, d'une part, les quantités $M(m)_{1}$, $M(m)_{2}$, $M(m)_{3}$, etc., données par les formules (62) de la Réfutation de Lagrange, et, de l'autre part, les valeurs précédentes $(33)^{\text{v}}$ des dérivées différentielles du logarithme de la fonction φx, et si, avec ces quantités, on forme, par le moyen des formules (64) du même ouvrage, les quantités N_{0}, N_{1}, N_{2}, N_{3}, etc., on aura, par la loi (65), le développement demandé de la Faculté dont il s'agit; et ce développement pourra facilement être amené aux résultats définitifs suivans. — D'abord, avec l'indice μ, formez la quantité générale ... (34)

$$P_{\mu} = (-1)^{\mu} \cdot n \cdot 1^{(\mu-1)|1} \cdot \left\{ (a+1)^{\mu} - a^{\mu} \right\};$$

et ensuite, avec les quantités susdites $M(m)_1$, $M(m)_2$, $M(m)_3$, etc. et les quantités précédentes (34), savoir, P_1, P_2, P_3, P_4, etc., formez les quantités auxiliaires ... (34)'

$$Q_0 = 1$$
$$Q_1 = M(m)_1 . P_1 Q_0$$
$$Q_2 = M(m)_1 . P_1 Q_1 + M(m)_2 . P_2 Q_0$$
$$Q_3 = M(m)_1 . P_1 Q_2 + 2 M(m)_2 . P_2 Q_1 + M(m)_3 . P_3 Q_0$$
$$Q_4 = M(m)_1 . P_1 Q_3 + 3 M(m)_2 . P_2 Q_2 + 3 M(m)_3 . P_3 Q_1 + M(m)_4 . P_4 Q_0$$

etc., et généralement

$$Q_\nu = M(m)_1 . P_1 Q_{\nu-1} + \frac{\nu-1}{1} . M(m)_2 . P_2 Q_{\nu-2} +$$
$$+ \frac{(\nu-1)(\nu-2)}{1.2} . M(m)_3 . P_3 Q_{\nu-3} + \frac{(\nu-1)(\nu-2)(\nu-3)}{1.2.3} . M(m)_4 . P_4 Q_{\nu-4} + \text{etc.};$$

et vous aurez ... (34)''

$$\left\{ \left(\frac{a+\dot{x}+1}{a+\dot{x}} \right)^n \right\}^{m\,|\,1} = \left(\frac{a+1}{a} \right)^{mn} \times$$
$$\times \left\{ Q_0 + \frac{Q_1}{1} . \frac{1}{a(a+1)} + \frac{Q_2}{1.2} . \frac{1}{a^2(a+1)^2} + \frac{Q_3}{1.2.3} . \frac{1}{a^3(a+1)^3} + \text{etc.} \right\}.$$

Ainsi, en vertu de l'expression technique (33)''', le développement de la fonction proposée $(a+m)^n$, où m est considérée comme étant la variable, sera ... (35)

$$(a+m)^n = a^n . \left(\frac{a+1}{a} \right)^{mn} \times$$
$$\times \left\{ Q_0 + \frac{Q_1}{1} . \frac{1}{a(a+1)} + \frac{Q_2}{1.2} . \frac{1}{a^2(a+1)^2} + \frac{Q_3}{1.2.3} . \frac{1}{a^3(a+1)^3} + \text{etc.} \right\}.$$

Ce n'est, à la vérité, qu'un développement incomplet de la fonction $(a+m)^n$, parce que les coefficiens Q_0, Q_1, Q_2, Q_3, etc., contiennent les quantités a et m; mais, sous cette forme, ce développement

présente, pour les puissances du binome, une série tout-à-fait nouvelle qui, sous certaines conditions, est plus convergente que ne l'est
celle formant le binome de Newton.

Il est donc clair que, par le moyen du quatrième algorithme technique élémentaire, c'est-à-dire, des Facultés strictement dites, on
peut arriver à des évaluations toutes particulières d'une fonction Fx.
On voit même ici, comme dans la déduction précédente des trois
autres algorithmes techniques élémentaires, que si, au lieu de
prendre pour la mesure algorithmique la simple variable x, on
prend pour cette mesure toute autre fonction φx de la variable x,
on parviendra toujours, suivant ce dernier procédé technique, à la
transformation de la fonction proposée Fx en une Faculté ayant pour
exposant cette mesure arbitraire; et c'est précisément par le moyen
de ce procédé que, dans la suite de cette Philosophie de la Technie,
nous parviendrons à la LOI FONDAMENTALE elle-même de ce dernier
algorithme technique élémentaire.

Nous voilà ainsi au terme que nous nous sommes proposé, celui
d'éclaircir par des exemples la déduction purement technique qui,
dans notre Philosophie des Mathématiques, nous a conduits aux
formes générales (VIII), (IX), (XIII) et (XIV) des quatre algorithmes
techniques élémentaires, et qui, suivant ce que nous avons déjà
observé auparavant, pouvait seule établir la nécessité de ces algorithmes, par la nécessité de la finalité algorithmique dont la conception se trouve impliquée dans cette déduction. — Nous avons
donc actuellement et dans toute leur clarté, d'une part, la déduction théorique des quatre algorithmes techniques élémentaires, qui
nous a fait reconnaître leur possibilité; et, de l'autre part, la déduction technique de ces algorithmes, qui établit leur nécessité.

Mais, ce ne sont encore là que les algorithmes élémentaires PRIMI-
TIFS; et nous avons reconnu, dans la Philosophie des Mathématiques,

qu'il existe encore, dans la Technie de l'Algorithmie, un algorithme élémentaire DÉRIVÉ, formant ce qu'on appelle *Méthodes d'interpolation.* —Il nous reste donc, pour compléter la déduction de la partie élémentaire de la Technie de l'Algorithmie, et, par conséquent, de cette Technie tout entière, car, à certains égards, nous avons déjà donné la déduction complète de sa partie systématique constituant la loi universelle (XXXII) qui est reproduite dans l'ouvrage présent sous la marque (7), il nous reste, disons - nous, à compléter la déduction des Méthodes d'interpolation ; et c'est ce que nous allons faire.

Il existe trois critériums formels ou logiques de la vérité ; ce sont : 1°. le principe de contradiction et d'identité (*principium contradictionis et identitatis*), 2°. le principe d'exclusion (*principium exclusi medii inter duo contradictoria*), et 3°. le principe de raison suffisante (*principium rationis sufficientis*). Le premier de ces critériums sert à constater la possibilité logique d'une connaissance ; et il fonde la formation des jugemens qu'on nomme PROBLÉMATIQUES. Le second sert à constater la nécessité logique d'une connaissance, c'est-à-dire, la nécessité de penser d'une certaine manière, et non de la manière opposée ; et il fonde la formation des jugemens nommés APODICTIQUES. Le troisième de ces critériums sert enfin à constater l'effectivité logique d'une connaissance ; et il fonde la formation des jugemens qu'on nomme aujourd'hui ASSERTORIQUES. — Mais, quittons la considération des deux premiers de ces critériums, que nous n'avons reproduits ici que pour compléter la totalité de cet aspect de la vérité ; et attachons-nous au seul critérium constituant le principe de raison suffisante.

Ce principe de raison suffisante a deux modes : l'un indirect (*modus tollens*) où, par la fausseté de la conséquence d'une connaissance, on conclut à la fausseté de cette connnaissance ; l'autre direct (*modus ponens*) où, par la vérité de la totalité absolue des conséquences d'une connaissance, on conclut à la vérité de cette connaissance. Le premier de ces modes est le procédé apogogique connu dans les Mathématiques sous le nom de *réduction à l'absurde;* et son importance, surtout dans les questions qui impliquent l'infini, a été sentie des géomètres, dès la plus haute antiquité. Le second de ces modes, dont l'importance en Philosophie n'est pas bien étendue, à cause de la difficulté de constater la totalité absolue des conséquences d'une connaissance philosophique, trouve encore un vaste champ dans les Mathématiques où n'existe plus la même difficulté; et c'est précisément sur ce mode direct du principe de raison suffisante que sont fondées les *Méthodes d'interpolation*, ainsi que nous allons le voir.

Il faut d'abord reconnaître comment, dans les Mathématiques et spécialement dans l'Algorithmie dont il s'agit ici, on peut constater la totalité absolue des conséquences d'une connaissance, c'est-à-dire, des conséquences d'une fonction algorithmique, et en quoi consiste proprement cette totalité absolue des conséquences. — Or, pour peu qu'on examine, sous cet aspect, une fonction quelconque Fx, on voit immédiatement que toutes les conséquences possibles de cette fonction, sont les différentes valeurs de la fonction Fx, correspondantes aux différentes valeurs de la variable x. Ainsi, la question se trouve réduite à reconnaître comment on peut constater la totalité des valeurs possibles d'une fonction, et quelle est l'expression algorithmique de cette totalité absolue de valeurs, différente de l'expression de la fonction elle-même.

La question ainsi réduite n'a plus aucune difficulté : on voit, sur-le-champ, que la totalité des valeurs possibles de la fonction Fx, peut être constatée par la connaissance de tous les accroissemens possibles que peuvent recevoir ces valeurs; et, par conséquent, que l'expression algorithmique de cette totalité absolue de valeurs, consiste dans les différentielles de tous les ordres de la fonction Fx dont il s'agit. — Ce serait là une nouvelle preuve, s'il en était besoin encore, de la haute importance dont est, pour la science, la considération des DIFFÉRENTIELLES, et, par contre-coup, du peu de tact (pour ne pas dire de génie) de ceux des géomètres modernes qui ont cherché à les élaguer de la science ; mais, laissons là ces misères de l'humanité, et poursuivons notre objet. — Désignant par $\dot{x}$ une valeur quelconque mais déterminée de la variable x, et supposant

$$F\dot{x} = z_0, \quad \frac{dF\dot{x}}{dx} = z_1, \quad \frac{d^2 F\dot{x}}{dx^2} = z_2, \quad \frac{d^3 F\dot{x}}{dx^3} = z_3, \quad \text{etc.} ;$$

il n'y a pas de doute, suivant ce que nous venons de dire, que la suite infinie des quantités ... (36)

$$z_0, \quad z_1, \quad z_2, \quad z_3, \quad z_4, \quad \text{etc.},$$

ne soit la véritable expression de la totalité des valeurs possibles de la fonction Fx, et, par conséquent, de la totalité absolue des conséquences de cette fonction. Cette vérité résulte immédiatement de la connaissance de la nature des différentielles considérées dans leurs différens ordres ; mais, pour ne rien laisser à desirer, ou plutôt, pour mettre à évidence ce résultat, nous allons déduire la vérité dont il s'agit, du théorème (5) que nous avons reconnu en ne suivant que des principes rigoureusement théoriques. — Pour cela, si, dans ce théorème (5), on donne à la variable x la valeur déterminée $\dot{x}$, et qu'on y substitue les quantités précédentes z_0, z_1, z_2, z_3, etc., on aura ... (36)$'$

$$F(\dot{x}+i) = z_0 + z_1 . \frac{i}{1} + z_2 . \frac{i^2}{1.2} + z_3 . \frac{i^3}{1.2.3} + \text{etc.} ;$$

et, prenant les différentielles successives par rapport à la quantité i considérée comme variable, on en tirera ... (36)$''$

$$\frac{dF(\dot{x}+i)}{di} = z_1 + z_2 \cdot \frac{i}{1} + z_3 \cdot \frac{i^2}{1.2} + z_4 \cdot \frac{i^3}{1.2.3} + \text{etc.}$$

$$\frac{d^2 F(\dot{x}+i)}{di^2} = z_2 + z_3 \cdot \frac{i}{1} + z_4 \cdot \frac{i^2}{1.2} + z_5 \cdot \frac{i^3}{1.2.3} + \text{etc.}$$

$$\frac{d^3 F(\dot{x}+i)}{di^3} = z_3 + z_4 \cdot \frac{i}{1} + z_5 \cdot \frac{i^2}{1.2} + z_6 \cdot \frac{i^3}{1.2.3} + \text{etc.}$$

etc., etc.

Or, quelle que soit la fonction Fx, pourvu que les quantités données z_0, z_1, z_2, z_3, etc. soient des quantités finies, et elles ne sauraient ici être données autrement, on pourra toujours prendre pour i une quantité assez petite pour que toutes les séries que forment les expressions précédentes $(36)'$ et $(36)''$, soient convergentes. Donc, en désignant par $i^{(1)}$ la plus grande quantité possible qui, prise pour i, rend convergentes toutes ces séries, l'expression $(36)'$ servira à déterminer, par le moyen des quantités en question z_0, z_1, z_2, z_3, etc., toutes les valeurs possibles de la fonction Fx, comprises entre les valeurs $F(\dot{x} - i^{(1)})$ et $F(\dot{x} + i^{(1)})$; et, de plus, les expressions $(36)''$ serviront à déterminer, par le moyen des mêmes quantités (36), les valeurs des dérivées différentielles

$$\frac{dF(\dot{x} - i^{(1)})}{dx}, \quad \frac{d^2 F(\dot{x} - i^{(1)})}{dx^2}, \quad \frac{d^3 F(\dot{x} - i^{(1)})}{dx^3}, \quad \text{etc.,}$$

$$\text{et} \quad \frac{dF(\dot{x} + i^{(1)})}{dx}, \quad \frac{d^2 F(\dot{x} + i^{(1)})}{dx^2}, \quad \frac{d^3 F(\dot{x} + i^{(1)})}{dx^3}, \quad \text{etc.}$$

Si l'on désigne maintenant par $\ddot{x}$ les valeurs extrêmes $(\dot{x} - i^{(1)})$ ou $(\dot{x} + i^{(1)})$ entre les limites desquelles on connaît déjà les valeurs de la fonction Fx, et si l'on fait de nouveau

$$F\ddot{x} = z_0^{(1)}, \quad \frac{dF\ddot{x}}{dx} = z_1^{(1)}, \quad \frac{d^2 F\ddot{x}}{dx^2} = z_2^{(1)}, \quad \frac{d^3 F\ddot{x}}{dx^3} = z_3^{(1)}, \quad \text{etc.,}$$

les quantités $\Xi_0^{(1)}$, $\Xi_1^{(1)}$, $\Xi_2^{(1)}$, $\Xi_3^{(1)}$, etc. se trouveront données ; et, suivant le procédé que nous venons d'employer, on pourra déterminer toutes les valeurs de la fonction Fx entre les limites plus éloignées $F(\ddot{x} - i^{(2)})$ et $F(\ddot{x} + i^{(2)})$, c'est-à-dire, $F(\dot{x} - i^{(1)} - i^{(2)})$ et $F(\dot{x} + i^{(1)} + i^{(2)})$, en dénotant ici par $i^{(2)}$ la quantité correspondante à celle que, dans le premier procédé, nous avons désignée par $i^{(1)}$. On voit ainsi que, suivant toujours le même procédé, on parviendra successivement à la détermination de toutes les valeurs possibles de la fonction Fx, comprises entre des limites aussi éloignées qu'on voudra (*) ; et, par conséquent, que toutes les valeurs possibles de la fonction Fx, comprises entre les limites infinies de $x = -\infty$ et de $x = +\infty$, se trouveront déterminées par les quantités (36), savoir, Ξ_0, Ξ_1, Ξ_2, Ξ_3, etc., formant les valeurs des différentielles de tous les ordres de cette fonction. — Cette détermination aura même lieu pour toutes les valeurs idéales (imaginaires) de la variable x ; car, prenant, à la place des quantités susdites $i^{(1)}$, $i^{(2)}$, etc., des quantités ayant la forme

$$i^{(1)}\left(\cos.j^{(1)} + \sqrt{-1}.\sin.j^{(1)}\right), \quad i^{(2)}\left(\cos.j^{(2)} + \sqrt{-1}.\sin.j^{(2)}\right), \quad \text{etc.,}$$

on obtiendra également la détermination des valeurs correspondantes de la fonction Fx.

Il est donc vrai que la suite (36) des quantités Ξ_0, Ξ_1, Ξ_2, Ξ_3, etc., formant les valeurs des dérivées différentielles de tous les ordres d'une fonction quelconque Fx, suffit pour la détermination de toutes les valeurs possibles de cette fonction ; et, par conséquent, il est vrai que cette suite (36) constitue l'expression algorithmique de la totalité absolue des valeurs de la fonction Fx, ou, ce qui est la même chose,

―――――――――――

(*) C'est effectivement ce procédé qui sert de principe à la méthode d'exhaustion algorithmique que nous avons présentée dans la *Philosophie de l'Infini*.

de la totalité absolue des conséquences possibles de cette fonction.
Ainsi, en vertu du principe de raison suffisante dont il s'agit, et spécialement en vertu du mode direct de ce principe, les quantités Ξ_0, Ξ_1,
Ξ_2, Ξ_3, etc. seraient les critériums suffisans de la fonction Fx; et une
fonction de x qui, sous la forme théorique ou sous la forme technique
de sa génération, donnerait ces mêmes valeurs pour ses dérivées différentielles de tous les ordres, serait effectivement la fonction demandée.
— C'est aussi sur ce principe que nous nous sommes fondés en posant
ci-dessus, à la marque (8), les équations formant les conditions de la
possibilité de la loi universelle (7); car, en faisant entrer, dans ces
équations, les valeurs des dérivées différentielles de tous les ordres,
d'une part, pour la fonction Fx qu'il s'agissait de développer, et,
de l'autre part, pour les fonctions Ω_0, Ω_1, Ω_2, Ω_3, etc., par le moyen
desquelles ce développement devait être opéré, nous parvenons par là
même, en vertu du principe précédent, à rendre les quantités A_0,
A_1, A_2, A_3, etc., que donnent les équations (8) et qui sont les coefficiens du développement (7), à les rendre, disons-nous, dépen-
dantes des mêmes fonctions Fx et Ω_0, Ω_1, Ω_2, etc., prises dans
toute leur généralité.

Il résulte de ce que nous venons de dire que, si l'on avait une suite
de quantités finies Ξ_0, Ξ_1, Ξ_2, Ξ_3, etc., considérées comme étant les
valeurs des dérivées différentielles de tous les ordres d'une fonction
inconnue Fx, et, s'il existait d'ailleurs des procédés pour avoir, sous
des formes particulières, la génération d'une fonction connue, par le
moyen précisément des valeurs de ses dérivées différentielles, on obtiendrait toujours, sous ces formes particulières, la génération de la
fonction inconnue Fx, en employant, pour les valeurs de ses dérivées
différentielles, les quantités données Ξ_0, Ξ_1, Ξ_2, Ξ_3, etc.; parce qu'en
vertu du principe de raison suffisante que nous venons d'appliquer à
l'Algorithmie, ces quantités suffisent pour la détermination complète

de la fonction inconnue Fx, prise dans toute sa généralité. Or, les quatre algorithmes techniques élémentaires, les Séries, les Fractions continues, les Produites continues et les Facultés strictement dites, présentent effectivement de pareils procédés de génération particulière d'une fonction Fx, par le moyen des valeurs de ses dérivées différentielles; car, comme nous l'avons reconnu plus haut, ces quatre algorithmes ne sont proprement que des transformations de la loi universelle (7), et cette loi, en vertu des conditions (8), se trouve donnée précisément par le moyen des valeurs des dérivées différentielles de la fonction développée Fx. Donc, en employant les quantités Ξ_0, Ξ_1, Ξ_2, Ξ_3, etc. dont il est question, on pourra, par le moyen des quatre algorithmes techniques élémentaires, arriver à autant de formes différentes de génération de la fonction inconnue Fx; et c'est là la première partie du système des méthodes constituant les véritables Méthodes d'interpolation (*).

(*) Dans les Séries, les Fractions continues et les Facultés strictement dites, la génération que présentent ces algorithmes techniques, se trouve donnée immédiatement par les valeurs des dérivées différentielles de la fonction à laquelle on applique ces algorithmes; comme, par exemple, on le voit ci-dessus dans la Série (19)″, dans la Fraction continue (22), et même dans la Faculté strictement dite (33)′ où la base (le premier facteur) de la Faculté est proprement

$$\frac{F(z+1)}{Fz} = 1 + \frac{1}{Fz} \cdot \left\{ \frac{dFz}{dz} \cdot \frac{1}{1} + \frac{d^n Fz}{dz^2} \cdot \frac{1}{1 \cdot 2} + \frac{d^3 Fz}{dz^3} \cdot \frac{1}{1 \cdot 2 \cdot 3} + \text{etc.} \right\}.$$

Mais, dans les Produites continues, la génération que présente cet algorithme technique, ne contient que médiatement les valeurs des dérivées différentielles de la fonction à laquelle on l'applique, et cela nommément par le moyen de la Série en laquelle il faut concevoir que se trouve développée cette fonction, pour donner le polynome propre à former l'équation dont les racines servent à la construction des facteurs de la Produite. C'est cette circonstance qui, dans notre Philosophie des Mathématiques, nous a déterminés à exclure les Produites continues du nombre des

Mais, les quantités Ξ_0, Ξ_1, Ξ_2, Ξ_3, etc., formant des valeurs déterminées des dérivées différentielles de tous les ordres d'une fonction Fx, ne sont pas les seules qui donnent la totalité des valeurs possibles de cette fonction, ou, considérée logiquement, la totalité absolue des conséquences de cette fonction ; car, l'équation (36)$'$ qui précisément attache ce caractère logique aux quantités Ξ_0, Ξ_1, Ξ_2, etc., admet certaines autres déterminations particulières de la fonction Fx, lesquelles, à leur tour, donnent ces mêmes quantités Ξ_0, Ξ_1, Ξ_2, etc., et, par conséquent, la totalité des valeurs possibles de la fonction Fx. Cependant, ces autres déterminations particulières ne pouvant acquérir le caractère logique dont il s'agit, que par le moyen des quantités Ξ_0, Ξ_1, Ξ_2, etc., celles-ci sont nécessairement les critériums PRIMAIRES de la fonction Fx, et les autres déterminations particulières en question, ne seront évidemment que des critériums SECONDAIRES de la même fonction Fx. — Voici ces critériums secondaires.

Partant de l'équation (36)$'$, savoir,

$$F(\dot{x}+i) = \Xi_0 + \Xi_1 \cdot \frac{i}{1} + \Xi_2 \cdot \frac{i^2}{1.2} + \Xi_3 \cdot \frac{i^3}{1.2.3} + \text{etc.,}$$

et donnant successivement à i les valeurs

$$i = \xi, \quad i = 2\xi, \quad i = 3\xi, \quad i = 4\xi, \quad \text{etc.;}$$

---

formes techniques propres à l'interpolation. Cependant, puisque, pour la possibilité même des Produites continues, il faut nécessairement concevoir un développement préalable en Série de la fonction à laquelle s'applique cet algorithme, et que, de cette manière, elles contiennent nécessairement les valeurs des dérivées différentielles de cette fonction, on peut y rendre explicites ces valeurs ; et cette possibilité placera les Produites continues, à certains égards, au nombre des formes propres à l'interpolation. C'est cette nouvelle considération qui, pour atteindre la plus grande généralité, nous détermine à reconnaître actuellement, pour la forme de l'interpolation, tous les quatre algorithmes techniques élémentaires.

on aura la suite infinie d'équations ... (37)

$$F(\dot{x} + \xi) = z_0 + z_1 . \frac{\xi}{1} + z_2 . \frac{\xi^2}{1.2} + z_3 . \frac{\xi^3}{1.2.3} + \text{etc.}$$

$$F(\dot{x} + 2\xi) = z_0 + z_1 . \frac{2\xi}{1} + z_2 . \frac{4\xi^2}{1.2} + z_3 . \frac{8\xi^3}{1.2.3} + \text{etc.}$$

$$F(\dot{x} + 3\xi) = z_0 + z_1 . \frac{3\xi}{1} + z_2 . \frac{9\xi^2}{1.2} + z_3 . \frac{27\xi^3}{1.2.3} + \text{etc.}$$

$$F(\dot{x} + 4\xi) = z_0 + z_1 . \frac{4\xi}{1} + z_2 . \frac{16\xi^2}{1.2} + z_3 . \frac{64\xi^3}{1.2.3} + \text{etc.}$$

etc., etc.

Or, ces équations qui se trouvent déduites d'une manière rigoureusement théorique, présentent des équations du premier degré, d'une part, entre les quantités $F(\dot{x} + \xi)$, $F(\dot{x} + 2\xi)$, $F(\dot{x} + 3\xi)$, $F(\dot{x} + 4\xi)$, etc., et, de l'autre part, entre les quantités z_0, z_1, z_2, z_3, etc. Ce sont donc là les équations fondamentales qui lient ces quantités respectives; de sorte que, par leur moyen, on pourra déterminer les quantités Ξ_1, Ξ_2, Ξ_3, Ξ_4, etc., à l'aide des quantités $F\dot{x}$, $F(\dot{x} + \xi)$, $F(\dot{x} + 2\xi)$, $F(\dot{x} + 3\xi)$, etc. : et, vu la forme de ces équations, on n'aura ainsi qu'une seule valeur pour chacune des quantités Ξ_1, Ξ_2, Ξ_3, etc. formant la suite des valeurs que reçoivent les dérivées différentielles de la fonction Fx, pour la valeur déterminée $\dot{x}$ de la variable x.

Ainsi, toutes les fois que cette détermination sera possible, c'est-à-dire, toutes les fois que, les quantités $F\dot{x}$, $F(\dot{x} + \xi)$, $F(\dot{x} + 2\xi)$, $F(\dot{x} + 3\xi)$, etc. étant données, il existe des quantités finies qui, mises à la place de z_1, z_2, z_3, z_4, etc. dans les équations (37), satisfont à ces équations, les quantités z_1, z_2, z_3, etc. se trouvent réellement et complètement déterminées par les quantités $F\dot{x}$, $F(\dot{x} + \xi)$, $F(\dot{x} + 2\xi)$, etc. Donc, dans ces cas, les valeurs z_1, z_2, z_3, etc. des dérivées différentielles d'une fonction Fx étant données par les valeurs consécutives $F\dot{x}$, $F(\dot{x}+\xi)$, $F(\dot{x}+2\xi)$, etc. de la même fonction, ces dernières valeurs auront, par rapport à la fonction Fx, la même relation logique que les premières valeurs; c'est-à-dire que, dans ces cas, les valeurs consécutives d'une fonction Fx, seront, comme les valeurs des dérivées différentielles de la même fonction, les raisons suffisantes de la détermination de cette fonction, dans toute sa généralité. Mais lorsque, pour des valeurs données à la place de $F\dot{x}$, $F(\dot{x}+\xi)$, $F(\dot{x}+2\xi)$, etc., il n'existe que des quantités indéterminées, de la forme $\frac{0}{0}$ ou ∞, qui, mises à la place de z_1, z_2, z_3, etc. dans les équations (37), pourraient idéalement satisfaire à ces équations, les quantités $F\dot{x}$, $F(\dot{x}+\xi)$, $F(\dot{x}+2\xi)$, etc., ne pouvant alors déterminer les quantités z_1, z_2, z_3, etc. qui sont les valeurs des dérivées différentielles de la fonction en question, ne sauraient non plus déterminer cette fonction elle-même; c'est-à-dire que, dans ces cas particuliers, il n'existe point de fonction déterminée ou il en existe plusieurs qui, jouissant d'ailleurs d'une continuité absolue, donneraient, par leurs valeurs consécutives $F\dot{x}$, $F(\dot{x}+\xi)$, $F(\dot{x}+2\xi)$, etc., les quantités hypothétiques proposées (*).

(*) Telles sont, par exemple, les valeurs consécutives de la fonction indéterminée que, dans la Philosophie des Mathématiques (page 199), nous avons dénommée *lamed* et désignée par $\natural[m]^x$. En effet, si l'on prenait la suite des valeurs

$$\natural[m]^0, \quad \natural[m]^1, \quad \natural[m]^2, \quad \natural[m]^3, \quad \natural[m]^4, \quad \text{etc.,}$$

que donne cette fonction lorsque x est un nombre entier, et qu'on substituât ces valeurs à la place de $F\dot{x}$, $F(\dot{x}+\xi)$, $F(\dot{x}+2\xi)$, $F(\dot{x}+3\xi)$, etc. dans les équations (37), on ne pourrait satisfaire à ces équations qu'idéalement par des quantités indéterminées, de la forme $\frac{0}{0}$ ou ∞, mises à la place de z_1, z_2, z_3, etc.; c'est-à-dire que, pour tous les nombres entiers pris pour x, les valeurs des dérivées différentielles de la fonction en question $\natural[m]^x$, considérant d'ailleurs généralement la quan-

Il résulte de ce que nous venons de reconnaître concernant le caractère logique d'une suite des quantités considérées comme étant les valeurs consécutives de quelque fonction, il résulte, disons-nous, que, sous certaines conditions, ces valeurs forment réellement des critériums secondaires de la fonction en question, et peuvent ainsi servir à constater ou à déterminer cette fonction; et que, sous certaines autres conditions, ces valeurs ne peuvent nullement former des critériums suffisans de quelque fonction, et, par conséquent, ne peuvent servir à la détermination d'aucune fonction (*). Ainsi, dans le premier de ces deux cas, lorsque d'ailleurs il existe des procédés, tels que sont les quatre algorithmes techniques élémentaires, qui donnent, sous certaines formes, la génération d'une fonction Fx, par

---

lité m, seraient toujours des quantités indéterminées. — Il ne faut pas confondre ces FONCTIONS INDÉTERMINÉES avec celles qu'Euler nomme *fonctions inexplicables*; car, suivant Euler même, ces dernières ont au moins une génération technique : nous fixerons la nature de ces fonctions inexplicables, lorsque nous examinerons la question si, pour toute génération technique d'une quantité, il existe nécessairement une génération théorique correspondante; car, c'est évidemment à quoi se réduit la considération de ces fonctions. Mais, nous pouvons ici apprendre aux géomètres que les fonctions inexplicables d'Euler sont toutes des Facultés algorithmiques considérées dans la généralité sous laquelle nous les avons présentées dans la Réfutation de Lagrange.

(*) C'est ici le lieu de rappeler l'erreur où se trouvent la plupart des géomètres qui croient que les quantités irrationnelles et transcendantes ne reçoivent leurs valeurs que par l'interpolation. Par exemple, on s'imagine que, dans la suite des puissances

$$a^0, \quad a^1, \quad a^2, \quad a^3, \quad a^4, \quad \text{etc.},$$

c'est par l'interpolation que s'établissent les valeurs de $a^{\frac{1}{2}}$, $a^{\frac{2}{3}}$, $a^{\frac{5}{4}}$, etc., et généralement les valeurs des puissances à exposans fractionnaires. Mais, pour sentir l'erreur vraiment grossière contenue dans cette opinion, il suffit d'observer que, de cette manière, il n'existerait absolument aucun principe pour l'interpolation; et, par consé-

le moyen des valeurs des dérivées différentielles de cette fonction, on
pourra, par l'entremise des équations fondamentales (37), éliminer
de ces procédés ces valeurs des dérivées différentielles, et obtenir de
cette manière des procédés analogues qui donneront la génération de

---

quent, qu'il n'y aurait aucune raison pour que, par ce moyen, on ne trouvât, pour les
termes $a^{\frac{1}{2}}$, $a^{\frac{2}{3}}$, $a^{\frac{5}{4}}$, etc., des valeurs quelconques. En effet, si pour une suite de
quantités

$$F_0, \quad F_1, \quad F_2, \quad F_3, \quad F_4, \quad \text{etc.},$$

il n'existait aucune fonction Fx de l'indice x, qui fixerait d'avance les valeurs correspondantes à toutes les valeurs de x, entières et fractionnaires, il n'y aurait évidemment
aucune raison pour que, par un procédé quelconque, par exemple, celui de l'interpolation, on trouvât, dans le cas de l'indice x fractionnaire, telle valeur plutôt que
telle autre. Aussi, venons-nous de voir qu'il existe réellement des quantités F_0, F_1,
F_2, F_3, etc. telles qu'on ne saurait concevoir une véritable fonction de l'indice, qui
absolument ou du moins seule exclusivement pourrait donner ces quantités ; et que,
dans ce cas, l'interpolation ne saurait découvrir les valeurs correspondantes aux indices fractionnaires, parce que ces valeurs n'existent nullement ou, pour le moins,
sont indéterminées. Ce cas a lieu lorsque les valeurs consécutives F_0, F_1, F_2, F_3, etc.
ne forment pas une suite de critériums de quelque fonction, ou lorsque ces valeurs
ne sont critériums d'aucune fonction ; et cela parce que ces quantités, mises dans les
équations fondamentales (37), ne sauraient servir à la détermination des dérivées différentielles de quelque fonction, lesquelles différentielles, d'après ce que nous avons
reconnu, sont les critériums absolus et par conséquent les conditions nécessaires de la
possibilité d'une fonction algorithmique jouissant, comme cela doit être, d'une continuité correspondante à la continuité de la variable x. — Quant aux vrais principes de
cette continuité de la génération algorithmique, continuité qui, ainsi que nous l'avons
déjà observé ailleurs, est le véritable et même l'unique objet de l'Algorithmie, la déduction de ces principes appartenait à la philosophie de la science ; et c'est cette déduction que nous avons présentée dans notre Philosophie des Mathématiques, où
nous avons indiqué les principes de toute génération algorithmique possible, et, par là
même, les principes de la continuité et de la discontinuité de cette génération.

la fonction Fx par le moyen des valeurs consécutives $F\dot{x}$, $F(\dot{x} + \xi)$, $F(\dot{x} + 2\xi)$, $F(\dot{x} + 3\xi)$, etc. de cette fonction. Donc, dans ce cas, en employant les quantités que l'on considère comme étant les valeurs consécutives de quelque fonction inconnue, on peut, par le moyen des quatre algorithmes techniques élémentaires, obtenir, sous autant de formes, la génération de cette fonction ; et c'est là la partie essentielle du système des méthodes constituant les véritables Méthodes d'interpolation.

Il faut ici observer que l'élimination des dérivées différentielles, par l'entremise des équations fondamentales (37), pour avoir les quatre algorithmes techniques élémentaires en fonctions des valeurs consécutives $F\dot{x}$, $F(\dot{x} + \xi)$, $F(\dot{x} + 2\xi)$, $F(\dot{x} + 3\xi)$, etc., et pour pouvoir ainsi effectuer l'interpolation de ces quantités, il faut observer, disons-nous, que cette élimination, formant une partie constituante du principe de la possibilité de cette interpolation, n'a pas besoin d'être opérée explicitement ; et qu'on peut obtenir ces quatre algorithmes techniques élémentaires en fonctions immédiates des valeurs consécutives $F\dot{x}$, $F(\dot{x} + \xi)$, $F(\dot{x} + 2\xi)$, $F(\dot{x} + 3\xi)$, etc., par l'emploi de procédés convenables, contenant implicitement cette indispensable élimination. Ainsi, par exemple, dans le procédé qui, plus haut, nous a conduits à la Série $(19)^{\text{iv}}$, si, au lieu de substituer les différences de la fonction Fx, nous avions gardé les valeurs consécutives de cette fonction, nous aurions trouvé

$$A_1 = \frac{F\dot{x} - F(\dot{x} - \xi)}{\xi}, \quad A_2 = \frac{F\dot{x} - 2F(\dot{x} - \xi) + F(\dot{x} - 2\xi)}{1.2.\xi^2},$$

$$A_3 = \frac{F\dot{x} - 3F(\dot{x} - \xi) + 3F(\dot{x} - 2\xi) - F(\dot{x} - 3\xi)}{1.2.3.\xi^3}, \quad \text{etc.} ;$$

et changeant alors le signe de l'accroissement arbitraire ξ, nous aurions obtenu la Série ... $(19)^{\text{v}}$

$$Fx = F\dot{x} + \frac{F(\dot{x}+\xi) - F\dot{x}}{1.\xi} . x + \frac{F(\dot{x}+2\xi) - 2F(\dot{x}+\xi) + F\dot{x}}{1.2.\xi^2} . x^2|-\xi$$

$$+ \frac{F(\dot{x}+3\xi) - 3F(\dot{x}+2\xi) + 3F(\dot{x}+\xi) - F\dot{x}}{1.2.3.\xi^3} . x^3|-\xi + \text{etc.,}$$

où il n'entre que les valeurs consécutives $F\dot{x}$, $F(\dot{x}+\xi)$, $F(\dot{x}+2\xi)$, $F(\dot{x}+3\xi)$, etc. de la fonction Fx; série qui donnerait ainsi immédiatement l'interpolation pour la suite des quantités

$$F\dot{x}, \quad F(\dot{x}+\xi), \quad F(\dot{x}+2\xi), \quad F(\dot{x}+3\xi), \quad \text{etc.}$$

Il en aurait été de même de la Fraction continue $(22)''$; d'ailleurs, cette fraction continue, ainsi que la Série $(19)^{\text{iv}}$ dont nous venons de parler, étant données par les différences de la fonction dont elles présentent la génération technique, peuvent être considérées comme étant données immédiatement par les valeurs consécutives de la fonction en question, parce qu'en vertu de la conception même de la théorie des différences, les différences d'une fonction sont données immédiatement par ses valeurs consécutives. On peut donc, comme on le voit dans ces exemples, arriver, par le moyen de procédés convenables, à des expressions des quatre algorithmes techniques élémentaires, contenant, non les dérivées différentielles, mais immédiatement les valeurs consécutives de la fonction dont ils présentent la génération; et, suivant ce que nous avons déjà reconnu sur la possibilité de l'interpolation, il est nécessaire que les procédés qui conduisent à ces expressions, impliquent l'élimination, fondée sur les équations (37), des dérivées différentielles qui, en vertu des conditions (8) de la loi universelle (7), sont les parties constituantes absolues de cette loi et, par conséquent, de ses transformations donnant les quatre algorithmes dont il est question.

Mais une considération majeure, quoique purement algorithmique, se présente encore ici, et devient nécessaire pour compléter la déduction philosophique que nous venons de donner pour la possibilité des Méthodes d'interpolation. C'est que, sous la forme sous laquelle se trouvent les équations fondamentales (37), si l'on en tire les quantités z_1, z_2, z_3, z_4, etc., ces quantités se trouveront données par des séries ayant la forme ... (37)′

$$z_1 = a_1 . F\dot{x} + b_1 . F(\dot{x}+\xi) + c_1 . F(\dot{x}+2\xi) + d_1 . F(\dot{x}+3\xi) + \text{etc.}$$
$$z_2 = a_2 . F\dot{x} + b_2 . F(\dot{x}+\xi) + c_2 . F(\dot{x}+2\xi) + d_2 . F(\dot{x}+3\xi) + \text{etc.}$$
$$z_3 = a_3 . F\dot{x} + b_3 . F(\dot{x}+\xi) + c_3 . F(\dot{x}+2\xi) + d_3 . F(\dot{x}+3\xi) + \text{etc.}$$
$$z_4 = a_4 . F\dot{x} + b_4 . F(\dot{x}+\xi) + c_4 . F(\dot{x}+2\xi) + d_4 . F(\dot{x}+3\xi) + \text{etc.}$$

etc., etc.,

les coefficiens a_1, b_1, c_1, etc., a_2, b_2, c_2, etc., a_3, b_3, c_3, etc., etc. étant des fonctions de l'accroissement ξ. Or, si la suite des quantités $F\dot{x}$, $F(\dot{x}+\xi)$, $F(\dot{x}+2\xi)$, $F(\dot{x}+3\xi)$, etc. était une suite de quantités croissantes, de manière qu'à l'infini ces quantités devinssent infiniment grandes, ou même, comme cela arrive réellement, si les coefficiens a, b, c, d, etc. formaient des nombres infinis, les séries précédentes (37)′ seraient divergentes et même indéterminées ; et elles ne pourraient, sous cette forme, servir à l'évaluation des dérivées différentielles z_1, z_2, z_3, etc., ni, par conséquent, à l'élimination de ces dérivées différentielles dans les algorithmes techniques élémentaires, pour rendre ces algorithmes propres à servir de Méthodes d'interpolation. Il faudrait donc pouvoir transformer, en séries déterminées et convergentes, les séries précédentes (37)′, ou, ce qui est la même chose, il faudrait pouvoir transformer les équations fondamentales (37) en d'autres équations qui donneraient immédiatement des séries déterminées et convergentes pour les quantités z_1, z_2, z_3, etc. dont il s'agit ; transformation dont la possibilité, quoique n'étant qu'une considération purement algorithmique, devient nécessaire pour la possibilité même des Méthodes d'interpolation, et rentre ainsi, comme partie complémentaire, dans la déduction philosophique que nous nous sommes proposé de donner de ces méthodes.

Pour cela, concevons une suite de quantités

$$k_0, \quad k_1, \quad k_2, \quad k_3, \quad \dots \quad k_\omega,$$

comme multipliant respectivement la suite des valeurs

$$Fx, \quad F(x+\xi), \quad F(x+2\xi), \quad F(x+3\xi), \quad \dots \quad F(x+\omega\xi);$$

et, d'après la notation connue, désignons par ∇Fx la somme de ces produits, que nous nommerons *somme delta*. Considérant alors la quantité ∇Fx comme la fonction précédente Fx, formons de nouveau la somme $\nabla(\nabla Fx)$ que nous désignerons par $\nabla^2 Fx$, et que nous nommerons somme delta du *second ordre*. Avec celle-ci, formons une somme nouvelle $\nabla(\nabla^2 Fx)$ désignée par $\nabla^3 Fx$, qui sera la somme delta du *troisième ordre;* et ainsi de suite, les sommes $\nabla^4 Fx$, $\nabla^5 Fx$, etc. qui seront les sommes deltas du *quatrième ordre*, du *cinquième ordre*, etc. Nous aurons ... (38)

$$\nabla F\dot{x} = k_0 F\dot{x} + k_1 F(\dot{x}+\xi) + k_2 F(\dot{x}+2\xi) \dots + k_\omega F(\dot{x}+\omega\xi)$$

$$\nabla^2 F\dot{x} = k_0 \nabla F\dot{x} + k_1 \nabla F(\dot{x}+\xi) + k_2 \nabla F(\dot{x}+2\xi) \dots + k_\omega \nabla F(\dot{x}+\omega\xi)$$

$$\nabla^3 F\dot{x} = k_0 \nabla^2 F\dot{x} + k_1 \nabla^2 F(\dot{x}+\xi) + k_2 \nabla^2 F(\dot{x}+2\xi) \dots + k_\omega \nabla^2 F(\dot{x}+\omega\xi)$$

$$\nabla^4 F\dot{x} = k_0 \nabla^3 F\dot{x} + k_1 \nabla^3 F(\dot{x}+\xi) + k_2 \nabla^3 F(\dot{x}+2\xi) \dots + k_\omega \nabla^3 F(\dot{x}+\omega\xi)$$

etc., etc.

Or, quelle que soit la fonction Fx, ou plutôt quelle que soit la suite des valeurs

$$F\dot{x}, \quad F(\dot{x}+\xi), \quad F(\dot{x}+2\xi), \quad F(\dot{x}+3\xi), \quad \text{etc.},$$

il est clair qu'on pourra toujours prendre les quantités k_0, k_1, k_2, k_3, ... k_ω de manière à ce que la suite des valeurs des sommes précédentes (38), savoir,

$$\nabla F\dot{x}, \quad \nabla^2 F\dot{x}, \quad \nabla^3 F\dot{x}, \quad \nabla^4 F\dot{x}, \quad \text{etc.},$$

aille en diminuant et que, dans l'infini, ces valeurs deviennent zéro ; car, il suffira évidemment de prendre assez grand, même infini s'il le faut, le nombre $(\omega + 1)$ des quantités $k_0,\ k_1,\ k_2,\ \ldots\ k_\omega$, pour rendre cette détermination possible par le moyen de valeurs convenables assignées aux quantités $k_0,\ k_1,\ k_2,\ k_3,\ \ldots\ k_\omega$. De l'autre part, si, d'après la même notation, on fait généralement ... (38)′

$$\nabla z^m = k_0 z^m + k_1 (z+1)^m + k_2 (z+2)^m \ldots + k_\omega (z+\omega)^m$$

$$\nabla^2 z^m = k_0 \nabla z^m + k_1 \nabla (z+1)^m + k_2 \nabla (z+2)^m \ldots + k_\omega \nabla (z+\omega)^m$$

$$\nabla^3 z^m = k_0 \nabla^2 z^m + k_1 \nabla^2 (z+1)^m + k_2 \nabla^2 (z+2)^m \ldots + k_\omega \nabla^2 (z+\omega)^m$$

$$\nabla^4 z^m = k_0 \nabla^3 z^m + k_1 \nabla^3 (z+1)^m + k_2 \nabla^3 (z+2)^m \ldots + k_\omega \nabla^3 (z+\omega)^m$$

etc., etc. ;

et si l'on multiplie successivement par $k_0,\ k_1,\ k_2,\ k_3,\ \ldots\ k_\omega$ les équations (37) et qu'on forme alors, avec les deux membres de ces équations, les sommes deltas, on obtiendra la nouvelle suite infinie d'équations que voici ... (39)

$$\nabla F\dot x = \nabla \dot z^0 . \Xi_0 + \nabla \dot z . \Xi_1 . \frac{\xi}{1} + \nabla \dot z^2 . \Xi_2 . \frac{\xi^2}{1.2} + \nabla \dot z^3 . \Xi_3 . \frac{\xi^3}{1.2.3} + \text{etc.}$$

$$\nabla^2 F\dot x = \nabla^2 \dot z^0 . \Xi_0 + \nabla^2 \dot z . \Xi_1 . \frac{\xi}{1} + \nabla^2 \dot z^2 . \Xi_2 . \frac{\xi^2}{1.2} + \nabla^2 \dot z^3 . \Xi_3 . \frac{\xi^3}{1.2.3} + \text{etc.}$$

$$\nabla^3 F\dot x = \nabla^3 \dot z^0 . \Xi_0 + \nabla^3 \dot z . \Xi_1 . \frac{\xi}{1} + \nabla^3 \dot z^2 . \Xi_2 . \frac{\xi^2}{1.2} + \nabla^3 \dot z^3 . \Xi_3 . \frac{\xi^3}{1.2.3} + \text{etc.}$$

$$\nabla^4 F\dot x = \nabla^4 \dot z^0 . \Xi_0 + \nabla^4 \dot z . \Xi_1 . \frac{\xi}{1} + \nabla^4 \dot z^2 . \Xi_2 . \frac{\xi^2}{1.2} + \nabla^4 \dot z^3 . \Xi_3 . \frac{\xi^3}{1.2.3} + \text{etc.}$$

etc., etc.,

en marquant par $\dot z$ la valeur zéro de la variable z dans les sommes (38)′, et toujours par $\dot x$ une valeur quelconque déterminée de la variable x dans la fonction Fx. De cette manière, les équations fondamentales (37) se trouveront transformées dans les équations précédentes (39); et ces dernières donneront, pour les quantités z_1, z_2, z_3, etc. dont il s'agit, des expressions ayant la forme ... (39)'

$$z_1 = A_1 . F\dot{x} + B_1 . \nabla F\dot{x} + C_1 . \nabla^2 F\dot{x} + D_1 . \nabla^3 F\dot{x} + \text{etc.}$$

$$z_2 = A_2 . F\dot{x} + B_2 . \nabla F\dot{x} + C_2 . \nabla^2 F\dot{x} + D_2 . \nabla^3 F\dot{x} + \text{etc.}$$

$$z_3 = A_3 . F\dot{x} + B_3 . \nabla F\dot{x} + C_3 . \nabla^2 F\dot{x} + D_3 . \nabla^3 F\dot{x} + \text{etc.}$$

$$z_4 = A_4 . F\dot{x} + B_4 . \nabla F\dot{x} + C_4 . \nabla^2 F\dot{x} + D_4 . \nabla^3 F\dot{x} + \text{etc.}$$

etc., etc.;

les coefficiens A_1, B_1, C_1, etc., A_2, B_2, C_2, etc., A_3, B_3, C_3, etc., etc., étant des fonctions de l'accroissement ξ, qui, comme nous le verrons bientôt, peuvent former des quantités finies et déterminées. Donc, puisque d'ailleurs les sommes deltas

$$F\dot{x}, \quad \nabla F\dot{x}, \quad \nabla^2 F\dot{x}, \quad \nabla^3 F\dot{x}, \quad \nabla^4 F\dot{x}, \quad \text{etc.}$$

peuvent toujours former une suite de quantités décroissantes et telles qu'à l'infini elles deviennent zéro, les expressions (39)' donneront, d'une manière complète ou achevée dans l'infini, les valeurs des quantités z_1, z_2, z_3, z_4, etc. et serviront toujours, lorsque cela sera possible, à la détermination de ces quantités constituant les valeurs des dérivées différentielles de la fonction Fx dont il est question.

Ainsi, au lieu d'employer les expressions (37)', qui peuvent être divergentes et même indéterminées, si l'on emploie alors les expressions précédentes (39)', on pourra toujours éliminer, des quatre algorithmes techniques élémentaires, les dérivées différentielles de la fonction dont ils donnent la génération; et l'on obtiendra, dans tous les cas et d'une manière déterminée, ces quatre algorithmes par le moyen des seules quantités

$$F\dot{x}, \quad \nabla F\dot{x}, \quad \nabla^2 F\dot{x}, \quad \nabla^3 F\dot{x}, \quad \nabla^4 F\dot{x}, \quad \text{etc.},$$

et par conséquent, par le moyen de la suite des valeurs

$$F\dot{x}, \quad F(\dot{x}+\xi), \quad F(\dot{x}+2\xi), \quad F(\dot{x}+3\xi), \quad \text{etc.}$$

On pourra donc avoir la fonction générale, ou du moins la génération technique de la fonction générale Fx dont les valeurs particulières consécutives $F\dot{x}$, $F(\dot{x}+\xi)$, $F(\dot{x}+2\xi)$, $F(\dot{x}+3\xi)$, etc. seront données ; et c'est là le but de l'interpolation.

Il faut encore ici, comme plus haut, observer que l'élimination des dérivées différentielles par le moyen des expressions $(39)'$, de laquelle nous venons de parler, n'a pas besoin d'être opérée explicitement : en employant des procédés convenables, on peut arriver immédiatement à des expressions des quatre algorithmes techniques élémentaires, contenant les quantités $F\dot{x}$, $\nabla F\dot{x}$, $\nabla^2 F\dot{x}$, $\nabla^3 F\dot{x}$, etc. construites avec la fonction Fx dont ces algorithmes présentent la génération. Mais on conçoit également ici que ces procédés doivent nécessairement impliquer l'élimination dont il s'agit ; car, d'après la déduction précédente des Méthodes d'interpolation, il est évident que cette élimination forme une partie constituante du principe de la possibilité de ces méthodes. — Voici quelques exemples de ces procédés qui conduisent immédiatement à des expressions contenant les sommes deltas consécutives $F\dot{x}$, $\nabla F\dot{x}$, $\nabla^2 F\dot{x}$, $\nabla^3 F\dot{x}$, etc. ; du moins pour la forme du premier des quatre algorithmes techniques élémentaires, c'est-à-dire, pour la forme des Séries dont, au reste, les trois autres de ces algorithmes ne sont que des transformations.

En dénotant par ϖ l'accroissement que jusqu'ici nous avons désigné par ξ dans la formation des sommes deltas, soit d'abord ... (40)

$$\nabla Fx = a \cdot Fx + b \cdot F(x+\varpi),$$

a et b étant deux quantités constantes quelconques ; et soit $F(x+i)$ la fonction qu'il s'agit de découvrir, ou du moins sa génération technique. En vertu de la loi universelle (7), il est clair que, si on considère la fonction $F(x+i)$ comme une fonction de x, on peut la développer sous la forme ... $(40)'$

$$F(x+i) = A_0 \cdot Fx + A_1 \cdot \nabla Fx + A_2 \cdot \nabla^2 Fx + A_3 \cdot \nabla^3 Fx + \text{etc.};$$

et nous verrons dans la suite que, sous cette forme, les conditions (8) de ce développement se trouvent effectivement remplies. De plus, il est manifeste, par la loi (7) de ce développement, que les coefficiens A_0, A_1, A_2, A_3, etc. sont indépendans de la variable x; et l'on voit, par la nature des variables $(x+i)$ de la fonction en question, que ces coefficiens doivent être fonctions de la quantité i. Or, si l'on savait d'ailleurs, et nous verrons ci-après en quoi consiste cette connaissance, que les coefficiens A_0, A_1, A_2, etc. sont aussi indépendans de la nature de la fonction $F(x+i)$, c'est-à-dire que ces coefficiens restent invariables quelle que soit la fonction dénotée par la caractéristique F, on parviendrait à leur détermination par le procédé suivant. — Faisant $\nabla Fx = 0$, on aurait

$$\nabla^2 Fx = 0, \quad \nabla^3 Fx = 0, \quad \nabla^4 Fx = 0, \quad \text{etc.;}$$

et l'intégration de l'équation $\nabla Fx = 0$ donnerait

$$Fx = p \cdot \left(-\frac{a}{b}\right)^{\frac{x}{\varpi}},$$

p étant une constante arbitraire. Ainsi, substituant cette fonction dans le développement $(40)'$, il viendrait

$$p \cdot \left(-\frac{a}{b}\right)^{\frac{x+i}{\varpi}} = A_0 \cdot p \left(-\frac{a}{b}\right)^{\frac{x}{\varpi}};$$

et l'on en tirerait

$$A_0 = \left(-\frac{a}{b}\right)^{\frac{i}{\varpi}}.$$

En second lieu, faisant $\nabla^2 Fx = 0$, on aurait d'une part

$$\nabla^3 Fx = 0, \quad \nabla^4 Fx = 0, \quad \nabla^5 Fx = 0 \quad \text{etc.;}$$

et de l'autre part

$$\nabla Fx = p \cdot \left(-\frac{a}{b} \right)^{\frac{x}{\varpi}},$$

c'est-à-dire,

$$p \cdot \left(-\frac{a}{b} \right)^{\frac{x}{\varpi}} = a \cdot Fx + b \cdot F(x+\varpi);$$

et l'intégration de cette dernière équation donnerait

$$Fx = -\frac{p}{a\varpi} \cdot (x+q) \cdot \left(-\frac{a}{b} \right)^{\frac{x}{\varpi}},$$

q étant une autre constante arbitraire. Ainsi, substituant de nouveau cette fonction dans le développement $(4o)'$, il viendrait

$$(x+i+q) \cdot \left(-\frac{a}{b} \right)^{\frac{i}{\varpi}} = A_0 \cdot (x+q) - A_1 \cdot a\varpi;$$

et, en y mettant la valeur de A_0 que nous avons déjà déterminée, on en tirerait

$$A_1 = -\frac{i}{a\varpi} \cdot \left(-\frac{a}{b} \right)^{\frac{i}{\varpi}}.$$

En troisième lieu, faisant $\nabla^3 Fx = 0$, on aurait d'une part

$$\nabla^4 Fx = 0, \quad \nabla^5 Fx = 0, \quad \nabla^6 Fx = 0, \quad \text{etc.};$$

et de l'autre part

$$\nabla^2 Fx = p \cdot \left(-\frac{a}{b} \right)^{\frac{x}{\varpi}}, \quad \nabla Fx = -\frac{p}{a\varpi} \cdot (x+q) \cdot \left(-\frac{a}{b} \right)^{\frac{x}{\varpi}},$$

c'est-à-dire,

$$-\frac{p}{a\varpi} \cdot (x+q) \cdot \left(-\frac{a}{b} \right)^{\frac{x}{\varpi}} = a \cdot Fx + b \cdot F(x+\varpi);$$

et l'intégration de cette dernière équation donnerait

$$Fx = \frac{p}{2a^2\varpi^2} \cdot (x^2 + (2q - \varpi)x + r) \cdot \left(-\frac{a}{b}\right)^{\frac{x}{\varpi}};$$

r étant une nouvelle constante arbitraire. Ainsi, substituant encore cette fonction dans le développement $(40)'$, il viendrait

$$\left\{(x+i)^2 + (2q-\varpi)(x+i) + r\right\} \cdot \left(-\frac{a}{b}\right)^{\frac{i}{\varpi}} = A_0 \cdot (x^2 + (2q-\varpi)x + r)$$
$$- 2A_1 \cdot a\varpi(x+q) + 2a^2\varpi^2 A_2;$$

et, en y mettant les valeurs de A_0 et de A_1 qui sont déjà déterminées, on en tirerait

$$A_2 = + \frac{i(i-\varpi)}{1.2.a^2\varpi^2} \cdot \left(-\frac{a}{b}\right)^{\frac{i}{\varpi}}.$$

Faisant ensuite $\nabla^4 Fx = 0$, on trouverait de la même manière

$$A_3 = - \frac{i(i-\varpi)(i-2\varpi)}{1.2.3.a^3\varpi^3} \cdot \left(-\frac{a}{b}\right)^{\frac{i}{\varpi}};$$

et l'on voit que, suivant le même procédé, on arriverait à la détermination de tous les coefficiens dont il s'agit, et dont la loi est d'ailleurs déjà manifeste. On aurait donc ... $(40)''$

$$F(x+i) = \left(-\frac{a}{b}\right)^{\frac{i}{\varpi}} \cdot \left\{ Fx - \frac{i}{1.a\varpi} \cdot \nabla Fx + \frac{i(i-\varpi)}{1.2.a^2\varpi^2} \cdot \nabla^2 Fx \right.$$
$$\left. - \frac{i(i-\varpi)(i-2\varpi)}{1.2.3.a^3\varpi^3} \cdot \nabla^3 Fx + \text{etc.} \right\};$$

et, considérant les sommes deltas Fx, ∇Fx, $\nabla^2 Fx$, $\nabla^3 Fx$, etc. comme étant formées avec une suite de quantités données, correspondantes aux valeurs consécutives Fx, $F(x+\varpi)$, $F(x+2\varpi)$,

1.   15

$F(x + 3\varpi)$, etc., l'expression précédente $(40)''$ présenterait, sous la forme de Série, le moyen d'avoir la fonction $F(x + i)$, ou du moins sa génération technique, immédiatement par les sommes Fx, ∇Fx, $\nabla^2 Fx$, $\nabla^3 Fx$, etc. dont il est question.

Soit encore ... (41)

$$\nabla Fx = a \cdot Fx + b \cdot F(x + \varpi) + c \cdot F(x + 2\varpi),$$

a, b, c étant des quantités constantes; et soit toujours $F(x + i)$ la fonction dont on veut découvrir la génération technique. Or, suivant la loi universelle (7), la fonction $F(x + i)$ considérée comme fonction de x, peut être développée sous la forme ... $(41)'$

$$F(x+i) = M_0 \cdot Fx + M_1 \cdot \nabla Fx + M_2 \cdot \nabla^2 Fx + M_3 \cdot \nabla^3 Fx + \text{etc.}$$
$$+ N_0 \cdot F(x+\varpi) + N_1 \cdot \nabla F(x+\varpi) + N_2 \cdot \nabla^2 F(x+\varpi) + N_3 \cdot \nabla^3 F(x+\varpi) + \text{etc.};$$

et, comme nous le verrons ci-après, les conditions (8) de la loi universelle se trouvent effectivement remplies par cette forme de développement. De plus, sachant, par le moyen dont nous avons déjà parlé, que les coefficiens M_0, M_1, M_2, etc. et N_0, N_1, N_2, etc. sont indépendans de la nature de la fonction Fx, c'est-à-dire, qu'ils restent invariables quelle que soit cette fonction, on parviendrait encore ici à leur détermination par le même procédé. En effet, faisant $\nabla Fx = 0$, d'une part on aurait

$$\nabla^2 Fx = 0, \quad \nabla^3 Fx = 0, \quad \nabla^4 Fx = 0, \quad \text{etc.},$$
$$\nabla^2 F(x + \varpi) = 0, \quad \nabla^3 F(x + \varpi) = 0, \quad \nabla^4 F(x + \varpi) = 0, \quad \text{etc.},$$

et de l'autre part, l'intégration de l'équation $\nabla Fx = 0$, c'est-à-dire, de

$$0 = a \cdot Fx + b \cdot F(x + \varpi) + c \cdot F(x + 2\varpi),$$

donnerait

$$Fx = P \cdot m^{\frac{x}{\varpi}} + Q \cdot n^{\frac{x}{\varpi}};$$

P, Q étant deux constantes arbitraires, et m, n les deux racines de l'équation

$$0 = a + bz + cz^2.$$

Ainsi, substituant cette fonction Fx dans le développement $(41)'$, il viendrait

$$0 = P.(m^{\frac{i}{\varpi}} - M_0 - N_0.m).m^{\frac{x}{\varpi}}$$
$$+ Q.(n^{\frac{i}{\varpi}} - M_0 - N_0.n).n^{\frac{x}{\varpi}};$$

et, puisque P et Q sont deux quantités arbitraires, on aurait les deux équations

$$0 = m^{\frac{i}{\varpi}} - M_0 - N_0.m$$
$$0 = n^{\frac{i}{\varpi}} - M_0 - N_0.n,$$

qui donneraient

$$M_0 = \frac{m.n^{\frac{i}{\varpi}} - n.m^{\frac{i}{\varpi}}}{m - n}$$

$$N_0 = \frac{m^{\frac{i}{\varpi}} - n^{\frac{i}{\varpi}}}{m - n}.$$

En second lieu, faisant $\nabla^2 Fx = 0$, d'une part on aurait

$$\nabla^3 Fx = 0, \quad \nabla^4 Fx = 0, \quad \nabla^5 Fx = 0, \quad \text{etc.},$$
$$\nabla^3 F(x+\varpi) = 0, \quad \nabla^4 F(x+\varpi) = 0, \quad \nabla^5 F(x+\varpi) = 0, \quad \text{etc.}$$

et de l'autre part

$$\nabla Fx = P.m^{\frac{x}{\varpi}} + Q.n^{\frac{x}{\varpi}},$$

c'est-à-dire,

$$P.m^{\frac{x}{\varpi}} + Q.n^{\frac{x}{\varpi}} = a.Fx + b.F(x+\varpi) + c.F(x+2\varpi);$$

et l'intégration de cette dernière équation donnerait

$$Fx = \left\{ \frac{P}{a\varpi\,(m-n)} \cdot \left(nx - \frac{mn\varpi}{m-n}\right) + R \right\} . m^{\frac{x}{\varpi}}$$

$$+ \left\{ \frac{Q}{a\varpi\,(n-m)} \cdot \left(mx - \frac{nm\varpi}{n-m}\right) + S \right\} . n^{\frac{x}{\varpi}},$$

R et S étant deux nouvelles constantes arbitraires. Ainsi, substituant de nouveau cette fonction Fx dans le développement $(41)'$, et faisant attention aux valeurs de M_0 et N_0, on obtiendrait d'abord

$$0 = P.\left\{ N_0.mn - \frac{\iota}{\varpi}n.m^{\frac{i}{\varpi}} + a(m-n)\,(M_1 + N_1 m) \right\} . m^{\frac{x}{\varpi}}$$

$$+ Q.\left\{ N_0.nm - \frac{i}{\varpi}m.n^{\frac{i}{\varpi}} + a(n-m)\,(M_1 + N_1 n) \right\} . n^{\frac{x}{\varpi}};$$

et, comme P et Q sont deux quantités arbitraires, on aurait les deux équations

$$0 = N_0.mn - \frac{\iota}{\varpi}n.m^{\frac{i}{\varpi}} + a(m-n)\,(M_1 + N_1 m)$$

$$0 = N_0.nm - \frac{i}{\varpi}m.n^{\frac{i}{\varpi}} + a(n-m)\,(M_1 + N_1 n),$$

qui, en y mettant la valeur de N_0, donneraient

$$M_1 = \frac{b\,(n^{\frac{i}{\varpi}} - m^{\frac{i}{\varpi}})}{c^2\,(m-n)^3} - \frac{i\,(n^2.m^{\frac{i}{\varpi}} + m^2.n^{\frac{i}{\varpi}})}{a\varpi\,(m-n)^2}$$

$$N_1 = \frac{2\,(n^{\frac{i}{\varpi}} - m^{\frac{i}{\varpi}})}{c\,(m-n)^3} + \frac{i\,(n.m^{\frac{i}{\varpi}} + m.n^{\frac{i}{\varpi}})}{a\varpi\,(m-n)^2}.$$

Faisant ensuite $\nabla^3 Fx = 0$, on trouverait de la même manière

$$M_2 = \frac{i\,(i-\varpi)}{2.\varpi^2} \cdot \frac{m^3.n^{\frac{i}{\varpi}} - n^3.m^{\frac{i}{\varpi}}}{a^2\,(m-n)^3} - \frac{cM_1 + bN_1}{c^2\,(m-n)^2}$$

$$N_2 = \frac{i\,(i-\varpi)}{2.\varpi^2} \cdot \frac{n^2.m^{\frac{i}{\varpi}} - m^2.n^{\frac{i}{\varpi}}}{a^2\,(m-n)^3} - \frac{3N_1}{c\,(m-n)^2};$$

et l'on voit encore que, suivant le même procédé, on arriverait à la détermination de tous les autres coefficiens M_3, M_4, M_5, etc. et N_3, N_4, N_5, etc.

On aurait donc encore le développement de la fonction $F(x + i)$, sous la forme de Série, ne contenant que les sommes deltas ∇Fx, $\nabla^2 Fx$, $\nabla^3 Fx$, etc., formées avec les trois termes correspondans aux facteurs a, b, c de l'expression (41), c'est-à-dire, aux trois facteurs k_0, k_1, k_2 des expressions générales (38) de ces sommes ; de sorte que, considérant les sommes particulières actuelles comme construites avec des valeurs consécutives données $F\dot{x}$, $F(\dot{x} + \varpi)$, $F(\dot{x} + 2\varpi)$, $F(\dot{x} + 3\varpi)$, etc., le développement (41)′ présenterait la génération technique de la fonction Fx en question, et fournirait, pour l'interpolation des quantités

$$F\dot{x}, \quad F(\dot{x} + \varpi), \quad F(\dot{x} + 2\varpi), \quad F(\dot{x} + 3\varpi), \quad \text{etc.},$$

une expression contenant immédiatement les sommes deltas particulières $\nabla F\dot{x}$, $\nabla^2 F\dot{x}$, $\nabla^3 F\dot{x}$, etc. et $\nabla F(\dot{x} + \varpi)$, $\nabla^2 F(\dot{x} + \varpi)$, $\nabla^3 F(\dot{x} + \varpi)$, etc., formées d'après l'expression (41). Et, pour peu qu'on réfléchisse sur le procédé que nous avons suivi dans les deux exemples précédens (40)′ et (41)′, on verra que, dans tous les cas, c'est-à-dire, quel que soit le nombre $(\omega + 1)$ des termes correspondans aux facteurs k_0, k_1, k_2, k_3, ... k_ω dans les expressions générales (38), on parviendrait toujours, par le même procédé, à des développemens de la fonction $F(x + i)$, contenant immédiatement les sommes deltas dont il s'agit. — Il faut remarquer que ce procédé n'est pas précisément celui qui conduit le plus brièvement aux développemens dont nous venons de parler ; mais, quel que soit le procédé, il nous suffit ici d'arriver réellement à de pareils développemens contenant les sommes deltas, pour reconnaître la possibilité de l'élimination implicite des quantités (39)′ dans les expressions fondamentales ou primitives des quatre algorithmes techniques élémentaires ; élimination qui, suivant ce que nous avons reconnu plus haut, doit transformer ces quatre algorithmes en autant de Méthodes d'interpolation.

Avant de résumer la déduction que nous venons de donner de la possibilité des Méthodes d'interpolation, déduction qui se trouve ici terminée, nous devons dire quelques mots sur la relation des équations (37) et (39), ou plutôt sur la signification philosophique des équations générales (39) ; équations qui, suivant cette déduction, constituent le véritable principe de la possibilité de l'interpolation. — Or, pour ce qui concerne d'abord la relation des équations (37) et (39), il est évident que, considérées sous un point de vue algorithmique, les équations (37) ne sont qu'un cas particulier des équations générales (39) ; car si, dans les sommes deltas (38) et (38)′, on fait $\omega = 1$, et de plus $k_0 = 0$ et $k_1 = 1$, on aura

$$\nabla Fx = F(x+\xi), \quad \nabla^2 Fx = F(x+2\xi), \quad \nabla^3 Fx = F(x+3\xi), \quad \text{etc.,}$$
$$\nabla z^m = (z+1)^m, \quad \nabla^2 z^m = (z+2)^m, \quad \nabla^3 z^m = (z+3)^m, \quad \text{etc.,}$$

et les équations (39) présenteront immédiatement les équations (37). Mais, étant considérées sous un point de vue philosophique, les équations (37) sont proprement les principes des équations (39) ; car, c'est avec celles-là que se trouvent construites ces dernières. Aussi, avant d'avoir formé les équations générales (39), avions-nous déjà reconnu les équations (37) comme étant les conditions fondamentales des Méthodes d'interpolation ; et cela, parce que c'est au moyen de ces équations (37) qu'en principe se trouvent déterminées les dérivées différentielles d'une fonction Fx par les valeurs consécutives Fx, $F(x+\xi)$, $F(x+2\xi)$, $F(x+3\xi)$, etc. de cette fonction. Et, par la raison de cette détermination, nous avons également reconnu ces valeurs consécutives comme étant les critériums secondaires de la fonction qui donne de pareilles valeurs.

Ainsi, la signification philosophique des équations générales (39) se trouve en partie découverte : on voit déjà, par ce que nous venons de dire, que ces équations ne sont proprement que des expressions générales des relations qui, pour une fonction quelconque Fx, existent entre ses valeurs consécutives $F\dot{x}$, $F(\dot{x}+\xi)$, $F(\dot{x}+2\xi)$, $F(\dot{x}+3\xi)$, etc. et les valeurs des dérivées différentielles de cette fonction. Mais, quelque philosophique ou nécessaire que soit la considération de la suite des valeurs $F\dot{x}$, $F(\dot{x}+\xi)$, $F(\dot{x}+2\xi)$, $F(\ddot{x}+3\xi)$, etc. d'une fonction Fx, car elle est un résultat immédiat de la considération philosophique ou nécessaire de la suite naturelle des nombres 0, 1, 2, 3, 4, etc., si, dans les équations (39), on néglige l'emploi des sommes dénotées par ∇, ∇^2, ∇^3, etc., et qu'on réduise ces équations au cas particulier et fondamental (37), les expressions (37)' qu'on obtiendrait alors pour les valeurs z_1, z_2, z_3, etc. des dérivées différentielles, et qui se trouveraient données immédiatement par les valeurs consécutives $F\dot{x}$, $F(\dot{x}+\xi)$, $F(\dot{x}+2\xi)$, etc., seraient généralement indéterminées, ayant des coefficiens infinis, comme on peut s'en assurer par le développement (40)'' de la fonction $F(x+i)$. En effet, prenant sur ce développement la dérivée différentielle de l'ordre général μ, par rapport à la quantité i considérée comme variable dans l'expression (40)'' dont il s'agit, et faisant ensuite $i=0$, valeur que nous distinguerons par j, on aurait

... (40)'''

$$\frac{d^{\mu}Fx}{dx^{\mu}} = \frac{d^{\mu}\left(-\frac{a}{b}\right)^{\frac{j}{\varpi}}}{dj^{\mu}} \cdot Fx - \frac{d^{\mu}\left\{ j \cdot \left(-\frac{a}{b}\right)^{\frac{j}{\varpi}} \right\}}{dj^{\mu}} \cdot \frac{\nabla Fx}{1 \cdot a\varpi}$$

$$+ \frac{d^{\mu}\left\{ j(j-\varpi) \cdot \left(-\frac{a}{b}\right)^{\frac{j}{\varpi}} \right\}}{dj^{\mu}} \cdot \frac{\nabla^2 Fx}{1 \cdot 2 \cdot a^2 \varpi^2} - \text{etc., etc.;}$$

de plus, si l'on fait $a = 0$ et $b = 1$, les sommes ∇Fx, $\nabla^2 Fx$, $\nabla^3 Fx$, etc., qui entrent dans cette dernière expression, seront

$$\nabla Fx = F(x + \varpi), \quad \nabla^2 Fx = F(x + 2\varpi), \quad \nabla^3 Fx = F(x + 3\varpi), \quad \text{etc.,}$$

et les coefficiens de la même expression $(40)'''$ deviendront infinis; de sorte qu'on aurait ... $(40)^{\text{IV}}$

$$\frac{d^\mu Fx}{dx^\mu} = A . Fx + B . F(x + \varpi) + C . F(x + 2\varpi) + D . F(x + 3\varpi) + \text{etc.,}$$

les coefficiens A, B, C, D, etc. étant des quantités infinies : et l'on voit que, sous cette forme qui est celle des expressions $(37)'$, l'expression des dérivées différentielles d'une fonction est toujours indéterminée. Il s'ensuit que, malgré la signification philosophique des valeurs consécutives $F\ddot{x}$, $F(\ddot{x} + \xi)$, $F(\ddot{x} + 2\xi)$, etc. d'une fonction Fx, ces valeurs, quoique servant EN PRINCIPE à déterminer les dérivées différentielles de la fonction, par le moyen des équations fondamentales (37), ne sauraient, par elles-mêmes, donner EN RÉSULTAT cette détermination, par la résolution immédiate $(37)'$ de ces équations fondamentales; c'est-à-dire que, pour la détermination des dérivées différentielles d'une fonction, et par conséquent pour la détermination de cette fonction elle-même, les valeurs consécutives en question constituent bien les raisons suffisantes PHILOSOPHIQUES (relatives au savoir), mais non les raisons suffisantes ALGORITHMIQUES (relatives à l'être ou aux conditions du tems). Ces dernières raisons, formant ainsi les véritables critériums secondaires et algorithmiques d'une fonction, doivent donc se trouver parmi les quantités que nous avons dénotées par ∇, ∇^2, ∇^3, etc. et construites sous la marque (38); quantités qui, lorsque cela est possible, donnent toujours, par la résolution immédiate $(39)'$ des équations (39), la détermination des dérivées différentielles de la fonction elle-même. Mais, ces quantités ou sommes ∇Fx, $\nabla^2 Fx$, $\nabla^3 Fx$, etc. ne sont que des fonctions CONTINGENTES, formées arbitrairement avec les fonctions nécessaires Fx, $F(x+\xi)$, $F(x+2\xi)$, etc. : ces sommes deltas ne sont point nécessaires par elles-mêmes, c'est-à-dire qu'elles n'ont point d'existence indépendante ou résultante nécessairement de la nature de nos facultés intellectuelles, comme en ont les diverses fonctions élémentaires et systématiques, primitives et dérivées, que nous avons reconnues et légitimées dans la Philosophie des Mathématiques, et qui seules peuvent et doivent composer les principes de l'Algorithmie. Il faut donc qu'outre les fonctions nécessaires Fx, $F(x+\xi)$, $F(x+2\xi)$, $F(x+3\xi)$, etc., il existe encore, sous la forme des quantités ∇Fx, $\nabla^2 Fx$, $\nabla^3 Fx$, $\nabla^4 Fx$, etc., d'autres fonctions philosophiques ou nécessaires, propres à former les raisons suffisantes algorithmiques pour la détermination des dérivées différentielles. Or, ces autres fonctions philosophiques ou nécessaires, ce sont les DIFFÉRENCES; aussi, comme on le sait d'ailleurs et comme nous avons déjà eu occasion de le remarquer dans la question présente, ces fonctions se trouvent-elles intimement liées avec les valeurs consécutives Fx, $F(x+\xi)$, $F(x+2\xi)$, $F(x+3\xi)$, etc. formant les raisons suffisantes philosophiques de la même détermination. En effet, si, dans la construction (38) des quantités ∇Fx, $\nabla^2 Fx$, $\nabla^3 Fx$, etc. en question, on fait $\omega = 1$, et ensuite $k_0 = -1$ et $k_1 = +1$, ces quantités seront évidemment les différences de tous les ordres de la fonction Fx, c'est-à-dire qu'on aura

$$\nabla Fx = \Delta Fx, \quad \nabla^2 Fx = \Delta^2 Fx, \quad \nabla^3 Fx = \Delta^3 Fx, \quad \text{etc.,}$$

en dénotant par Δ les différences progressives, prises ici par rapport à l'accroissement ξ; et, de plus, cette même détermination étant introduite dans l'expression $(40)'''$ de la dérivée différentielle de l'ordre général μ, on aura ... $(40)^v$

$$\frac{d^{\mu}Fx}{dx^{\mu}} = \frac{d^{\mu}(j^{0|-\xi})}{dj^{\mu}}\cdot Fx + \frac{d^{\mu}(j^{1|-\xi})}{dj^{\mu}}\cdot\frac{\Delta Fx}{1.\xi}$$

$$+ \frac{d^{\mu}(j^{2|-\xi})}{dj^{\mu}}\cdot\frac{\Delta^2 Fx}{1.2.\xi^2} + \frac{d^{\mu}(j^{3|-\xi})}{dj^{\mu}}\cdot\frac{\Delta^3 Fx}{1.2.3.\xi^3} + \text{etc., etc.,}$$

et l'on reconnaîtra que, puisque les coefficiens dans cette dernière expression ne deviennent jamais infinis, les dérivées différentielles d'une fonction se trouvent complètement déterminées par les différences de tous les ordres de la même fonction; de sorte que, si l'on introduisait cette dernière détermination des quantités ∇Fx, $\nabla^2 Fx$, $\nabla^3 Fx$, etc. dans les équations générales (39), ces équations, par leur résolution immédiate (39)$'$, donneraient, sous la forme précédente (40)^{v}, la détermination complète des dérivées différentielles par le moyen des différences de la fonction. Il se pourrait que les séries (40)^{v}, correspondantes aux différens exposans μ, ne fussent pas convergentes; mais, pourvu que les coefficiens de ces séries se trouvent déterminés, les valeurs des séries le sont nécessairement aussi : et, ce n'est plus alors qu'un artifice de l'Algorithmie de donner à ces séries une forme convergente, artifice qui est précisément l'objet des fonctions ou sommes dénotées par ∇, ∇^2, ∇^3, etc. dans les équations générales (39). Ainsi, la signification philosophique complète des équations (39), est d'être l'expression générale des relations qui se trouvent entre les DIFFÉRENCES et les dérivées DIFFÉRENTIELLES d'une fonction; et, quant aux équations fondamentales qui fixent ces relations dans leur principe, ce sont évidemment les équations particulières présentées par les équations générales (39) dans le cas où l'on donne aux quantités ∇Fx, $\nabla^2 Fx$, $\nabla^3 Fx$, etc. la détermination qui les rend différences de la fonction Fx, c'est-à-dire, les équations particulières suivantes ... (42)

$$\Delta F\dot{x} = {}^{r}\Delta \dot{z}^{0} \cdot \Xi_0 + \frac{{}^{\prime}\Delta \dot{z}}{1} \cdot \xi \Xi_1 + \frac{{}^{\prime}\Delta \dot{z}^{2}}{1.2} \cdot \xi^{2} \Xi_2 + \frac{{}^{\prime}\Delta \dot{z}^{3}}{1.2.3} \cdot \xi^{3} \Xi_3 + \text{etc.}$$

$$\Delta^{2} F\dot{x} = {}^{\prime}\Delta^{2} \dot{z}^{0} \cdot \Xi_0 + \frac{{}^{\prime}\Delta^{2} \dot{z}}{1} \cdot \xi \Xi_1 + \frac{{}^{\prime}\Delta^{2} \dot{z}^{2}}{1.2} \cdot \xi^{2} \Xi_2 + \frac{{}^{\prime}\Delta^{2} \dot{z}^{3}}{1.2.3} \cdot \xi^{3} \Xi_3 + \text{etc.}$$

$$\Delta^{3} F\dot{x} = {}^{\prime}\Delta^{3} \dot{z}^{0} \cdot \Xi_0 + \frac{{}^{\prime}\Delta^{3} \dot{z}}{1} \cdot \xi \Xi_1 + \frac{{}^{\prime}\Delta^{3} \dot{z}^{2}}{1.2} \cdot \xi^{2} \Xi_2 + \frac{{}^{\prime}\Delta^{3} \dot{z}^{3}}{1.2.3} \cdot \xi^{3} \Xi_3 + \text{etc.}$$

$$\Delta^{4} F\dot{x} = {}^{\prime}\Delta^{4} \dot{z}^{0} \cdot \Xi_0 + \frac{{}^{\prime}\Delta^{4} \dot{z}}{1} \cdot \xi \Xi_1 + \frac{{}^{\prime}\Delta^{4} \dot{z}^{2}}{1.2} \cdot \xi^{2} \Xi_2 + \frac{{}^{\prime}\Delta^{4} \dot{z}^{3}}{1.2.3} \cdot \xi^{3} \Xi_3 + \text{etc.}$$

etc., etc.,

en distinguant ici par $'\Delta$ les différences prises par rapport à l'accroissement égal à l'unité, et en marquant toujours par $\dot{z}$ la valeur zéro de la variable z, et par $\dot{x}$ une valeur quelconque déterminée de la variable x. — Ce sont donc ces dernières équations (42) qui constituent proprement les conditions fondamentales ALGORITHMIQUES de la possibilité des Méthodes d'interpolation, et les équations que nous avons connues plus haut à la marque (37), ne sont que les conditions fondamentales PHILOSOPHIQUES de la même possibilité; c'est-à-dire que les équations présentes (42) sont proprement la détermination algorithmique des équations philosophiques générales (37). Et, telle est aussi la différence qui, par rapport à une fonction Fx, se trouve entre les valeurs consécutives $F\dot{x}$, $F(\dot{x}+\xi)$, $F(\dot{x}+2\xi)$, $F(\dot{x}+3\xi)$, etc. et les valeurs des différences $\Delta F\dot{x}$, $\Delta^{2} F\dot{x}$, $\Delta^{3} F\dot{x}$, etc. de cette fonction : les premières, comme nous l'avons déjà remarqué, ne sont que les raisons suffisantes philosophiques, et les dernières sont les raisons suffisantes algorithmiques, pour la détermination de la fonction, c'est-à-dire que les dernières sont une spécification algorithmique des premières. Par la même raison, les valeurs consécutives $F\dot{x}$, $F(\dot{x}+\xi)$, $F(\dot{x}+2\xi)$, etc. ne sont que les critériums secondaires philosophiques, et les valeurs des différences, savoir, $\Delta F\dot{x}$, $\Delta^{2} F\dot{x}$,

$\Delta^3 F\ddot{x}$, etc., sont les véritables critériums secondaires algorithmiques de la nature de la fonction Fx ; les critériums primaires ou absolus de cette nature étant, comme nous l'avons vu plus haut, les dérivées différentielles elles-mêmes de la fonction. Aussi, et c'est ce qu'il importe de remarquer, les dérivées différentielles d'une fonction sont, en quelque sorte, les ÉLÉMENS PRIMAIRES de sa génération, et les différences de tous les ordres de cette fonction, sont des ÉLÉMENS SECONDAIRES de cette génération; distinction dont nous avons déjà fait usage ailleurs et que nous emploierons toujours dans la suite.

En résumant maintenant ce que nous avons reconnu pour la possibilité des Méthodes d'interpolation, on verra 1°. que cette possibilité se trouve fondée sur le principe logique de la raison suffisante, et spécialement sur le mode direct de ce principe, en vertu duquel mode, par la vérité de la totalité absolue des conséquences d'une connaissance, on conclut à la vérité de cette connaissance ; 2°. que, pour une fonction algorithmique, cette totalité des conséquences formant les critériums de la fonction, se trouve donnée, principalement, par les valeurs des dérivées différentielles de tous les ordres, et, accessoirement, par les valeurs consécutives de la fonction, ou plus spécialement par les valeurs de ses différences de tous les ordres qui sont intimement liées avec ces valeurs consécutives ; et enfin, 3°. que, ces valeurs des dérivées différentielles ou des différences d'une fonction étant données, il existe des procédés qui, en vertu des principes précédens, conduisent à la génération technique de la fonction ; procédés qui précisément constituent les véritables Méthodes d'interpolation.

Nous disons les *véritables* Méthodes d'interpolation, parce qu'en s'écartant des bornes que nous venons de reconnaître à ces Méthodes, on a quelquefois traité, sous le nom d'interpolation, la génération technique de certaines fonctions qui se trouvaient données, dans toute leur généralité, par des algorithmes théoriques, et non simplement par des valeurs particulières et déterminées de ces fonctions. Ainsi, par exemple, Euler et d'autres géomètres ont considéré comme interpolation la génération technique des fonctions formant des intégrales finies (des sommes) et des facultés algorithmiques; fonctions qui, comme il résulte de notre Philosophie des Mathématiques, sont évidemment données, dans toute leur généralité, par des algorithmes théoriques. — A propos d'Euler et d'interpolation, nous devons ici ajouter quelques mots sur l'idée philosophique que ce géomètre et, avec lui, tous les géomètres de nos jours ont des Méthodes d'interpolation; idée dont l'insuffisance paraît actuellement dans tout son jour à côté de la métaphysique que nous venons de présenter pour ces méthodes. En effet, supposant bonnement que les quantités données F_0, F_1, F_2, F_3, etc. pour l'interpolation sont des valeurs consécutives d'une fonction Fx, correspondantes aux valeurs $\dot{x}$, $(\dot{x}+\xi)$, $(\dot{x}+2\xi)$, $(\dot{x}+3\xi)$, etc. de la variable x formant l'indice, les géomètres, partant d'ailleurs de la nature des séries et faisant ... (43)

$$F(\dot{x}+x) = A + Bx + Cx^2 + Dx^3 + \text{etc.},$$

se bornent à déterminer les coefficiens A, B, C, D, etc. de manière à ce que cette série donne les valeurs consécutives proposées F_0, F_1, F_2, F_3, etc.; et, pour compléter cette expression (43), ils y ajoutent une fonction arbitraire fQ d'une quantité Q formée avec la variable x et ses valeurs consécutives $\dot{x}$, $(\dot{x}+\xi)$, $(\dot{x}+2\xi)$, $(\dot{x}+3\xi)$, etc. de manière à ce qu'on ait $Q=0$ et $fQ=0$ lorsque l'indice ou la variable x reçoit une de ces valeurs consécutives $\ddot{x}$, $(\dot{x}+\xi)$, $(\dot{x}+2\xi)$, etc. (Voyez surtout Euler, *Opuscula analytica*, T. I. pag. 162 et 188). — C'est là toute la métaphysique que, jusqu'à ce jour, les géomètres ont eue pour les Méthodes d'interpolation; et l'on voit actuellement combien elle est peu suffisante pour expliquer ces Méthodes. Car, d'où vient, d'une part, la série déterminée (43), engendrée par le moyen des quantités consécutives données F_0, F_1, F_2, F_3, etc.; et d'où vient, de l'autre part, la fonction arbitraire fQ qui rend indéterminée la fonction Fx qu'il s'agit de trouver? C'est là proprement la question délicate qui constitue l'objet de la métaphysique des Méthodes d'interpolation; question que la déduction philosophique qui vient d'être présentée pour ces Méthodes, résout complètement. On voit en effet, par notre déduction, que, dans les cas où les quantités consécutives données F_0, F_1, F_2, F_3, etc. sont telles que, par le moyen des équations fondamentales (37) ou (42), elles peuvent déterminer les dérivées différentielles d'une fonction, cette fonction se trouve par là même déterminée; et ce sont précisément alors les cas où la fonction arbitraire susdite fQ, comme étrangère à la question, est pour le moins superflue, et où la série (43), savoir, ($A + Bx + Cx^2 +$ etc.), a toujours une signification réelle, parce que les coefficiens A, B, C, D, etc. ont alors des valeurs déterminées, pour toutes ou du moins pour certaines valeurs $\dot{x}$ de l'indice x. On voit de plus, par la même déduction, que, dans les cas contraires où les quantités consécutives données F_0, F_1, F_2, F_3, etc. ne peuvent ainsi déterminer les dérivées différentielles, la fonction correspondante cherchée est indéterminée; et ce sont alors les cas où la fonction arbitraire fQ, quoique encore étrangère à la question, peut cependant avoir lieu occasionnellement, mais où la série (43), savoir, ($A + Bx + Cx^2 +$ etc.), n'a absolument aucune signification, parce que, pour toute valeur $\dot{x}$ de l'indice x, les coefficiens A, B, C, D, etc. sont toujours indéterminés. On voit enfin que, par l'emploi nécessaire de la fonction arbitraire fQ, la métaphysique d'Euler et des géomètres de nos jours, confond l'indétermination particulière de la fonction cherchée, provenant de la nature (incohérente) même des valeurs consécutives données F_0, F_1, F_2, F_3, etc., indétermination dont nous venons de parler, avec l'indétermination générale de la fonction cherchée, qui a lieu lorsque les quantités proposées F_0, F_1, F_2, F_3, etc. sont périodiques ou dépendent de fonctions périodiques; indétermination générale qui seule donne proprement lieu à la fonction arbitraire fQ. Voici les raisons de cette dernière indétermination, telles qu'elles résultent de notre déduction des Méthodes d'interpolation.

Lorsque la fonction Fx est une fonction périodique, c'est-à-dire, une fonction telle qu'on a

$$Fx = F(x + \mu\varpi),$$

ϖ étant un certain nombre déterminé et μ un nombre entier quelconque, positif ou négatif, les équations (37) seront évidemment ... (44)

$$F(\dot{x} + \xi) = z_0 + z_1 \cdot \frac{\xi + \mu\varpi}{1} + z_2 \cdot \frac{(\xi + \mu\varpi)^2}{1.2} + z_3 \cdot \frac{(\xi + \mu\varpi)^3}{1.2.3} + \text{etc.}$$

$$F(\dot{x} + 2\xi) = z_0 + z_1 \cdot \frac{2\xi + \mu\varpi}{1} + z_2 \cdot \frac{(2\xi + \mu\varpi)^2}{1.2} + z_3 \cdot \frac{(2\xi + \mu\varpi)^3}{1.2.3} + \text{etc.}$$

$$F(\dot{x} + 3\xi) = z_0 + z_1 \cdot \frac{3\xi + \mu\varpi}{1} + z_2 \cdot \frac{(3\xi + \mu\varpi)^2}{1.2} + z_3 \cdot \frac{(3\xi + \mu\varpi)^3}{1.2.3} + \text{etc.}$$

$$F(\dot{x} + 4\xi) = z_0 + z_1 \cdot \frac{4\xi + \mu\varpi}{1} + z_2 \cdot \frac{(4\xi + \mu\varpi)^2}{1.2} + z_3 \cdot \frac{(4\xi + \mu\varpi)^3}{1.2.3} + \text{etc.}$$

etc., etc.;

et, à cause du nombre arbitraire u, ces équations donneront généralement des quantités arbitraires pour les valeurs z_0, z_1, z_2, z_3, etc. des dérivées différentielles. C'est là, ET MÊME SEULEMENT LÀ, le principe et le véritable lieu de la fonction arbitraire fQ dont les géomètres se servent indistinctement dans toutes les applications des

Méthodes d'interpolation. — Ainsi, dans les cas où les quantités proposées $F\dot{x}$, $F(\dot{x}+\xi)$, $F(\dot{x}+2\xi)$, $F(\dot{x}+3\xi)$, etc. sont périodiques ou dépendent de fonctions périodiques, il existe une infinité de pareilles fonctions propres à donner les quantités $F\dot{x}$, $F(\dot{x}+\xi)$, $F(\dot{x}+2\xi)$, etc.; de sorte que, dans ces cas, l'application des Méthodes d'interpolation ne peut conduire qu'à des résultats particuliers, correspondans aux valeurs particulières et déterminées du nombre arbitraire μ. Cependant si, en vertu de ce que les dérivées différentielles Ξ_0, Ξ_1, Ξ_2, Ξ_3, etc. restent indéterminées dans les équations précédentes (44), on assigne à certaines de ces dérivées des valeurs telles que, par la nature des quantités proposées $F\dot{x}$, $F(\dot{x}+\xi)$, $F(\dot{x}+2\xi)$, etc., la quantité arbitraire μ se trouve éliminée dans toute sa généralité, il est évident que, lorsque cela sera possible, c'est-à-dire, lorsque les quantités données $F\dot{x}$, $F(\dot{x}+\xi)$, $F(\dot{x}+2\xi)$, etc. auront pour cela des valeurs convenables, les dérivées différentielles restantes seront déterminées par les équations (44); et, par conséquent, la fonction périodique correspondante Fx se trouvera également déterminée. C'est sur ce principe métaphysique (*) que se trouve fondée l'application des Méthodes d'interpolation qui conduit à la belle expression générale ... $(44)'$

$$\frac{1}{2}\varphi = \sin.\,\varphi - \frac{1}{2}.\sin.\,2\varphi + \frac{1}{3}.\sin.\,3\varphi - \frac{1}{4}.\sin.\,4\varphi + \text{etc.},$$

(*) En faisant zéro les dérivées différentielles de l'ordre pair, savoir, Ξ_0, Ξ_2, Ξ_4, Ξ_6, etc., et en observant que, pour un nombre entier quelconque μ, positif, négatif ou zéro, on a généralement diverses équations de la forme

$$0 = \mu.\frac{\pi}{2.1^1|^1} - \mu^3.\frac{\pi^3}{2^3.1^3|^1} + \mu^5.\frac{\pi^5}{2^5.1^5|^1} - \mu^7.\frac{\pi^7}{2^7.1^7|^1} + \text{etc.},$$

π étant le nombre philosophique de la théorie des sinus et cosinus, ou la circonférence du cercle pour le rayon égal à l'unité.

φ étant une quantité quelconque (*Euleri Opuscula analytica*, T. I; pag. 167).

Nous avons ainsi la déduction la plus complète de la possibilité des Méthodes d'interpolation; laquelle, suivant ce que nous avons déjà observé plus haut, forme la déduction théorique de ces méthodes. — Quant à la déduction de la nécessité des Méthodes d'interpolation, c'est-à-dire, de leur présence indispensable dans l'Algorithmie, elle forme la déduction technique de ces méthodes; et, comme la déduction pareille des autres algorithmes techniques, elle appartient proprement à la Transition de la Théorie à la Technie de l'Algorithmie, exposée dans notre Introduction à la Philosophie des Mathématiques. Aussi, cette déduction technique se trouve-t-elle donnée dans cette Transition, où, en résumant les différens argumens, on verra que la nécessité des Méthodes d'interpolation est fondée sur la finalité algorithmique qui résulte de la NÉCESSITÉ LOGIQUE de la fonction *réflective* du Jugement, par laquelle nous sommes conduits du particulier au général (*à particulari ad universale*), ou des faits aux lois. Il faut cependant remarquer que, nonobstant ce principe logique de la nécessité des Méthodes d'interpolation, on ne saurait les considérer comme de simples procédés d'induction, si ce n'est dans les cas où les quantités consécutives données F_0, F_1, F_2, F_3, etc. ne sont pas en nombre infini; car, suivant le principe de la possibilité de ces méthodes, c'est-à-dire, le principe de la raison suffisante, on a vu que, lorsque les quantités données F_0, F_1, F_2, etc. sont en nombre infini, elles forment des conditions suffisantes de la DÉTERMINATION même de la fonction Fx, et non simplement les conditions de la RÉFLEXION (manière de penser) sur cette fonction, laquelle dernière (réflexion) est le véritable objet de l'induction. Il s'ensuit que les Méthodes d'interpolation appartiennent tout à la fois à la fonction réflective et à la fonction déterminative du Jugement, suivant qu'elles sont considérées par rapport à leur nécessité ou à leur présence indispensable dans la science, et par rapport à leur possibilité ou à leurs modes de génération, c'est-à-dire, suivant qu'elles sont considérées dans la Technie ou dans la Théorie de l'Algorithmie. Cette distinction est d'une haute importance pour la philosophie des Méthodes d'interpolation ; et les géomètres doivent y faire attention d'autant plus que, jusqu'à présent, ils se trouvent encore dans l'opinion erronnée de ce que ces méthodes ne sont généralement que des procédés d'induction.

C'est en nous fondant sur cette double origine logique des Méthodes d'interpolation, savoir, sur le principe logique réflectif de leur nécessité et le principe logique déterminatif de leur possibilité, que, dans le Tableau architectonique des fins formant l'objet ou le but de la Technie, qui se trouve exposé dans notre Introduction à la Philosophie des Mathématiques (page 255), nous avons placé ces méthodes sous le point de vue logique des fins données par la partie élémentaire de la Théorie. — D'ailleurs, en considérant les ÉGALITÉS et les INÉGALITÉS ou les RAPPORTS, telles que, dans leur simplicité primitive, elles appartiennent au point de vue logique de la partie élémentaire de la Théorie algorithmique (pages 196 et suiv. de la Philos. des Mathém.), on verra que, lorsqu'il s'agit de fonctions, comme cela a toujours lieu dans l'application de la Technie, les relations algorithmiques formant les simples égalités et spécialement les inégalités ou les rapports, ne peuvent présenter que les valeurs des DIFFÉRENCES de la fonction ou de ses logarithmes ; valeurs qui sont précisément les élémens ou les données pour l'emploi des Méthodes d'interpolation. — Mais, il ne faut pas confondre le point de vue logique des FINS ou BUTS constituant l'objet de l'application de la Technie algorithmique, avec le point de vue loigque des algorithmes mêmes constituant les MOYENS ou **INSTRUMENS** de cette technie : nous parlerons bientôt de ce dernier point de vue logique (*).

En terminant ici la déduction des Méthodes d'interpolation, nous terminons la déduction de toute la partie élémentaire de la Technie de l'Algorithmie, et, à certains égards, comme nous l'avons déjà observé plus haut, la déduction de toute cette technie. Nous disons à certains égards, parce que, pour la partie systématique de la Technie de l'Algorithmie, constituant, dans notre Philosophie des Mathématiques, la loi absolue ou suprème (XXXII) qui, comme loi universelle, se trouve reproduite dans l'ouvrage présent sous la marque (7), nous avons bien donné la déduction complète et explicite de la possibilité de cette loi absolue et universelle, en présentant, dans cet ouvrage-ci,

---

(*) Il existe encore, dans la Technie, une troisième distinction entre le point de vue transcendantal et le point de vue logique : c'est celle qui correspond à la distinction même des **MOYENS OU INSTRUMENS** et des **FINS OU BUTS** de la Technie ; distinction que nous avons établie dans la Philosophie des Mathématiques (pages 253 et 254) et dans le Tableau architectonique des Mathématiques qui est annexé à cette Philosophie. Mais, quoique cette distinction ait lieu réellement, par les raisons mêmes que nous avons alléguées à l'endroit cité, elle est trop peu influente sur les résultats de la science elle-même, pour qu'on ne puisse la négliger ; d'autant plus que, de cette manière, la distinction principale des points de vue, transcendantal et logique, qui a lieu respectivement parmi les moyens ou instrumens, et parmi les fins ou buts de la Technie, et qui est de la plus haute importance pour la science elle-même, se trouvera relevée davantage, n'étant plus exposée à se trouver confondue avec celle dont nous venons de parler. Aussi, dans le Tableau architectonique de la Technie de l'Algorithmie, que nous joindrons à la fin de cette Philosophie de la Technie, négligerons-nous cette distinction du point de vue transcendantal correspondant à l'ensemble des moyens ou instrumens de la Technie, et du point de vue logique correspondant à l'ensemble des fins ou buts de la Technie ; en nous bornant, dans la distinction de ces deux parties de la Technie dont il s'agit, au principe analytique de la distinction générale des **MOYENS** et des **FINS** dans la conception de la **FINALITÉ** en général.

les conditions (8) de cette possibilité; mais, pour ce qui concerne la nécessité de la loi suprême en question (sa présence indispensable dans la science), et par conséquent la nécessité de la partie systématique de la Technie, nous ne l'avons encore déduite qu'IMPLICITEMENT en reproduisant, vers le commencement de l'ouvrage présent, la déduction de la nécessité de la Technie algorithmique en général, que nous avons déjà donnée dans la Philosophie des Mathématiques : et cela, parce que la loi absolue et universelle dont il s'agit, est, en même tems, la loi générale de toute la Technie; de sorte que la déduction de la nécessité de cette dernière implique la déduction de la nécessité de sa loi générale, c'est-à-dire, de la nécessité de la loi suprême (XXXII) elle-même. Quant à la déduction EXPLICITE de la nécessité de cette loi, et par conséquent de la nécessité de toute la partie systématique de la Technie, elle appartient proprement, suivant l'observation que nous avons déjà faite plus haut, à la Transition de la Théorie à la Technie de l'Algorithmie, telle que nous l'avons présentée dans l'Introduction à la Philosophie des Mathématiques, où cette déduction explicite se trouve donnée réellement. Et, résumant les argumens qui y constituent cette dernière déduction, on verra qu'elle se trouve fondée sur la nécessité indispensable d'une forme unique de la génération des quantités, pour la possibilité de la concordance des divers modes distincts et indépendans de cette génération, c'est-à-dire, sur la nécessité d'une GÉNÉRATION UNIVERSELLE des quantités; de sorte que, même sous ce point de vue technique, c'est-à-dire, sous le point de vue de la finalité (subjective) qui se trouve impliquée dans la conception de la Technie, l'objet général de cette nouvelle partie de l'Algorithmie se trouve être l'UNIVERSALITÉ DANS LA GÉNÉRATION DES QUANTITÉS.

Telle est donc définitivement cette branche nouvelle formant la Technie de l'Algorithmie, dont nous venons d'achever la déduction sous l'aspect de la possibilité et sous celui de la nécessité de toutes ses parties constituantes. — Nous avons déjà reconnu plus haut que cette branche de l'Algorithmie se trouve fondée sur un principe étranger à la simple SPÉCULATION algorithmique qui est le domaine de la Théorie, et nommément sur le principe de la FINALITÉ (action) algorithmique qui, par sa différence essentielle avec la simple spéculation, rend cette branche, la Technie, essentiellement hétérogène à la Théorie. Et, c'est en nous fondant sur cette différence essentielle qui a lieu entre la Théorie et la Technie de l'Algorithmie, que, déjà dans l'Introduction à la Philosophie des Mathématiques, nous avons reconnu la nécessité d'une dénomination particulière pour les propositions de la Technie, afin de les distinguer des propositions de la Théorie, nommées *théorèmes*; et cela surtout parce que cette dernière dénomination (*théorème*) ne convient pas généralement aux propositions de la Technie dont la nécessité, comme nous l'avons vu, ne saurait être établie par la seule Théorie. En conséquence, nous avons proposé (Philos. des Mathém. pages 4 *bis*, 216 et suiv.) de nommer *méthodes, porismes* ou *problèmes* les propositions de la Technie des Mathématiques en général, en référant aux géomètres le choix définitif de cette dénomination. Mais, le nom de *méthode* convient assez aux propositions auxiliaires, communes à la Théorie et à la Technie, et constituant les procédés mêmes (les moyens) de la science, procédés qui sont l'objet de la MÉTHODOLOGIE des Mathématiques (*); et le nom de *problème* convient également aux propositions constituant les différentes questions (les fins) de la science; de manière que, desirant

____

(*) La Méthodologie des Mathématiques appartient à la Philosophie même de ces sciences, ainsi que nous l'avons montré dans l'Introduction à cette philosophie (pages 3 et suiv.). — Nous en avons déjà présenté un exemple par la déduction des MÉ-THODES INFINITÉSIMALES, qui se trouve dans notre Philosophie de l'Infini (pages 44 et suiv.)

éviter autant que possible toute innovation de pure nomenclature et
voulant, par conséquent, conserver les dénominations de *méthodes* et
de *problèmes* pour les propositions respectives qu'elles servent à désigner, nous adopterons définitivement, pour les propositions de la
Technie des Mathématiques, la dénomination de *porisme* dont on a
perdu l'objet qui, autant qu'on peut conjecturer à priori, paraît
effectivement le même que celui des propositions de la Technie, ainsi
que nous l'avons montré dans la Philosophie des Mathématiques (*).
— Quoique nous ayons déjà légitimé suffisamment l'introduction
d'une dénomination particulière pour les propositions de la Technie,
nous devons rappeler encore une fois qu'elle se trouve motivée par
l'hétérogénéité essentielle qui a lieu entre la Théorie et la Technie des
Mathématiques, lorsque cette dernière (la Technie) est considérée
par rapport à sa nécessité ou à sa présence indispensable dans la
science : il est vrai que les différens algorithmes constituant la Technie sont donnés par la Théorie, car c'est là (dans la Théorie) qu'est
le principe de la possibilité de la Technie ; mais, étant considérée par
rapport à sa nécessité, la Technie se sépare entièrement de la Théorie,
en fondant son indépendance sur le principe de la finalité algorithmique, qui est tout-à-fait étranger au principe de la spéculation algorithmique dominant dans la Théorie (**). On voit ainsi que la Tech-

---

(*) Cette dénomination de *porismes* convient d'autant mieux aux propositions de la
Technie, que l'objet de ces propositions, portant essentiellement sur l'UNIVERSALITÉ
de la génération des quantités, suppose ou postule nécessairement sa propre possibilité ; circonstance qui, par là même, exclut ce qu'il y a de problématique dans ces
propositions, parce qu'il faut bien qu'il existe un principe universel de la génération
des quantités. Et, suivant la déduction à priori que, dans la Philosophie des Mathématiques (page 220), nous avons donnée de la signification du mot *porisme*, c'est là
précisément le caractère distinctif de cette signification.

(**) C'est sur l'hétérogénéité qui a lieu entre ces deux conceptions de la finalité

nie algorithmique, dont il est spécialement question dans cet ouvrage, se rattache à la Théorie algorithmique par sa possibilité, mais qu'elle s'en détache par sa nécessité ; de manière que les propositions de la Technie sont tout à la fois des théorèmes et des porismes : elles sont THÉORÈMES, lorsque, comme cela arrive dans la Philosophie, il s'agit de leur possibilité qui, comme nous l'avons reconnu, se trouve donnée par la Théorie ; et elles sont PORISMES, lorsque, comme cela arrive généralement dans l'Algorithmie elle-même, il s'agit de leur nécessité ou de leur présence indispensable, nécessité qui, comme nous l'avons reconnu également, ne saurait être établie par la seule Théorie.

A propos de nomenclature, nous avons attribué, dans la Philosophie des Mathématiques (page 253), le nom général de *développemens* aux procédés dépendant immédiatement de la loi universelle (XXXII) qui forme l'algorithme technique systématique, et le nom particulier de *valeurs* aux procédés que donnent les algorithmes tech-

---

(action) et de la spéculation algorithmiques, que se trouve fondée, en premier principe, la distinction entre la Technie et la Théorie de l'Algorithmie, ainsi que nous l'avons reconnu en détail dans l'ouvrage présent. Mais, cette hétérogénéité est entièrement philosophique ; et, comme telle, elle ne saurait servir de critérium à la distinction de la Technie et de la Théorie pour ceux des géomètres qui, se bornant au mécanisme des calculs, ne porteront pas leurs regards jusque sur les principes ou sur la philosophie de leur science, et encore moins pour les étudians des Mathématiques. En conséquence, il faut, pour cette classe de géomètres et pour les étudians, prendre le critérium de la distinction de la Technie et de la Théorie, non dans le principe même de cette distinction, mais bien dans ses résultats ; et, d'après ce que nous avons reconnu des objets respectifs de la Théorie et de la Technie, les résultats de cette distinction sont, pour l'Algorithmie, que la Théorie présente les DIFFÉRENS MODES DISTINCTS ET INDÉPENDANS pour la génération des quantités, et que la Technie présente au contraire l'UNIVERSALITÉ dans la génération des quantités. — Aussi, est-ce là la distinction qu'on doit assigner à ces deux branches de l'Algorithmie, dans des ouvrages étrangers à la philosophie même des Mathématiques.

niques élémentaires; et cela par la raison que nous y avons alléguée. Mais, d'une part, le nom figuré de *développemens* convient, à certains égards, à tous les procédés techniques indistinctement, parce que ces procédés ne sont que des modifications de la loi universelle dont la forme répond à cette dénomination; et, de l'autre part, le nom de *valeurs* peut aussi, à certains égards, s'étendre à tous les procédés techniques, parce que les procédés systématiques donnés par la loi universelle, sont des généralisations des procédés élémentaires auxquels convient plus spécialement cette dernière dénomination. Ainsi, pour ne pas multiplier les difficultés, nous renonçons à cette distinction subtile; et nous qualifierons dorénavant tous les procédés techniques indistinctement par les noms de *développemens* et de *valeurs*. — Enfin, nous avons nommé, jusqu'ici, *facultés strictement dites* le quatrième algorithme technique élémentaire, en considérant par là les facultés algorithmiques comme appartenant, pour ainsi dire exclusivement, à la Technie de l'Algorithmie : mais, dans sa généralité, cette considération ne serait pas tout-à-fait exacte, comme nous allons le montrer; et, par conséquent, ayant égard à ce que l'exposant des facultés particulières qui constituent le quatrième algorithme technique en question, est une fonction de la quantité variable, nous nommerons désormais *facultés exponentielles* ce quatrième algorithme technique élémentaire, par analogie avec la même dénomination employée pour les puissances.

Nous venons de remarquer que, prise en général, la considération de ce que les facultés algorithmiques appartiennent exclusivement à la Technie, ne serait pas tout-à-fait exacte. En effet, ces FACULTÉS et la NUMÉRATION algorithmiques forment à la vérité les seuls instrumens de la Technie, par leur caractère propre de SERVIR DE MOYENS À DES FINS ALGORITHMIQUES, ainsi que nous l'avons reconnu dans la Philosophie des Mathématiques (page 173); mais, étant considérés dans

leur origine, ces algorithmes se trouvent donnés par la Théorie de
l'Algorithmie, où ils constituent les deux *algorithmes élémentaires
dérivés immédiats*; et, par conséquent, sous ce dernier aspect, les
facultés et la numération appartiennent entièrement à la Théorie :
c'est-à-dire que, par rapport à eux-mêmes, les algorithmes de la numération et des facultés sont théoriques, mais, par rapport à leur
usage ou emploi dans l'Algorithmie, ils sont techniques. Et, c'est précisément sur cette double considération des instrumens de la Technie,
que se trouvent fondées respectivement la possibilité et la nécessité de
cette branche de l'Algorithmie : savoir, en tant que ses instrumens, la
numération et les facultés, appartiennent à la Théorie par laquelle ils
se trouvent donnés, la Technie se rattache à la Théorie par sa possibilité; et, en tant que les mêmes instrumens sont employés arbitrairement pour l'obtention de certaines fins algorithmiques et que, de
cette manière, ils deviennent indépendans de la Théorie, la Technie
dont il s'agit se détache de la Théorie par sa nécessité, et donne alors
naissance à des modes distincts et universels de la génération des
quantités, modes qui constituent les algorithmes techniques (*). Tou-
tefois, il faut remarquer que la numération et les facultés peuvent
aussi être employées dans la Théorie; mais alors, quelle que soit la
généralité dans laquelle se trouveraient employés ces algorithmes, ils

____

(*) C'est pourquoi, dans la Philosophie des Mathématiques (page 254), en parlant
de la distinction des MOYENS et des FINS algorithmiques, appartenant à la Technie,
nous avons avancé que, dans la partie qui donne les moyens techniques et qui est précisément l'objet de la première section de la Philosophie de la Technie, prédomine
l'Entendement (en général), c'est-à-dire, la faculté de la spéculation ($\varkappa\alpha\tau\alpha\sigma\varkappa o\pi\acute{\eta}$)
dont le domaine est la Théorie; et que, dans la partie qui donne les fins techniques,
formant la seconde section de la Philosophie de la Technie, prédomine la Volonté,
c'est-à-dire, la faculté de l'action ou des buts ($\pi\rho\alpha\gamma\mu\alpha\tau\epsilon\acute{\iota}\alpha$) dont le domaine est la
Technie.

seraient toujours réductibles aux cas simples des *numérales* et des *factorielles* que, dans la Philosophie des Mathématiques (page 174), nous avons reconnues effectivement comme appartenant à la Théorie de l'Algorithmie. — Il résulte de cette considération des algorithmes de la numération et des facultés, que, non seulement leurs CONCEPTIONS GÉNÉRALES respectives qui se trouvent données exclusivement par la Théorie, mais, de plus, leurs LOIS FONDAMENTALES et leurs CIRCONSTANCES IMMÉDIATES respectives qui sont nécessairement données par des procédés techniques, appartiennent à la Théorie. Quant à cette influence nécessaire des procédés techniques dans la détermination des lois fondamentales et des circonstances immédiates des algorithmes de la numération et des facultés, elle vient de la nature même de ces algorithmes : en effet, la numération présente immédiatement la sommation infinie qui est l'algorithme universel faisant l'objet de la Technie ; et les facultés, étant considérées dans leurs facteurs élémentaires ou philosophiques, et ramenées, par la multiplication de ces facteurs, à des sommes de termes distincts et séparés, présentent encore la sommation infinie constituant l'algorithme fondamental de la Technie. Et, c'est à cause de cette influence nécessaire des procédés techniques dans les lois fondamentales et les circonstances immédiates respectives des algorithmes de la numération et des facultés, que, dans l'Introduction à la Philosophie des Mathématiques, nous renvoyons à la seconde partie de cette Philosophie, c'est-à-dire, à la Technie, la détermination de ces lois et de ces circonstances. Aussi, en donnant, dans l'ouvrage présent, la loi fondamentale de l'algorithme technique systématique (XXXII), c'est-à-dire, en donnant l'expression de la loi universelle (7), nous aurons, en même tems, la loi fondamentale de l'algorithme général de la numération, dont la forme est contenue dans celle de cette loi universelle ; et, pour ce qui concerne la loi fondamentale des facultés, nous l'avons déjà présentée,

par anticipation, dans la première des Notes attachées à la Réfutation
de Lagrange, et nous nous réservons d'en donner ailleurs la déduction
ou la démonstration : quant aux circonstances immédiates respectives
de ces deux algorithmes, nous exposerons celles des facultés dans la
Philosophie présente, et celles de la numération dans un autre ouvrage. — Au reste, cette considération des algorithmes de la numération et des facultés, formant les instrumens de la Technie, revient
entièrement à celle sous laquelle nous les avons présentés dans la Philosophie des Mathématiques; et, ce n'est que la dénomination de
facultés strictement dites, employée pour l'espèce particulière de facultés constituant le quatrième algorithme technique élémentaire, qui
pouvait donner lieu à une considération inexacte des deux algorithmes, de la numération et des facultés, dont il s'agit; inconvénient
que nous éviterons en substituant à cette dénomination, celle plus
exacte de *facultés exponentielles.*

Nous terminons ici la déduction philosophique des algorithmes qui
réunis constituent, dans l'Algorithmie, cette branche nouvelle et distincte que nous nommons Technie et dont la philosophie est l'objet
de cet ouvrage. — Mais, ces divers algorithmes techniques, qui sont
ceux que nous avons déjà déduits, quant à leur nécessité, dans la
Transition de la Théorie à la Technie présentée dans notre Philosophie
des Mathématiques, ne forment proprement, dans cette Technie, que
la partie qu'on découvre sous le point de vue TRANSCENDANTAL de cette
branche de l'Algorithmie; et il existe encore ici, tout comme dans la
Théorie, une partie correspondante au point de vue LOGIQUE. — Voici
cette partie complémentaire de la Technie.

Il serait inutile de reproduire ici la déduction des deux points de
vue, transcendantal et logique, sous lesquels se présentent nécessairement toutes les branches fondamentales des Mathématiques : nous en
avons déjà dit assez dans l'Introduction à la Philosophie des Mathé-

matiques (pages 29 et 3o, 96 et 97, 196 et 197, et surtout pages 99
et 100) pour bien établir la distinction de ces deux points de vue de la
science, et, par conséquent, des deux parties correspondantes dans
toutes les branches fondamentales des Mathématiques, et même des
autres sciences. Nous nous bornerons donc à rappeler que, pour les
Mathématiques en général, le point de vue TRANSCENDANTAL porte sur
la GÉNÉRATION elle-même des quantités, et qu'il donne ainsi lieu à
cette partie qui embrasse la *constitution algorithmique*; et que le
point de vue LOGIQUE porte seulement sur la RELATION réciproque des
quantités, et qu'il ne donne lieu qu'à cette partie qui embrasse la
simple *comparaison algorithmique*. — Ainsi, pour la Technie de
l'Algorithmie dont il s'agit ici, nous aurons, sous le point de vue
transcendantal, la génération technique, c'est-à-dire, l'universalité de
la génération des quantités, et c'est là la partie de la *Constitution
technique* que nous avons déduite jusqu'ici; et, sous le point de vue
logique, nous aurons la relation technique, c'est-à-dire, l'universalité
de la relation des quantités, qui formera la partie de la *Comparaison
technique* qu'il nous reste à déduire.

Or, la comparaison des quantités algorithmiques porte généralement sur leur ÉGALITÉ ou sur leur INÉGALITÉ, comme nous l'avons vu
dans la Philosophie des Mathématiques et comme cela est clair par
soi-même. Ainsi, lorsqu'il ne s'agit que de SPÉCULATION, comme dans
la Théorie, toute la partie de la comparaison des quantités se réduit
évidemment à la considération même des égalités et des inégalités
algorithmiques; et c'est là effectivement la théorie de la comparaison
des quantités que, dans notre Philosophie des Mathématiques, nous
avons présentée pour les deux parties, élémentaire et systématique,
de la Théorie de l'Algorithmie. Mais, lorsqu'il s'agit d'ACTION algorithmique, c'est-à-dire, de FINS ou BUTS algorithmiques, comme dans
la Technie qui nous occupe, la considération des égalités ou des iné-

galités des quantités doit recevoir une certaine destination, laquelle,
sans en fixer encore la nature particulière, sera évidemment en général une certaine FORMATION et une certaine TRANSFORMATION des égalités ou des inégalités algorithmiques ; c'est-à-dire, en ne nous attachant ici qu'aux seules égalités, parce qu'elles sont les conditions des
inégalités, et en observant que la transformation des égalités se réduit,
en dernier lieu, à la résolution des égalités ou, ce qui est la même
chose, à la résolution des équations, on verra que, d'après cette détermination générale de la comparaison technique, cette comparaison
consiste dans une certaine FORMATION DES ÉGALITÉS et dans une certaine RÉSOLUTION DES ÉQUATIONS. Il ne reste donc qu'à fixer, par une
détermination ultérieure, cette certaine nature de la formation et de
la résolution que nous venons de nommer ; et cette détermination ultérieure ne présente non plus aucune difficulté: En effet, l'objet général
de la Technie, tel que nous l'avons déduit plus haut, étant l'universalité algorithmique, et, par conséquent, l'universalité de la génération
des quantités dans la partie de la Constitution technique, et l'universalité de la relation des quantités dans la partie de la Comparaison
technique, il est clair que cette certaine nature de la formation des
égalités et de la résolution des équations, consiste dans l'universalité
respective de cette formation et de cette résolution ; de sorte que les
objets de la comparaison technique dont il est question, sont définitivement 1°. la FORMATION UNIVERSELLE DES ÉGALITÉS, et 2°. la RÉSOLU-
TION UNIVERSELLE DES ÉQUATIONS.

C'est là la déduction technique, c'est-à-dire, la déduction de la nécessité ou de la présence indispensable dans la science, de ces deux
objets accessoires de la Technie de l'Algorithmie, qu'on découvre en
la considérant sous le point de vue logique. Nous allons maintenant
donner leur déduction théorique, c'est-à-dire, la déduction de la possibilité même de ces deux objets accessoires et complémentaires de la

Technie; et cela en indiquant les principes algorithmiques dont dépend cette possibilité.

Commençons, comme cela est naturel, par la formation universelle
des égalités. — Pour cela, soit Ft une certaine fonction de la quantité
t; et, suivant la loi universelle (7) de la génération des quantités, développons cette fonction Ft par rapport à une suite de fonctions quel-
conques Ω_0, Ω_1, Ω_2, Ω_3, etc. de la même quantité t; de sorte qu'on
ait ... (45)

$$Ft = A_0 . \Omega_0 + A_1 . \Omega_1 + A_2 . \Omega_2 + A_3 . \Omega_3 + \text{etc.}$$

De plus, ft étant une autre fonction de t, multiplions les deux membres de cette expression par ft, et nous aurons ... (45)′

$$ft . Ft = A_0 . ft . \Omega_0 + A_1 . ft . \Omega_1 + A_2 . ft . \Omega_2 + A_3 . ft . \Omega_3 + \text{etc.}$$

Or, suivant maintenant la forme générale (VIII) des séries, si l'on
développe, par rapport aux facultés progressives d'une nouvelle fonction φt, d'une part, la fonction $ft . Ft$, et, de l'autre part, les fonc-
tions $A_0 . ft . \Omega_0$, $A_1 . ft . \Omega_1$, $A_2 . ft . \Omega_2$, $A_3 . ft . \Omega_3$, etc., c'est-
à-dire, les termes successifs du développement (45)′; de sorte qu'on
ait d'une part ... (45)″

$$ft . Ft = M_0 + M_1 . \varphi t + M_2 . \varphi t^{2|\tau} + M_3 . \varphi t^{3|\tau} + \text{etc.},$$

et de l'autre part ... (45)‴

$$A_0 . ft . \Omega_0 = N(0)_0 + N(0)_1 . \varphi t + N(0)_2 . \varphi t^{2|\tau} + N(0)_3 . \varphi t^{3|\tau} + \text{etc.}$$
$$A_1 . ft . \Omega_1 = N(1)_0 + N(1)_1 . \varphi t + N(1)_2 . \varphi t^{2|\tau} + N(1)_3 . \varphi t^{3|\tau} + \text{etc.}$$
$$A_2 . ft . \Omega_2 = N(2)_0 + N(2)_1 . \varphi t + N(2)_2 . \varphi t^{2|\tau} + N(2)_3 . \varphi t^{3|\tau} + \text{etc.}$$
$$A_3 . ft . \Omega_3 = N(3)_0 + N(3)_1 . \varphi t + N(3)_2 . \varphi t^{2|\tau} + N(3)_3 . \varphi t^{3|\tau} + \text{etc.}$$

etc., etc.,

τ étant l'accroissement de t pour former les facultés; on aura ... (45)ⁱᵛ

$$0 = \left\{ M_0 - \left(N(0)_0 + N(1)_0 + N(2)_0 + N(3)_0 + \text{etc.} \right) \right\} . \varphi t^{0|\tau}$$
$$+ \left\{ M_1 - \left(N(0)_1 + N(1)_1 + N(2)_1 + N(3)_1 + \text{etc.} \right) \right\} . \varphi t^{1|\tau}$$
$$+ \left\{ M_2 - \left(N(0)_2 + N(1)_2 + N(2)_2 + N(3)_2 + \text{etc.} \right) \right\} . \varphi t^{2|\tau}$$
$$+ \left\{ M_3 - \left(N(0)_3 + N(1)_3 + N(2)_3 + N(3)_3 + \text{etc.} \right) \right\} . \varphi t^{3|\tau}$$
$$+ \text{etc, etc.}$$

Ainsi, faisant successivement

$$\varphi t = 0, \quad \varphi(t+\tau) = 0, \quad \varphi(t+2\tau) = 0, \quad \varphi(t+3\tau) = 0, \quad \text{etc.,}$$

on obtiendra les égalités ... $(45)^{\text{v}}$

$$M_0 = N(0)_0 + N(1)_0 + N(2)_0 + N(3)_0 + \text{etc.}$$
$$M_1 = N(0)_1 + N(1)_1 + N(2)_1 + N(3)_1 + \text{etc.}$$
$$M_2 = N(0)_2 + N(1)_2 + N(2)_2 + N(3)_2 + \text{etc.}$$
$$M_3 = N(0)_3 + N(1)_3 + N(2)_3 + N(3)_3 + \text{etc.}$$
$$\text{etc., etc.;}$$

et, faisant attention à ce que les fonctions Ft, ft, φt, et Ω_0, Ω_1, Ω_2, Ω_3, etc. que nous avons employées pour la construction dè ces égalités, sont ARBITRAIRES, on reconnaîtra facilement que cette construction est réellement la FORMATION UNIVERSELLE DES ÉGALITÉS, puisqu'elle est entièrement arbitraire et, par conséquent, diversifiable à l'infini (*); c'est-à-dire qu'il ne saurait exister, entre des quantités algorithmiques, des égalités suivant des lois déterminées, qui ne se trouveraient pas contenues sous la forme $(45)^{\text{v}}$, ou du moins dont les

---

(*) Surtout en opérant les développemens $(45)''$ et $(45)'''$, non seulement par rapport aux facultés progressives simples

$$\varphi t, \quad \varphi t^{2|\tau}, \quad \varphi t^{3|\tau}, \quad \varphi t^{4|\tau}, \quad \text{etc.,}$$

mais généralement, suivant la forme $(21)'''$ ou $(21)^{\text{vii}}$, par rapport aux facultés pro-

principes ne se trouveraient pas donnés par cette forme. — Il est donc possible de ramener, à une seule forme, la construction des égalités algorithmiques ; et c'est là la déduction théorique, c'est-à-dire, la déduction de la possibilité même de la formation universelle des égalités, qui est le premier des deux objets composant, dans la Technie, la partie de la Comparaison des quantités.

La dénomination la plus convenable pour cette branche particulière de la Technie de l'Algorithmie, serait *Canon algorithmique* (*) ; parce que, d'une part, sans employer aucun autre algorithme, on peut, par ce moyen, comme par une espèce de règle générale (en quelque sorte comme par un *Barème*), arriver à une infinité d'égalités algorithmiques, données par les divers algorithmes constituant la science, et parce que, d'une autre part, on peut, par ce même moyen, trouver la règle que doivent suivre certaines expressions algorithmiques dans des cas donnés, par exemple, dans les cas où les variables sont des

---

gressives composées que nous avons indiquées ci-dessus à la marque (20) ou (21)^{v}, savoir,

$$\varphi_0 t, \quad \varphi_0 t . \varphi_1 t, \quad \varphi_0 t . \varphi_1 t . \varphi_2 t, \quad \varphi_0 t . \varphi_1 t . \varphi_2 t . \varphi_3 t, \quad \text{etc.}$$

Il faut de plus remarquer que, jusqu'ici, ayant seulement en vue les principes, nous ne nous attachons généralement qu'au cas simple d'une seule variable, où se trouvent précisément les principes des développemens techniques ; et par conséquent que, dans la question présente, si l'on prend, au lieu des fonctions Ft et ft de la seule variable t, des fonctions $F(t, t_1, t_2, t_3, \text{etc.})$ et $f(t, t_1, t_2, t_3, \text{etc.})$ de plusieurs variables indépendantes t, t_1, t_2, t_3, etc., on peut opérer les développemens (45), (45)$''$ et (45)$'''$ par rapport à ces variables indépendantes, et multiplier ou diversifier ainsi à l'infini ces fondemens de la formation des égalités.

(*) Cette dénomination qui dérive du mot κανών (règle) a déjà été employée dans les Mathématiques ; mais, comme son usage s'est presque perdu, nous pouvons lui assigner une acception nouvelle et permanente, laquelle, au reste, revient à certains égards à l'ancienne acception,

nombres entiers, ainsi que nous le verrons ailleurs. Aussi, pour la suite de nos recherches, adopterons-nous cette dénomination.

Pour donner un exemple de ce Canon algorithmique, nous allons en exposer le cas le plus particulier, celui qui, pour un développement quelconque (45), a lieu lorsque, dans les développemens (45)″ et (45)‴, l'accroissement τ est zéro et que la fonction φt est simplement t, c'est-à-dire, lorsque ces développemens procèdent par rapport aux simples puissances de la variable t. — Mais, avant tout, observons que, dans ces développemens (45)″ et (45)‴, nous n'avons considéré que la partie des séries qui contient les facultés à exposans positifs, et que, par la nature tout arbitraire de la fonction ft, ces développemens peuvent généralement être considérés comme contenant, de plus, les termes affectés des facultés à exposans négatifs ; de sorte qu'au lieu des développemens particuliers (45)″ et (45)‴, on ait généralement ... (45)^{vi}

$$ft.Ft = M_0 + M_{+1}.(\varphi t)^{1|\tau} + M_{+2}.(\varphi t)^{2|\tau} + M_{+3}.(\varphi t)^{3|\tau} + \text{etc.}$$
$$\qquad + M_{-1}.(\varphi t)^{-1|\tau} + M_{-2}.(\varphi t)^{-2|\tau} + M_{-3}.(\varphi t)^{-3|\tau} + \text{etc.}$$

$$A_\mu.ft.\Omega_\mu = N(\mu)_0 + N(\mu)_{+1}.(\varphi t)^{1|\tau} + N(\mu)_{-1}.(\varphi t)^{-1|\tau}$$
$$\qquad + N(\mu)_{+2}.(\varphi t)^{2|\tau} + N(\mu)_{-2}.(\varphi t)^{-2|\tau}$$
$$\qquad + N(\mu)_{+3}.(\varphi t)^{3|\tau} + N(\mu)_{-3}.(\varphi t)^{-3|\tau}$$
$$\qquad + \text{etc.} \qquad\qquad + \text{etc.},$$

en embrassant ici par l'indice μ les différens développemens (45)‴. Alors, le Canon algorithmique (45)^{v} contiendra en outre les égalités correspondantes aux indices négatifs des quantités désignées par les caractéristiques M et N, savoir, ... (45)^{vii}

$$M_{-1} = N(0)_{-1} + N(1)_{-1} + N(2)_{-1} + N(3)_{-1} + \text{etc.}$$
$$M_{-2} = N(0)_{-2} + N(1)_{-2} + N(2)_{-2} + N(3)_{-2} + \text{etc.}$$
$$M_{-3} = N(0)_{-3} + N(1)_{-3} + N(2)_{-3} + N(3)_{-3} + \text{etc.}$$
$$\text{etc., etc.} ;$$

de sorte que, considéré généralement, le Canon dont il s'agit sera exprimé par l'égalité ... (46)

$$M_x = N(0)_x + N(1)_x + N(2)_x + N(3)_x + \text{etc.},$$

l'indice x étant toujours et nécessairement un nombre entier, positif, négatif ou zéro. — Nous disons *nécessairement*, parce que, suivant la déduction précédente du Canon algorithmique, le cas où l'indice x ne serait pas un nombre entier, n'a ici évidemment aucune signification; et ce n'est que PAR INDUCTION qu'on pourrait étendre le Canon aux cas de x fractionnaire, transcendant, etc.

Or, pour en revenir à notre exemple, dans le cas le plus particulier que nous nous sommes proposé de déduire, les développemens $(45)^{\text{vi}}$ seraient simplement ... $(45)^{\text{vi}}_t$

$$ft . Ft = M_0 + M_{+1} . t + M_{+2} . t^2 + M_{+3} . t^3 + \text{etc.}$$
$$+ M_{-1} . \frac{1}{t} + M_{-2} . \frac{1}{t^2} + M_{-3} . \frac{1}{t^3} + \text{etc.}$$

$$A_\mu . ft . \Omega_\mu = N(\mu)_0 + N(\mu)_{+1} . t + N(\mu)_{-1} . \frac{1}{t}$$
$$+ N(\mu)_{+2} . t^2 + N(\mu)_{-2} . \frac{1}{t^2}$$
$$+ N(\mu)_{+3} . t^3 + N(\mu)_{-3} . \frac{1}{t^3}$$
$$+ \text{etc.} \qquad + \text{etc.}$$

Et, pour donner également une détermination particulière au développement fondamental (45), considérons le cas où la suite des fonctions Ω_0, Ω_1, Ω_2, Ω_3, etc. par rapport auxquelles procède ce développement, est la suite des facultés

$$(\psi t)^{0|\sigma}, \quad (\psi t)^{1|\sigma}, \quad (\psi t)^{2|\sigma}, \quad (\psi t)^{3|\sigma}, \quad \text{etc.},$$

ψ désignant une fonction quelconque, et σ étant l'accroissement de t

dans la formation de ces facultés ; de manière à ce que, la fonction développée Ft se trouvant être tout-à-fait arbitraire, ce développement fondamental puisse être considéré comme contenant, outre les facultés à exposans positifs, celles à exposans négatifs, c'est-à-dire, comme étant ... $(45)_1$

$$Ft = A_0 + A_{+1} . (\psi t)^{1|\sigma} + A_{+2} . (\psi t)^{2|\sigma} + A_{+3} . (\psi t)^{3|\sigma} + \text{etc.}$$
$$+ A_{-1} . (\psi t)^{-1|\sigma} + A_{-2} . (\psi t)^{-2|\sigma} + A_{-3} . (\psi t)^{-3|\sigma} + \text{etc.}$$

Alors, le Canon algorithmique correspondant à ce cas particulier $(45)_1$, sera exprimé par l'égalité ... $(46)_1$

$$M_x = N(0)_x + N(+1)_x + N(+2)_x + N(+3)_x + \text{etc.}$$
$$+ N(-1)_x + N(-2)_x + N(-3)_x + \text{etc.} ;$$

et, dans l'exemple dont il s'agit, correspondant aux développemens précédens $(45)_1^{\text{VI}}$, les quantités $N(0)_x$, $N(+1)_x$, $N(+2)_x$, etc. et $N(-1)_x$, $N(-2)_x$, etc. se trouveront données généralement par le développement ... $(45)_2^{\text{VI}}$

$$A_\mu . ft . (\psi t)^{\mu|\sigma} = N(\mu)_0 + N(\mu)_{+1} . t + N(\mu)_{-1} . \frac{1}{t}$$
$$+ N(\mu)_{+2} . t^2 + N(\mu)_{-2} . \frac{1}{t^2}$$
$$+ N(\mu)_{+3} . t^3 + N(\mu)_{-3} . \frac{1}{t^3}$$
$$+ \text{etc.} \qquad + \text{etc.}$$

Supposons maintenant que la fonction arbitraire ft, développée par rapport aux puissances de la variable t, donne ... (47)

$$ft = [0] + [+1] . t + [+2] . t^2 + [+3] . t^3 + \text{etc.}$$
$$+ [-1] . \frac{1}{t} + [-2] . \frac{1}{t^2} + [-3] . \frac{1}{t^3} + \text{etc.} ,$$

en désignant par $[0]$, $[+1]$, $[+2]$, etc. et $[-1]$, $[-2]$, etc. les coefficiens de ce développement; et observons que, puisque la fonction ft est entièrement arbitraire, ces coefficiens peuvent, en vertu du principe des méthodes d'interpolation, être considérés comme étant les valeurs consécutives d'une fonction quelconque donnée qui se trouvera désignée par $[x]$. Supposons, de plus, que les fonctions Ft et $A_\mu \cdot (\psi t)^{\mu|\sigma}$, développées de même par rapport aux puissances de la variable t, donnent ... $(47)'$

$$Ft = F_0 + F_{+1}.t + F_{+2}.t^2 + F_{+3}.t^3 + \text{etc.}$$

$$+ F_{-1}\cdot\frac{1}{t} + F_{-2}\cdot\frac{1}{t^2} + F_{-3}\cdot\frac{1}{t^3} + \text{etc.},$$

$$A_\mu \cdot (\psi t)^{\mu|\sigma} = \Psi(\mu)_0 + \Psi(\mu)_{+1}.t + \Psi(\mu)_{-1}\cdot\frac{1}{t}$$

$$+ \Psi(\mu)_{+2}.t^2 + \Psi(\mu)_{-2}\cdot\frac{1}{t^2}$$

$$+ \Psi(\mu)_{+3}.t^3 + \Psi(\mu)_{-3}\cdot\frac{1}{t^3}$$

$$+ \text{etc.} \qquad + \text{etc.},$$

en désignant par F_0, F_{+1}, F_{+2}, etc., F_{-1}, F_{-2}, etc. et $\Psi(\mu)_0$, $\Psi(\mu)_{+1}$, $\Psi(\mu)_{+2}$, etc., $\Psi(\mu)_{-1}$, $\Psi(\mu)_{-2}$, etc. les coefficiens respectifs de ces développemens. Alors, multipliant entre eux, d'une part, les développemens (47) et $(47)'$ de ft et Ft, et, de l'autre part, les développemens (47) et $(47)'$ de ft et $A_\mu \cdot (\psi t)^{\mu|\sigma}$, on obtiendra, pour les coefficiens des développemens $(45)_1^{\text{VI}}$ et $(45)_2^{\text{VI}}$, les expressions générales ... $(45)_3^{\text{VI}}$

$$M_x = [x].F_0 + [x-1].F_{+1} + [x-2].F_{+2} + [x-3].F_{+3} + \text{etc.}$$

$$+ [x+1].F_{-1} + [x+2].F_{-2} + [x+3].F_{-3} + \text{etc.}$$

$$N(\mu)_x = [x] \cdot \Psi(\mu)_0 + [x-1] \cdot \Psi(\mu)_{+1} + [x+1] \cdot \Psi(\mu)_{-1}$$
$$+ [x-2] \cdot \Psi(\mu)_{+2} + [x+2] \cdot \Psi(\mu)_{-2}$$
$$+ [x-3] \cdot \Psi(\mu)_{+3} + [x+3] \cdot \Psi(\mu)_{-3}$$
$$+ \text{etc.} \qquad + \text{etc.};$$

l'indice x étant un nombre entier quelconque, positif, négatif ou zéro. — Or, l'une et l'autre de ces expressions se trouvant construites avec la fonction $[x]$ et ses valeurs consécutives $[x-1]$, $[x-2]$, $[x-3]$, etc. et $[x+1]$, $[x+2]$, $[x+3]$, etc., et, de plus, les coefficiens respectifs F_0, F_{+1}, F_{+2}, F_{+3}, etc., F_{-1}, F_{-2}, F_{-3}, etc. et $\Psi(\mu)_0$, $\Psi(\mu)_{+1}$, $\Psi(\mu)_{+2}$, $\Psi(\mu)_{+3}$, etc., $\Psi(\mu)_{-1}$, $\Psi(\mu)_{-2}$, $\Psi(\mu)_{-3}$, etc. se trouvant donnés par les fonctions arbitraires Ft et ψt, on peut toujours prendre, pour ces dernières, des fonctions telles que ces expressions $(45)_3^{VI}$ présentent respectivement certaines fonctions, théoriques ou techniques, déterminées et construites avec les valeurs consécutives d'une fonction $[x]$. Ainsi, donnant alors à l'indice μ ses différentes valeurs entières, positives, négatives et zéro, et substituant les expressions correspondantes $(45)_3^{VI}$ dans le Canon algorithmique particulier $(46)_1$, on obtiendra une égalité entre ces certaines fonctions, théoriques ou techniques, dont nous venons de parler. — Par exemple, soit

$$Ft = t^{ai}, \quad \text{et} \quad \psi t = (t^a - 1);$$

et supposons que, dans le développement $(45)_1$, l'accroissement σ soit zéro; ce développement sera

$$t^{ai} = 1 + \frac{i}{1} \cdot (t^a - 1) + \frac{i(i-1)}{1.2} \cdot (t^a - 1)^2$$
$$+ \frac{i(i-1)(i-2)}{1.2.3} \cdot (t^a - 1)^3 + \text{etc.};$$

de sorte que l'on aura

$$A_\mu \cdot (\psi t)^{\mu|\sigma} = \frac{i^{\mu|-1}}{1^{\mu|1}} \cdot (t^a - 1)^\mu.$$

Ainsi, les développemens $(47)^{\prime}$ donneront, pour les quantités respectives F_0, F_{+1}, F_{+2}, etc., F_{-1}, F_{-2}, etc. et $\Psi(\mu)_0$, $\Psi(\mu)_{+1}$, $\Psi(\mu)_{+2}$, etc., $\Psi(\mu)_{-1}$, $\Psi(\mu)_{-2}$, etc. formant leurs coefficiens, les valeurs générales ... $(47)^{\prime\prime}$

$$F_{\alpha i} = 1$$

$$\Psi(\mu)_{\alpha\rho} = (-1)^{\mu+\rho} \cdot \frac{i^{\mu|-1} \cdot \mu^{\rho|-1}}{1^{\mu|1} \cdot 1^{\rho|1}} \, ;$$

l'indice ρ étant un nombre entier, positif ou zéro, et toutes les autres quantités F_0, F_{+1}, F_{-1}, F_{+2}, F_{-2}, etc. et $\Psi(\mu)_0$, $\Psi(\mu)_{+1}$, $\Psi(\mu)_{-1}$, $\Psi(\mu)_{+2}$, $\Psi(\mu)_{-2}$, etc., non comprises sous les formes générales $F_{\alpha i}$ et $\Psi(\mu)_{\alpha\rho}$, étant évidemment zéro. Or, si l'on fait $\alpha = 1$, et si l'on substitue ces dernières valeurs $(47)^{\prime\prime}$ des coefficiens susdits, dans les expressions $(45)_3^{\prime}$ des quantités M_x et $N(\mu)_x$, il viendra

$$M_x = [x - i]$$

$$N(\mu)_x = (-1)^{\mu} \cdot \frac{i^{\mu|-1}}{1^{\mu|1}} \cdot \left\{ [x] - \frac{\mu}{1} \cdot [x-1] + \frac{\mu(\mu-1)}{1.2} \cdot [x-2] \right.$$
$$\left. - \frac{\mu(\mu-1)(\mu-2)}{1.2.3} \cdot [x-3] + \text{etc.} \right\} ;$$

c'est-à-dire, ... $(47)^{\prime\prime\prime}$

$$M_x = [x-i], \qquad N(\mu)_x = (-1)^{\mu} \cdot \frac{i^{\mu|-1}}{1^{\mu|1}} \cdot \Delta^{\mu}[x],$$

en désignant par Δ les différences régressives, relatives à la variable x, et prises par rapport à un accroissement égal à l'unité. Donc, en assignant à l'indice μ ses différentes valeurs entières, et substituant les valeurs correspondantes $(47)^{\prime\prime\prime}$ dans le Canon particulier $(46)_1$, on obtiendra, pour une fonction quelconque $[x]$, l'égalité

$$[x-i] = [x] - \frac{i}{1} \cdot \Delta[x] + \frac{i(i-1)}{1.2} \cdot \Delta^2[x]$$
$$- \frac{i(i-1)(i-2)}{1.2.3} \cdot \Delta^3[x] + \text{etc.}$$

Si l'on faisait $a = -1$, les valeurs précédentes $(47)^{\text{II}}$, substituées dans les expressions $(45)_3^{\text{VI}}$, donneraient

$$M_x = [x+i]$$

$$N_x = (-1)^\mu \cdot \frac{i^{\mu|-\mathrm{I}}}{\mathrm{I}^{\mu|\mathrm{I}}} \cdot \left\{ [x] - \frac{\mu}{\mathrm{I}} \cdot [x+\mathrm{I}] + \frac{\mu(\mu-\mathrm{I})}{\mathrm{I}.2} \cdot [x+2] \right.$$

$$\left. - \frac{\mu(\mu-\mathrm{I})(\mu-2)}{\mathrm{I}.2.3} \cdot [x+3] + \text{etc.} \right\};$$

c'est-à-dire, ... $(47)^{\text{IV}}$

$$M_x = [x+i], \qquad N(\mu)_x = \frac{i^{\mu|-\mathrm{I}}}{\mathrm{I}^{\mu|\mathrm{I}}} \cdot {}'\Delta^\mu [x],$$

en désignant ici par ${}'\Delta$ les différences progressives. Alors, assignant à l'indice μ ses différentes valeurs entières, et substituant les valeurs correspondantes $(47)^{\text{IV}}$ dans le Canon particulier $(46)_1$, on obtiendrait l'égalité

$$[x+i] = [x] + \frac{i}{\mathrm{I}} \cdot {}'\Delta [x] + \frac{i(i-\mathrm{I})}{\mathrm{I}.2} \cdot {}'\Delta^2 [x]$$

$$+ \frac{i(i-\mathrm{I})(i-2)}{\mathrm{I}.2.3} \cdot {}'\Delta^3 [x] + \text{etc.}$$

Et, généralement, en laissant subsister a dans les expressions $(47)^{\text{II}}$, ces valeurs, substituées dans les expressions $(45)_3^{\text{VI}}$, donneraient

$$M_x = [x-ai]$$

$$N(\mu)_x = (-1)^\mu \cdot \frac{i^{\mu|-\mathrm{I}}}{\mathrm{I}^{\mu|\mathrm{I}}} \cdot \left\{ [x] - \frac{\mu}{\mathrm{I}} \cdot [x-a] + \frac{\mu(\mu-\mathrm{I})}{\mathrm{I}.2} \cdot [x-2a] \right.$$

$$\left. - \frac{\mu(\mu-\mathrm{I})(\mu-2)}{\mathrm{I}.2.3} \cdot [x-3a] + \text{etc.} \right\};$$

c'est-à-dire, ... $(47)^{\text{V}}$

$$M_x = [x-ai], \qquad N(\mu)_x = (-1)^\mu \cdot \frac{i^{\mu|-\mathrm{I}}}{\mathrm{I}^{\mu|\mathrm{I}}} \cdot \Delta_a^\mu [x],$$

en dénotant par Δ_α les différences régressives, prises par rapport à l'accroissement α de la variable x. Ainsi, en assignant à l'indice μ ses différentes valeurs entières, et substituant les valeurs correspondantes $(47)^v$ dans le Canon $(46)_1$, on obtiendrait l'égalité générale

$$[x - \alpha i] = [x] - \frac{i}{1} \cdot \Delta_\alpha [x] + \frac{i(i-1)}{1 \cdot 2} \cdot \Delta_\alpha^2 [x]$$

$$- \frac{i(i-1)(i-2)}{1 \cdot 2 \cdot 3} \cdot \Delta_\alpha^3 [x] + \text{etc.},$$

qui, en faisant $\alpha i = - j$, serait $\ldots \; (47)^{vi}$

$$[x + j] = [x] + \frac{j}{1 \cdot \alpha} \cdot \Delta_\alpha [x] + \frac{j(j+\alpha)}{1 \cdot 2 \cdot \alpha^2} \cdot \Delta_\alpha^2 [x]$$

$$+ \frac{j(j+\alpha)(j+2\alpha)}{1 \cdot 2 \cdot 3 \cdot \alpha^3} \cdot \Delta_\alpha^3 [x] + \text{etc.}$$

Mais, il faut remarquer que, suivant la construction du Canon algorithmique et la déduction de l'égalité précédente $(47)^{vi}$, cette égalité ne se trouve proprement DÉTERMINÉE que dans les cas où les quantités x, j et α sont des nombres entiers ; et, par conséquent, que c'est seulement PAR INDUCTION qu'on peut l'étendre aux cas où ces quantités ne seraient pas des nombres entiers. — Telle est proprement la nature du Canon algorithmique ; car, comme nous l'avons déjà remarqué en fixant sa dénomination, ce Canon ne doit servir dans l'Algorithmie que pour établir la RÈGLE que suivent certaines expressions algorithmiques, en donnant ces expressions dans le cas où les quantités dont elles dépendent, sont des nombres entiers (*). Il reste ensuite à étendre ces expressions aux cas où leurs quantités sont des

---

(*) De cette manière, le Canon dont il s'agit présente, pour ainsi dire, les LOIS PASSIVES de l'Algorithmie, en fixant les conditions de la sommation, manifestées par les nombres entiers, auxquelles doivent se soumettre les expressions algorithmiques, c'est-à-dire, la graduation dans la génération des quantités.

nombres quelconques, fractionnaires, transcendans, etc.; et cela, provisoirement, par le moyen réflectif de l'induction, ou, péremptoirement, par le moyen déterminatif de procédés rigoureux, comme nous le verrons dans la suite de cette Philosophie de la Technie, lorsque nous nous occuperons des lois fondamentales ou de la résolution définitive de chacune des différentes parties qui composent la Technie et que nous découvrons actuellement.

Avant de quitter cette déduction du Canon algorithmique, nous devons encore remarquer que le cas le plus particulier de ce Canon, celui que nous venons d'exposer sous la marque $(45)_3^{VI}$ pour avoir un exemple, constitue proprement le système de procédés algorithmiques, découvert par M. le comte Laplace et nommé par lui *Théorie des fonctions génératrices*, ou plutôt que cette *Théorie* n'est que le cas le plus simple de ce cas particulier, savoir, lorsque, dans le développement $(45)_1$, l'accroissement σ est zéro et que la fonction arbitraire ψt est un polynome fini de la forme $(a + bt + ct^2 + dt^3 + \text{etc.})$. — Une faible attention suffira pour reconnaître, d'une part, que ce cas particulier $(45)_3^{VI}$ du Canon algorithmique présente, DANS TOUS LEURS DÉTAILS, les principes des procédés ABRÉGÉS de M. le comte; et, de l'autre part, quelle est l'utilité et la fécondité de ces procédés. Aussi, vu cette fécondité et surtout le rang que ces procédés occupent dans la science, devons-nous les considérer comme la découverte principale de M. le comte Laplace dans les Mathématiques pures.

Venons maintenant à la RÉSOLUTION UNIVERSELLE DES ÉQUATIONS formant le second des deux objets qui, dans la Technie, dépendent du point de vue logique et portent sur la Comparaison des quantités. — Or, pour déduire la possibilité de cette résolution universelle, car c'est tout ce qu'il nous reste à faire ici, la nécessité de cette résolution étant déjà déduite plus haut, il suffit évidemment de reconnaître, d'abord, que toutes les équations en général peuvent être ramenées à

une seule forme, et ensuite que, sous cette forme, on peut toujours et
généralement obtenir la valeur des inconnues des équations. Et, con-
naissant déjà la forme (7) de la génération universelle des quantités,
l'une et l'autre de ces déductions ne présentent plus aucune difficulté,
comme nous allons le voir.

Avant tout, il faut ici remarquer que la loi universelle (7), ainsi
que tous les algorithmes techniques, qui n'en sont que des transformations, peuvent être étendus aux fonctions de plusieurs variables
indépendantes. Mais, dans cette Philosophie de la Technie, nous ne
nous occupons que des fonctions d'une seule variable, parce que c'est
là proprement à quoi se réduisent tous les autres développemens des
fonctions et, par conséquent, tous les procédés formant l'objet de la
Technie : les développemens des fonctions à plusieurs variables n'é-
tant que des extensions ou plutôt des répétitions des développemens
des fonctions à une seule variable, ces derniers développemens constituent les véritables principes de la Technie ; et c'est évidemment à la
déduction de ces principes que se réduit la Philosophie de cette
branche de l'Algorithmie. Ce n'est donc qu'autant que ces développemens à plusieurs variables indépendantes peuvent être nécessaires
pour la déduction de ceux à une seule variable, lesquels derniers sont
proprement notre objet présent, que nous pouvons ici opérer cette
extension ; et c'est pour cette raison, car nous aurons besoin de ces
développemens à plusieurs variables pour la déduction de la Résolution universelle des équations, que nous allons étendre la loi suprème
(7) aux fonctions de plusieurs variables.

Soit $F(x_1, x_2, x_3$, etc.) une fonction quelconque de plusieurs variables indépendantes x_1, x_2, x_3, etc. En la considérant d'abord
comme n'étant fonction que de la seule variable x_1, et considérant
d'ailleurs une suite quelconque de fonctions pareilles

$$\Omega_0(x_1, x_2, x_3, \text{etc.}), \quad \Omega_1(x_1, x_2, x_3, \text{etc.}), \quad \Omega_2(x_1, x_2, x_3, \text{etc.}),$$
$$\Omega_3(x_1, x_2, x_3, \text{etc.}), \quad \Omega_4(x_1, x_2, x_3, \text{etc.}), \quad \text{etc.},$$

comme n'étant aussi que des fonctions de la seule variable x_1, la fonction proposée $F(x_1, x_2, x_3, \text{etc.})$ pourra, en vertu de la loi universelle (7), être développée sous la forme ... (48)

$$F(x_1, x_2, x_3, \text{etc.}) = A_0 \cdot \Omega_0(x_1, x_2, x_3, \text{etc.}) + A_1 \cdot \Omega_1(x_1, x_2, x_3, \text{etc.})$$
$$+ A_2 \cdot \Omega_2(x_1, x_2, x_3, \text{etc.}) + A_3 \cdot \Omega_3(x_1, x_2, x_3, \text{etc.}) + \text{etc.},$$

les coefficiens A_0, A_1, A_2, A_3, etc. étant évidemment des fonctions des autres variables x_2, x_3, x_4, etc. Ainsi, en considérant de nouveau ces coefficiens comme fonctions de la seule variable x_2, et considérant de plus les suites quelconques de fonctions pareilles

$$\Omega_0^{(0)}(x_2, x_3, \text{etc.}), \quad \Omega_1^{(0)}(x_2, x_3, \text{etc.}), \quad \Omega_2^{(0)}(x_2, x_3, \text{etc.}), \quad \text{etc.}$$
$$\Omega_0^{(1)}(x_2, x_3, \text{etc.}), \quad \Omega_1^{(1)}(x_2, x_3, \text{etc.}), \quad \Omega_2^{(1)}(x_2, x_3, \text{etc.}), \quad \text{etc.}$$
$$\Omega_0^{(2)}(x_2, x_3, \text{etc.}), \quad \Omega_1^{(2)}(x_2, x_3, \text{etc.}), \quad \Omega_2^{(2)}(x_2, x_3, \text{etc.}), \quad \text{etc.}$$
$$\Omega_0^{(3)}(x_2, x_3, \text{etc.}), \quad \Omega_1^{(3)}(x_2, x_3, \text{etc.}), \quad \Omega_2^{(3)}(x_2, x_3, \text{etc.}), \quad \text{etc.}$$
$$\text{etc.}, \quad \text{etc.},$$

comme n'étant aussi fonctions que de la seule variable x_2, on pourra, toujours en vertu de la loi universelle (7), opérer les développemens

$$A_0 = A_0^{(0)} \cdot \Omega_0^{(0)}(x_2, x_3, \text{etc.}) + A_1^{(0)} \cdot \Omega_1^{(0)}(x_2, x_3, \text{etc.}) + A_2^{(0)} \cdot \Omega_2^{(0)}(x_2, x_3, \text{etc.}) + \text{etc.}$$
$$A_1 = A_0^{(1)} \cdot \Omega_0^{(1)}(x_2, x_3, \text{etc.}) + A_1^{(1)} \cdot \Omega_1^{(1)}(x_2, x_3, \text{etc.}) + A_2^{(1)} \cdot \Omega_2^{(1)}(x_2, x_3, \text{etc.}) + \text{etc.}$$
$$A_2 = A_0^{(2)} \cdot \Omega_0^{(2)}(x_2, x_3, \text{etc.}) + A_1^{(2)} \cdot \Omega_1^{(2)}(x_2, x_3, \text{etc.}) + A_2^{(2)} \cdot \Omega_2^{(2)}(x_2, x_3, \text{etc.}) + \text{etc.}$$
$$A_3 = A_0^{(3)} \cdot \Omega_0^{(3)}(x_2, x_3, \text{etc.}) + A_1^{(3)} \cdot \Omega_1^{(3)}(x_2, x_3, \text{etc.}) + A_2^{(3)} \cdot \Omega_2^{(3)}(x_2, x_3, \text{etc.}) + \text{etc.}$$
$$\text{etc.}, \quad \text{etc.};$$

et, substituant ces derniers dans les premiers développemens (48), on aura ... (48)'

$$F(x_1, x_2, x_3, \text{etc.}) =$$

$$= \begin{cases} A_0^{(0)}.\Omega_0(x_1,x_2,x_3,\text{etc.}).\Omega_0^{(0)}(x_2,x_3,\text{etc.}) + A_1^{(0)}.\Omega_0(x_1,x_2,x_3,\text{etc.}).\Omega_1^{(0)}(x_2,x_3,\text{etc.}) \\ + A_2^{(0)}.\Omega_0(x_1,x_2,x_3,\text{etc.}).\Omega_2^{(0)}(x_2,x_3,\text{etc.}) + \text{etc.} \end{cases}$$

$$+ \begin{cases} A_0^{(1)}.\Omega_1(x_1,x_2,x_3,\text{etc.}).\Omega_0^{(1)}(x_2,x_3,\text{etc.}) + A_1^{(1)}.\Omega_1(x_1,x_2,x_3,\text{etc.}).\Omega_1^{(1)}(x_2,x_3,\text{etc.}) \\ + A_2^{(1)}.\Omega_1(x_1,x_2,x_3,\text{etc.}).\Omega_2^{(1)}(x_2,x_3,\text{etc.}) + \text{etc.} \end{cases}$$

$$+ \begin{cases} A_0^{(2)}.\Omega_2(x_1,x_2,x_3,\text{etc.}).\Omega_0^{(2)}(x_2,x_3,\text{etc.}) + A_1^{(2)}.\Omega_2(x_1,x_2,x_3,\text{etc.}).\Omega_1^{(2)}(x_2,x_3,\text{etc.}) \\ + A_2^{(2)}.\Omega_2(x_1,x_2,x_3,\text{etc.}).\Omega_2^{(2)}(x_2,x_3,\text{etc.}) + \text{etc.} \end{cases}$$

$$+ \text{etc., etc.,}$$

les coefficiens $A_0^{(0)}$, $A_1^{(0)}$, $A_2^{(0)}$, etc., $A_0^{(1)}$, $A_1^{(1)}$, $A_2^{(1)}$, etc., $A_0^{(2)}$, $A_1^{(2)}$, $A_2^{(2)}$, etc., etc., n'étant plus fonctions que des variables restantes x_3, x_4, etc. Et, développant de la même manière ces coefficiens par rapport à une suite de fonctions quelconques des variables restantes x_3, x_4, etc., considérées comme n'étant fonctions que de la seule variable x_3, et successivement les coefficiens de ce nouveau développement par rapport à des suites de fonctions quelconques des variables respectives restantes x_4, x_5, etc., on parviendra évidemment au développement complet de la fonction $F(x_1, x_2, x_3, \text{etc.})$, procédant par rapport à des suites de fonctions quelconques des variables indépendantes x_1, x_2, x_3, x_4, etc.

Quant à la possibilité de ce développement, elle est naturellement soumise aux conditions (8) de la possibilité de la loi universelle (7) elle-même, parceque, comme nous venons de le voir et comme nous l'avions déjà remarqué auparavant, ce développement complet de la fonction $F(x_1, x_2, x_3, \text{etc.})$ à plusieurs variables, n'est autre chose qu'une répétition ou une application réitérée de la même loi (7) ; de sorte qu'on voit, par là même, quelle est la suite des fonctions marquées avec les caractéristiques ... (48)"

$$\Omega_0, \quad \Omega_1, \quad \Omega_2, \quad \Omega_3, \quad \text{etc.}, \qquad \Omega_0^{(0)}, \ \Omega_1^{(0)}, \ \Omega_2^{(0)}, \ \Omega_3^{(0)}, \ \text{etc.},$$

$$\Omega_0^{(1)}, \ \Omega_1^{(1)}, \ \Omega_2^{(1)}, \ \Omega_3^{(1)}, \ \text{etc.}, \qquad \Omega_0^{(2)}, \ \Omega_1^{(2)}, \ \Omega_2^{(2)}, \ \Omega_3^{(2)}, \ \text{etc.}, \ \text{etc.},$$

par rapport auxquelles peut être développée une fonction $F(x_1, x_2, x_3, \text{etc.})$ de plusieurs variables indépendantes. On voit également, par cette déduction du développement des fonctions à plusieurs variables, que les coefficiens du développement complet seront construits avec les valeurs des différentielles partielles de la fonction $F(x_1, x_2, x_3, \text{etc.})$ qui se trouve développée, et des fonctions $(48)''$, savoir, Ω_0, Ω_1, Ω_2, etc., etc. par rapport auxquelles procède le développement; car, suivant ce que nous avons reconnu plus haut, les coefficiens du développement que présente la loi universelle (7), sont construits avec les valeurs des dérivées différentielles de la fonction qui se trouve développée et des fonctions par rapport auxquelles procède le développement.

Revenons maintenant à notre déduction de la possibilité de la Résolution universelle des équations, et nommément, suivant ce que nous avons remarqué plus haut, à la déduction de ce que toutes les équations en général peuvent être ramenées à une seule forme, et que, sous cette forme, on peut toujours obtenir les valeurs des inconnues des équations.

D'abord, pour ce qui concerne la réduction de toutes les équations possibles à une seule forme, soient a, b, c, etc. des quantités constantes; ξ, η, ζ, etc. des quantités variables indépendantes; et x la quantité inconnue liée avec les précédentes par une équation quelconque qui en donne la détermination. Or, quelle que soit cette équation, sa forme vague ou individuelle, c'est-à-dire, dépendante de la nature particulière de la question, sera nécessairement ... (49)

$$0 = \Psi(x, a, b, c, \text{etc.}, \xi, \eta, \zeta, \text{etc.}),$$

la caractéristique Ψ dénotant une certaine fonction formée, avec les

quantités x, a, b, c, etc., ξ, η, ζ, etc., suivant quelques unes des
diverses lois possibles de la génération des quantités. Et, alors, considérant cette fonction particulière ... (49)$'$

$$\Psi(x,\ a,\ b,\ c,\ \text{etc.},\ \xi,\ \eta,\ \zeta,\ \text{etc.})$$

comme étant simplement une fonction des variables indépendantes
ξ, η, ζ, etc. ; et concevant une suite quelconque de fonctions des
mêmes variables indépendantes, suite de fonctions que nous désignerons par ... (49)$''$

$$\Omega_0,\quad \Omega_1,\quad \Omega_2,\quad \Omega_3,\quad \text{etc.};$$

notre loi universelle (7) de la génération des quantités, étendue aux
cas des fonctions de plusieurs variables et appliquée au développement de la fonction particulière (49)$'$ dont il s'agit, donnera ... (49)$'''$

$$\Psi(x,\ a,\ b,\ c,\ \text{etc.},\ \xi,\ \eta,\ \zeta,\ \text{etc.}) =$$
$$= A_0 . \Omega_0 + A_1 . \Omega_1 + A_2 . \Omega_2 + A_3 . \Omega_3 + \text{etc.},$$

les coefficiens A_0, A_1, A_2, etc. se trouvant principalement fonctions
de l'inconnue x qui n'entre pas dans les fonctions arbitraires (49)$''$,
savoir, Ω_0, Ω_1, Ω_2, etc. par rapport auxquelles procède ce développement. Ainsi, ayant l'équation (49), on aura aussi l'équation ... (50)

$$0 = A_0 . \Omega_0 + A_1 . \Omega_1 + A_2 . \Omega_2 + A_3 . \Omega_3 + \text{etc.},$$

dont la forme, suivant ce que nous avons reconnu plus haut en donnant la déduction de la loi (7), est la forme de la génération universelle des quantités; et il est vrai qu'une équation quelconque (49)
étant donnée, on peut toujours la ramener à la forme unique et universelle (50). — On conçoit, de plus, que ce que nous venons de dire
concernant l'équation (49) où il n'entre qu'une seule inconnue x,
peut facilement être étendu aux équations quelconques contenant
plusieurs inconnues x, y, z, etc. En effet, on aura alors autant d'é-
quations différentes ... (49)$_1$

$$o = \Psi^{(1)}(x, y, z, \text{etc.}, a, b, c, \text{etc.}, \xi, \eta, \zeta, \text{etc.})$$
$$o = \Psi^{(2)}(x, y, z, \text{etc.}, a, b, c, \text{etc.}, \xi, \eta, \zeta, \text{etc.})$$
$$o = \Psi^{(3)}(x, y, z, \text{etc.}, a, b, c, \text{etc.}, \xi, \eta, \zeta, \text{etc.})$$
$$\text{etc., etc.,}$$

les caractéristiques $\Psi^{(1)}$, $\Psi^{(2)}$, $\Psi^{(3)}$, etc. dénotant des fonctions différentes des quantités données a, b, c, etc., ξ, η, ζ, etc., et des quantités inconnues x, y, z, etc.; et, appliquant, au développement de
ces fonctions particulières, notre loi universelle (7), étendue aux cas
des fonctions de plusieurs variables, on ramenera les équations (49),
à la forme universelle ... (50),

$$o = A_0^{(1)}.\Omega_0^{(1)} + A_1^{(1)}.\Omega_1^{(1)} + A_2^{(1)}.\Omega_2^{(1)} + A_3^{(1)}.\Omega_3^{(1)} + \text{etc.}$$
$$o = A_0^{(2)}.\Omega_0^{(2)} + A_1^{(2)}.\Omega_1^{(2)} + A_2^{(2)}.\Omega_2^{(2)} + A_3^{(2)}.\Omega_3^{(2)} + \text{etc.}$$
$$o = A_0^{(3)}.\Omega_0^{(3)} + A_1^{(3)}.\Omega_1^{(3)} + A_2^{(3)}.\Omega_2^{(3)} + A_3^{(3)}.\Omega_3^{(3)} + \text{etc.}$$
$$\text{etc., etc.;}$$

dans lesquelles équations universelles les quantités

$$A_0^{(1)}, A_1^{(1)}, A_2^{(1)}, \text{etc.}, \qquad \text{et} \quad \Omega_0^{(1)}, \Omega_1^{(1)}, \Omega_2^{(1)}, \text{etc.},$$
$$A_0^{(2)}, A_1^{(2)}, A_2^{(2)}, \text{etc.}, \qquad \Omega_0^{(2)}, \Omega_1^{(2)}, \Omega_2^{(2)}, \text{etc.},$$
$$A_0^{(3)}, A_1^{(3)}, A_2^{(3)}, \text{etc.}, \qquad \Omega_0^{(3)}, \Omega_1^{(3)}, \Omega_2^{(3)}, \text{etc.},$$
$$\text{etc., etc.,}$$

seront autant de fonctions différentes, et nommément les premières A
seront des fonctions des quantités inconnues x, y, z, etc., et les dernières Ω seront des fonctions des quantités indépendantes et données
ξ, η, ζ, etc.

Il est donc vrai qu'une équation quelconque (49) et généralement
que des équations quelconques (49), peuvent toujours être ramenées
à la forme universelle (50) et (50), ; et, pour achever la déduction de
la possibilité de la Résolution universelle des équations, il ne reste

plus qu'à reconnaître que, sous cette forme universelle (5o) et (5o), des équations, on peut toujours obtenir les valeurs de leurs inconnues.

Pour y parvenir, considérons les fonctions Ω_0, Ω_1, Ω_2, Ω_3, etc. qui entrent dans la forme universelle (5o), comme étant des quantités quelconques; et faisons

$$\frac{\Omega_1}{\Omega_0} = x_1, \qquad \frac{\Omega_2}{\Omega_0} = x_2, \qquad \frac{\Omega_3}{\Omega_0} = x_3, \qquad \frac{\Omega_4}{\Omega_0} = x_4, \qquad \text{etc.}$$

De plus, en observant que les coefficiens A_0, A_1, A_2, A_3, etc. dans la même équation (5o), sont des fonctions de l'inconnue x, désignons-les de la manière suivante

$$A_0 = fx, \qquad A_1 = f_1 x, \qquad A_2 = f_2 x, \qquad A_3 = f_3 x, \qquad \text{etc.}$$

Alors, l'équation universelle (5o) sera ... (51)

$$0 = fx + x_1 . f_1 x + x_2 . f_2 x + x_3 . f_3 x + \text{etc.};$$

et il est évident que l'inconnue x sera une fonction des quantités x_1, x_2, x_3, etc., savoir, ... (51)$'$

$$x = \Phi(x_1, x_2, x_3, \text{etc.}),$$

en dénotant par Φ cette fonction en question. — Or, si l'on applique à la fonction $\Phi(x_1, x_2, x_3, \text{etc.})$ la loi suprême (7), étendue aux développemens des fonctions de plusieurs variables, et si l'on prend pour cela une suite de fonctions quelconques ... (51)$''$

$$\varphi_0(x_1, x_2, x_3, \text{etc.}), \qquad \varphi_1(x_1, x_2, x_3, \text{etc.}), \qquad \varphi_2(x_1, x_2, x_3, \text{etc.}),$$
$$\varphi_3(x_1, x_2, x_3, \text{etc.}), \qquad \text{etc.},$$

des mêmes variables x_1, x_2, x_3, etc., on obtiendra, sous la forme universelle, le développement ... (52)

$$x = \Xi_0 . \varphi_0(x_1, x_2, x_3, \text{etc.}) + \Xi_1 . \varphi_1(x_1, x_2, x_3, \text{etc.})$$
$$+ \Xi_2 . \varphi_2(x_1, x_2, x_3, \text{etc.}) + \Xi_3 . \varphi_3(x_1, x_2, x_3, \text{etc.})$$
$$+ \text{etc., etc.;}$$

les coefficiens Ξ_0, Ξ_1, Ξ_2, Ξ_3, etc. étant construits avec les valeurs des différentielles partielles de la fonction $\Phi\,(x_1,\ x_2,\ x_3,\ \text{etc.})$ ou de l'inconnue x considérée comme fonction des variables indépendantes x_1, x_2, x_3, etc. Mais, ces différentielles partielles peuvent être déduites immédiatement de l'équation universelle (51), en prenant, de cette équation même, ses dérivées différentielles, et en tirant, de ces équations dérivées, par le procédé simple de la solution des équations du premier degré (*), les différentielles

$$\left(\frac{dx}{dx_1}\right), \quad \left(\frac{dx}{dx_2}\right), \quad \left(\frac{dx}{dx_3}\right), \quad \text{etc.}$$

$$\left(\frac{d^2x}{dx_1^2}\right), \quad \left(\frac{d^2x}{dx_1\,dx_2}\right), \quad \left(\frac{d^2x}{dx_2^2}\right), \quad \text{etc.}$$

$$\left(\frac{d^3x}{dx_1^3}\right), \quad \left(\frac{d^3x}{dx_1^2\,dx_2}\right), \quad \left(\frac{d^3x}{dx_1\,dx_2^2}\right), \quad \left(\frac{d^3x}{dx_2^3}\right), \quad \text{etc.}$$

etc. , etc.

Donc, les valeurs de ces dérivées différentielles se trouvant données immédiatement par l'équation universelle (51), les coefficiens précédens Ξ_0, Ξ_1, Ξ_2, Ξ_3, etc., où entrent ces valeurs, pourront être construits ; et la résolution universelle (52) sera possible.

Bien plus, non seulement l'inconnue x, mais une fonction quelconque Fx de cette inconnue, pourra, par le même moyen, être tirée de l'équation (51). En effet, on aurait … (51)$'''$

$$Fx = F\Big(\Phi\,(x_1,\ x_2,\ x_3,\ \text{etc.})\Big) ;$$

et, appliquant la loi suprême (7) au développement de la fonction

---

(*) Les procédés de la solution des équations du premier degré, sont eux-mêmes donnés par notre loi universelle (7), ainsi que nous le verrons dans la suite de cette Philosophie.

$F\big(\Phi(x_1,\, x_2,\, x_3,\, \text{etc.})\big)$ des variables indépendantes x_1, x_2, x_3, etc.,
on obtiendrait encore, sous la forme universelle, le développement
$\ldots$ $(52)'$

$$Fx = F\big(\Phi(x_1,\, x_2,\, x_3,\, \text{etc.})\big) =$$
$$= \Xi_0 \cdot \varphi_0(x_1,\, x_2,\, x_3,\, \text{etc.})$$
$$+ \Xi_1 \cdot \varphi_1(x_1,\, x_2,\, x_3,\, \text{etc.})$$
$$+ \Xi_2 \cdot \varphi_2(x_1,\, x_2,\, x_3,\, \text{etc.})$$
$$+ \Xi_3 \cdot \varphi_3(x_1,\, x_2,\, x_3,\, \text{etc.}) + \text{etc., etc.;}$$

les coefficiens Ξ_0, Ξ_1, Ξ_2, Ξ_3, etc. n'impliquant ici, outre les différentielles partielles de l'inconnue x ou de la fonction $\Phi(x_1,\, x_2,\, x_3,\, \text{etc.})$,
que les dérivées différentielles de la fonction Fx qui est donnée.

Or, si l'on observe que les quantités x_1, x_2, x_3, etc. de l'équation
(51) sont respectivement

$$x_1 = \frac{\Omega_1}{\Omega_0},\qquad x_2 = \frac{\Omega_2}{\Omega_0},\qquad x_3 = \frac{\Omega_3}{\Omega_0},\qquad \text{etc.,}$$

et que les quantités Ω_0, Ω_1, Ω_2, Ω_3, etc. de l'équation (50) sont des
fonctions des variables indépendantes ξ, η, ζ, etc. qui entrent dans
l'équation proposée (49), on verra qu'en substituant, dans les expressions (52) ou $(52)'$, ces valeurs des quantités x_1, x_2, x_3, etc., les expressions (52) ou $(52)'$ deviendront des fonctions des quantités ξ, η,
ζ, etc. et donneront ainsi la résolution universelle de l'équation proposée (49).

Mais, jusques là, cette résolution universelle (52) et $(52)'$ ne présente encore aucun caractère particulier : elle n'est encore que l'application générale de la loi suprême (7) à la génération de la quantité
inconnue x ou de la fonction Fx de cette quantité, moyennant ses
dérivées différentielles données par l'équation transformée (51), ou
même par l'équation proposée (49); car, on pourrait tirer immédiatement, de l'équation (49), les dérivées différentielles de x prises rela-

tivement aux variables indépendantes ξ, η, ζ, etc. qui entrent dans cette équation et qui sont les quantités par rapport auxquelles procèdent définitivement les expressions universelles (52) et (52)$'$. Et, vu cette dernière circonstance, c'est-à-dire, la possibilité de déduire immédiatement, de l'équation proposée (49), les dérivées différentielles de l'inconnue x, prises particiellement par rapport aux variables indépendantes ξ, η, ζ, etc., on ne voit même pas l'utilité de la transformation de cette équation (49) sous l'expression universelle (50) ou (51), pour arriver à la résolution (52) ou (52)$'$ qu'on pourrait obtenir sans cette transformation. Aussi, cette résolution immédiate de l'équation (49), sans recourir à la transformation (50) et (51), constitue-t-elle, dans la Technie, une partie importante de l'application générale de la loi suprème (7) pour la génération des quantités, comme nous le verrons dans la suite de cette Philosophie de la Technie. — Il reste donc à découvrir quel est le CARACTÈRE PARTICULIER OU SPÉCIAL de la Résolution universelle des équations, dépendant de la transformation de l'équation proposée (49) sous l'expression universelle (50) et (51); car, il est nécessaire que ce caractère existe, parce que la forme universelle (50) ou (51) de toute équation (49) existe nécessairement, et cela comme génération primordiale ou même comme principe de la génération des quantités dont la relation donne ici lieu à une équation.

La question présente se trouvant ainsi bien déterminée, il n'y a plus aucune difficulté à la résoudre. En effet, avec un peu d'attention, on verra que cette question se réduit à découvrir quelle est la forme particulière des expressions (52) et (52)$'$, qui, sans rien préjudicier à l'universalité de la résolution de toute équation (49), soit le principe de la génération ou de la construction de toutes les autres formes possibles des expressions (52) et (52)$'$ donnant la résolution de l'équation transformée et universelle (50) ou (51). Or, cette forme particulière des expressions (52) et (52)$'$ est évidemment celle qui a lieu lorsque ces expressions constituent des développemens procédant par rapport aux simples puissances progressives des quantités x_1, x_2, x_3, etc., c'est-à-dire, lorsque les fonctions qui y sont dénotées par φ_0, φ_1, φ_2, φ_3, etc., reçoivent cette détermination particulière : car, d'une part, ces quantités x_1, x_2, x_3, etc. étant construites avec les fonctions Ω_0, Ω_1, Ω_2, Ω_3, etc. par rapport auxquelles procède le développement constituant l'équation transformée (50), et ces fonctions étant arbitraires et par conséquent diversifiables à l'infini, la forme particulière en question des expressions (52) et (52)$'$ est effectivement la forme universelle de la génération de la quantité x ou de sa fonction Fx ; et, de l'autre part, cette même forme particulière est évidemment le principe de la génération ou de la construction de toutes les autres formes possibles des expressions (52) et (52)$'$, parce que, suivant ce que nous avons vu dans la déduction des conditions (8) pour la possibilité de la génération universelle (7) des quantités, toutes les autres formes possibles des expressions (52) et (52)$'$ dont il s'agit, se réduisent à celle où ces expressions procèdent par rapport aux simples puissances progressives des quantités x_1, x_2, x_3, etc. — Ainsi, la forme particulière des expressions (52) et (52)$'$, ou généralement de l'expression (52)$'$, constituant le principe de toutes les solutions possibles de l'équation transformée (51), savoir, de l'équation

$$0 = fx + x_1 . f_1 x + x_2 . f_2 x + x_3 . f_3 x + \text{etc.},$$

et constituant, de plus, la Résolution universelle elle-même de toute équation donnée (49), savoir, de toute équation

$$0 = \Psi (x, a, b, c, \text{etc.}, \xi, \eta, \zeta, \text{etc.}),$$

cette forme particulière de l'expression (52)$'$, disons-nous, est évidemment ... (53)

$$
\begin{aligned}
Fx = \ &\Xi(0)_0 + \Xi(1)_1 \cdot x_1 + \Xi(1,1)_2 \cdot x_1^2 \quad + \Xi(1,1,1)_3 \cdot x_1^3 + \text{etc.}, \text{ etc.}; \\
&+ \Xi(2)_1 \cdot x_2 + \Xi(1,2)_2 \cdot x_1 x_2 + \Xi(1,1,2)_3 \cdot x_1^2 x_2 \\
&+ \Xi(3)_1 \cdot x_3 + \Xi(2,2)_2 \cdot x_2^2 \quad + \Xi(1,2,2)_3 \cdot x_1 x_2^2 \\
&+ \text{etc.} \qquad\ \ + \Xi(1,3)_2 \cdot x_1 x_3 + \Xi(2,2,2)_3 \cdot x_2^3 \\
&\qquad\qquad\ \ + \Xi(2,3)_2 \cdot x_2 x_3 + \text{etc.} \\
&\qquad\qquad\ \ + \Xi(3,3)_2 \cdot x_3^2 \\
&\qquad\qquad\ \ + \text{etc.}
\end{aligned}
$$

les coefficiens $\Xi(0)_0$, $\Xi(1)_1$, $\Xi(2)_1$, etc., $\Xi(1,1)_2$, $\Xi(1,2)_2$, etc., etc. de cette expression particulière pouvant être formés comme les coefficiens de l'expression générale $(52)'$. C'est donc là le caractère particulier de la résolution des équations, dépendant de la forme universelle (51) de toutes les équations possibles ; et c'est aussi là ce que, sous le nom de *Résolution universelle des équations*, nous avons reconnu plus haut former le second des deux objets qui, dans la Technie, dépendent du point de vue logique et portent sur la Comparaison des quantités.

Voici un exemple de cette Résolution universelle. — Si l'équation proposée (49), savoir,

$$ 0 = \Psi(x,\ a,\ b,\ c,\ \text{etc.},\ \xi,\ \eta,\ \zeta,\ \text{etc.}), $$

était telle qu'en la ramenant à la forme universelle (50) et (51), cette forme se réduisît au cas particulier suivant … $(51)_1$

$$ 0 = fx + x_1 \cdot f_1 x, $$

c'est-à-dire si, dans la forme universelle (51), les quantités x_2, x_3, x_4, etc. ou les fonctions $f_2 x$, $f_3 x$, $f_4 x$, etc. se trouvaient être zéro, la formule générale (53) donnerait, pour ce cas, l'expression … $(53)'$

$$ Fx = \Xi(0)_0 + \Xi(1)_1 \cdot x_1 + \Xi(1,1)_2 \cdot x_1^2 + \Xi(1,1,1)_3 \cdot x_1^3 + \text{etc.} $$

Or, en vertu de l'équation particulière présente $(51)_1$, la quantité x_1

est évidemment fonction de l'inconnue x, fonction que nous dénoterons par φx; de sorte que

$$\varphi x = x_1 = -\frac{fx}{f_1 x},$$

et que l'expression (53)' sera ... (53)''

$$Fx = \Xi_0 + \Xi_1 . \varphi x + \Xi_2 . (\varphi x)^2 + \Xi_3 . (\varphi x)^3 + \text{etc.}$$

Comparant cette expression avec le porisme de Paoli que nous avons déduit au commencement de cet ouvrage, sous la marque (6)', et qui est évidemment un cas particulier de la loi suprême (7), on obtiendra, pour les coefficiens Ξ_0, Ξ_1, Ξ_2, Ξ_3, etc. de cette expression, les valeurs ... (53)'''

$$\Xi_0 = F\dot{x}$$

$$\Xi_1 = \frac{1}{1} . \frac{dF\dot{x}}{d\varphi\dot{x}}$$

$$\Xi_2 = \frac{1}{1.2} . \frac{1}{d\varphi\dot{x}} . d\left(\frac{dF\dot{x}}{d\varphi\dot{x}}\right)$$

$$\Xi_3 = \frac{1}{1.2.3} . \frac{1}{d\varphi\dot{x}} . d\left(\frac{1}{d\varphi\dot{x}} . d\left(\frac{dF\dot{x}}{d\varphi\dot{x}}\right)\right)$$

etc., etc. ;

en marquant par le point placé sur x, la valeur que donne, pour cette quantité, la relation $fx = 0$. Ainsi, substituant ces valeurs à la place des coefficiens $\Xi(0)_0$, $\Xi(1)_1$, $\Xi(1,1)_2$, $\Xi(1,1,1)_3$, etc. de la première expression (53)', cette expression, dans laquelle tout sera connu, donnera la résolution de l'équation particulière $(51)_1$. — Dans le cas le plus simple, celui où la fonction fx qui entre dans cette équation, serait $(x - a)$, la quantité a étant donnée, c'est-à-dire, dans le cas simple où l'on aurait l'équation ... $(51)_2$

$$0 = (x - a) + x_1 . f_1 x,$$

la fonction $f_1 x$ étant d'ailleurs une fonction quelconque; les valeurs précédentes $(53)'''$ se réduiraient, comme nous le prouverons dans la suite, à la forme très simple ... $(53)^{IV}$

$$z_0 = Fa$$

$$z_1 = \frac{1}{1} \cdot \left(f_1 a \cdot \frac{dFa}{da} \right)$$

$$z_2 = \frac{1}{1 \cdot 2} \cdot \frac{d\left(f_1^2 a \cdot \frac{dFa}{da} \right)}{da}$$

$$z_3 = \frac{1}{1 \cdot 2 \cdot 3} \cdot \frac{d^2\left(f_1^3 a \cdot \frac{dFa}{da} \right)}{da^2}$$

etc., etc. ;

de sorte que la formule $(53)'$ donnerait, pour la résolution de l'équation simple $(51)_2$, l'expression ... $(51)_3$

$$Fx = Fa + \frac{x_1}{1} \cdot \left(f_1 a \cdot \frac{dFa}{da} \right)$$

$$+ \frac{x_1^2}{1 \cdot 2} \cdot \frac{d\left(f_1^2 a \cdot \frac{dFa}{da} \right)}{da}$$

$$+ \frac{x_1^3}{1 \cdot 2 \cdot 3} \cdot \frac{d^2\left(f_1^3 a \cdot \frac{dFa}{da} \right)}{da^2}$$

$$+ \text{ etc., etc.}$$

C'est là, en faisant $x_1 = 1$, le célèbre porisme ou soi-disant théorème de Lagrange ; porisme qui, comme nous l'avons déjà observé ailleurs (Réfut. de la Théor. des Fonct. anal., pages 29 et suiv., et sur-tout Philos. de l'Infini, page 98), est, dans les Mathématiques pures, la découverte principale de cet illustre géomètre. On voit maintenant, avec évidence, que ce célèbre porisme n'est que le cas le plus simple du cas le plus particulier de la Résolution universelle des équations. Et, l'on voit, en même tems, que cette Résolution universelle, prise dans sa généralité absolue, consiste dans la connaissance de la construction algorithmique ou de la nature des coefficiens dénotés par Ξ dans l'expression (53) donnant cette Résolution, c'est-à-dire, dans la connaissance de la loi que suit généralement cette construction algorithmique. Aussi, en venant ci-après à la solution définitive des diverses parties de la Technie, que nous découvrons actuellement, déduirons-nous cette importante loi constituant la Résolution universelle des équations ; loi que, par anticipation, nous avons déjà fait connaître aux géomètres dans notre Réfutation de Lagrange (à la fin du premier Mémoire, pages 30 et suiv.).

Dans la déduction de cette Résolution universelle, et spécialement dans la déduction de la possibilité de la résolution générale des équations ramenées à leur forme universelle (50) et (51), nous nous sommes bornés au cas de l'équation (50) où il n'entre qu'une seule inconnue ; parce que, comme cela est manifeste, c'est à ce cas que revient la possibilité de la résolution du cas général $(50)_1$ où il entre un nombre quelconque d'inconnues. En effet, appliquant l'expression (53) à l'une quelconque des équations universelles $(50)_1$, on déterminera, pour l'une des inconnues, x par exemple, les diverses fonctions F_1x, F_2x, F_3x, etc. sous lesquelles cette inconnue entre dans les autres équations, et l'on pourra ainsi éliminer des équations $(50)_1$ l'une des inconnues ; de sorte que, procédant de la même manière pour les autres inconnues, on parviendra définitivement, comme dans la Théorie de l'Algorithmie, à une équation qui n'aura plus qu'une seule inconnue. Mais, pour faciliter les opérations et sur-tout pour arriver aux lois constituant cette résolution générale, on peut tirer tout à la fois, des équations simultanées $(50)_1$, les dérivées différentielles des inconnues x, y, z, etc., dont on a besoin pour construire les coefficiens des développemens qu'on veut obtenir; ainsi que nous le verrons dans la suite de cette Philosophie de la Technie.

En terminant cette déduction de la Résolution universelle des équations, nous devons remarquer que les équations (50) ou (50)$_1$ sont les schémas du Problème universel des Mathématiques. En effet, toutes les questions de ces sciences se réduisent immédiatement à la connaissance de quelques quantités algorithmiques ou géométriques; et, comme les quantités algorithmiques sont les conditions de la possibilité des quantités géométriques, on voit que, dans le principe, toutes les questions que nous venons de nommer se réduisent définitivement à la connaissance de quelques quantités algorithmiques. Or, dans ces questions, il se trouve toujours établi certaines relations entre des quantités données et les quantités qu'il s'agit de découvrir; car, c'est là même la nature ou l'essence de toute question mathématique. Et, suivant ce que nous avons déjà dit plusieurs fois concernant le point de vue logique de l'Algorithmie, ces relations des quantités ont pour objet général la comparaison des quantités, laquelle forme des égalités ou des inégalités entre ces quantités, et, dans leur dernière détermination, des équations ou des inéquations. Ainsi, comme on l'a même déjà aperçu à posteriori, toutes les questions des Mathématiques se réduisent à des relations de quantités, qui, dans leur dernière détermination, forment des équations, dont dépendent aussi les inéquations. Mais, les expressions (50) et (50)$_1$ présentent la forme universelle de toutes les équations possibles; elles sont donc, comme nous l'avons avancé, les schémas du Problème universel des Mathématiques, c'est-à-dire, les règles d'après lesquelles seules peuvent s'établir des équations et, par conséquent, des questions mathématiques.

De cette remarque résultent deux conséquences de la plus haute importance. — D'abord, pour la philosophie de la science, nous dé-

couvrons par là le lien secret et presque mystique entre le point de
vue transcendantal et le point de vue logique de l'Algorithmie, c'est-
à-dire, entre la Constitution même des quantités et les résultats de la
Comparaison des quantités. En effet, sous le point de vue transcendantal, la Constitution des quantités donne lieu à certains algorithmes
déterminés, les seuls possibles pour la génération des quantités; et,
sous le point de vue logique, la Comparaison des quantités donne lieu
à des relations algorithmiques, formant des égalités ou des équations
qui, lorsqu'elles se trouvent résolues, amènent des quantités dont la
génération s'opère précisément par les algorithmes déterminés dont
nous venons de parler: or, cette unité, cette liaison entre les deux
points de vue de l'Algorithmie, entre la Constitution et la Comparaison
des quantités, qui, sans contredit, était l'objet le plus sublime de la
philosophie du géomètre, se trouve donnée avec clarté par les schémas (5o) et (5o)₁ de toutes les équations possibles et, par conséquent,
de toutes les questions mathématiques. On voit, par là, que toutes
ces questions ne peuvent en principe s'engendrer que d'après les règles
que présentent les schémas (5o) et (5o)₁ qui, eux-mêmes, s'établissent
sous le point de vue transcendantal, c'est-à-dire, par le moyen de la
loi suprême (7) de la génération des quantités; de sorte que, par ce
lien, toutes les équations ou toutes les questions mathématiques se
trouvent réellement rattachées à ce même point de vue transcendantal, et elles doivent, par conséquent, produire les quantités mêmes
qui sont données sous ce point de vue, c'est-à-dire, qui sont données
par l'un des différens algorithmes possibles de la génération ou de la
Constitution des quantités.

La seconde conséquence qui résulte de la remarque de ce que les
expressions (5o) et (5o)₁ présentent les schémas du Problème universel
des Mathématiques, concerne la science elle-même, et consiste en ce
que, de cette manière, il devient possible d'embrasser, sous une seule

forme, la résolution de tous les problèmes des Mathématiques. C'est
là la réponse à la seconde des deux grandes questions philosophiques
que nous avons posées au commencement de l'ouvrage présent, savoir, à la grande question suivante :

N'Y AURAIT-IL PAS MOYEN D'EMBRASSER, PAR UN SEUL PROBLÈME,
TOUS LES PROBLÈMES DES MATHÉMATIQUES, ET DE RÉSOUDRE
GÉNÉRALEMENT CE PROBLÈME UNIVERSEL ?

Ainsi, les deux grandes questions qui, suivant ce que nous avons
observé au commencement de cet ouvrage, doivent couronner la philosophie du géomètre, se trouvent résolues, ou du moins leur possibilité se trouve déjà déduite, et il ne reste plus qu'à effectuer leur
résolution ; tâche que nous remplirons dans la suite de cette Philosophie de la Technie, en commençant déjà dans la première partie qui
est l'objet de l'ouvrage présent. — De plus, on a vu que ces deux
grandes questions philosophiques sont réellement contenues dans
notre loi suprème (7) de la génération des quantités ; loi que, sous le
nom de loi algorithmique absolue, nous avions déjà trouvée à la fin
de notre Philosophie des Mathématiques, pour clore définitivement le
système de cette Philosophie, en le ramenant par là au principe
même, la sommation, duquel précisément nous avions déduit cette
haute doctrine.

Avant de quitter ici l'examen de cette branche complémentaire
de la Technie qui, sous le point de vue logique, embrasse la Comparaison universelle des quantités et consiste dans les deux parties que
nous avons nommées Canon algorithmique et Résolution universelle
des équations, et que, par les raisons précédentes, nous nommerons
dorénavant *Canon algorithmique* et *Problème universel,* nous devons
observer que ces deux parties sont l'une ÉLÉMENTAIRE et l'autre SYS-

TÉMATIQUE dans cette branche logique de la Technie. En effet, la formation universelle des égalités, qui est l'objet de la première, c'est-à-dire, du Canon algorithmique, ne porte que sur la relation des ÉLÉMENS mêmes entre lesquels s'établissent des égalités ; tandis que la résolution universelle des équations, qui est l'objet de la seconde partie, c'est-à-dire, du Problème universel, porte proprement sur la RÉUNION SYSTÉMATIQUE des élémens dont la relation forme les équations, et cela en tant que cette réunion des élémens (des quantités connues) doit réellement être opérée dans les quantités inconnues de ces équations. — Ainsi, comme dans la Théorie de l'Algorithmie, cette branche accessoire et complémentaire de la Technie, qui dépend du point de vue logique et qui, par conséquent, porte sur la Comparaison des quantités, se trouve aussi avoir deux parties : l'une élémentaire, le Canon algorithmique ; et l'autre systématique, le Problème universel.

Nous voilà au terme de la déduction de toutes les parties intégrantes de la Technie de l'Algorithmie. — Nous connaissons maintenant, avec exactitude et en détail, le nombre et la nature spéciale de ces différentes parties intégrantes ; nous connaissons, de plus, les principes spéculatifs de leur possibilité, et les principes actifs ou finals de leur nécessité ou de leur présence indispensable dans la science. Nous savons, en outre, que, dans leur réunion, ces parties intégrantes de la Technie forment l'ensemble des MOYENS ou INSTRUMENS de cette branche de l'Algorithmie qui porte sur l'universalité dans la génération des quantités, et qui, par là même, se trouve essentiellement distincte de la Théorie de l'Algorithmie. — Il ne nous reste donc, pour compléter cette déduction, qu'à résumer ces différentes parties intégrantes de la Technie de l'Algorithmie dans le tableau architectonique suivant.

TABLEAU ARCHITECTONIQUE

Des moyens ou instrumens de la Technie, formant les différens algorithmes particuliers à cette branche de l'Algorithmie.

A) Génération ; Point de vue transcendantal. = CONSTITUTION TECHNIQUE.

  .a) Partie élémentaire.

    *a*2) Algorithmes techniques primitifs ;

      *a*3) Génération technique par sommation,

        *a*4) Primordiale. = SÉRIES.

        *b*4) Secondaire. = FRACTIONS CONTINUES.

      *b*3) Génération technique par graduation,

        *a*4) Primordiale. = FACULTÉS EXPONENTIELLES.

        *b*4) Secondaire. = PRODUITES CONTINUES.

    *b*2) Algorithme technique dérivé. = INTERPOLATION.

  b) Partie systématique. = LOI SUPRÊME OU UNIVERSELLE.

B) Relation ; Point de vue logique. = COMPARAISON TECHNIQUE.

  a) Partie élémentaire. = CANON ALGORITHMIQUE.

  b) Partie systématique. = PROBLÈME UNIVERSEL.

———

Jusqu'ici nous n'avons encore que la déduction des différens procédés formant les moyens ou les instrumens de la Technie ; et cette déduction ne présente évidemment encore que ce que, parmi les diverses parties de la science, nous nommons, dans notre Philosophie des Mathématiques, CONCEPTION GÉNÉRALE pour la Constitution algo-

rithmique, et CLASSIFICATION pour la Comparaison algorithmique (*).
Ainsi, suivant les principes supérieurs que nous avons allégués dans
notre Philosophie (pages 99 et 100), il nous reste, pour compléter
cette première section de la Philosophie de la Technie, portant sur les
moyens ou les instrumens de cette branche de l'Algorithmie, il nous
reste, disons-nous, à donner, pour la Constitution technique, les LOIS
FONDAMENTALES et les CIRCONSTANCES IMMÉDIATES des différentes parties de cette Constitution, et, pour la Comparaison technique, la
RÉSOLUTION et la CORRÉLATION des deux parties respectives de cette
Comparaison.

Venons, d'abord, aux lois fondamentales des différens algorithmes
techniques formant la Constitution algorithmique parmi les moyens
ou instrumens de la Technie. Et, en nous rappelant que la partie
systématique de cette Constitution, c'est-à-dire, la loi suprême ou
universelle de la génération des quantités, forme, en même tems, la
loi générale de toute la Technie, commençons ici par exposer cette
loi suprème ou universelle ; en observant d'ailleurs que, par là même,
nous aurons immédiatement la solution complète de la première des
deux grandes questions philosophiques qu'au commencement de cet
ouvrage nous avons reconnues devoir couronner la Philosophie des
Mathématiques.

(*) A proprement parler, nous n'avons donné, dans la Comparaison technique
précédente, que la spécification générale de la partie élémentaire et de la partie systématique, c'est-à-dire, du Canon algorithmique et du Problème universel. Quant à la
spécification particulière de chacune de ces deux parties séparément, présentant la
classification, d'une part, pour les égalités obtenues par le Canon algorithmique, et,
de l'autre part, pour les équations résolues par le Problème universel, cette spécification particulière ou cette classification appartient évidemment à la Théorie de l'Algorithmie ; et elle se trouve donnée dans notre Introduction à la Philosophie des
Mathématiques.

Mais, avant d'y aborder, revoyons ici et généralisons davantage l'espèce particulière des fonctions algorithmiques que, dans notre Réfutation de Lagrange, nous avons nommées *sommes combinatoires*, et que nous avons désignées par la lettre hébraïque w ; et cela parce que ces fonctions constituent la partie principale des expressions de la loi dont il est question. — Pour cela, soient X_1, X_2, X_3, ... X_ω des fonctions d'une ou de plusieurs variables, et soient $\mathfrak{E}1$, $\mathfrak{E}2$, $\mathfrak{E}3$, ... $\mathfrak{E}\omega$ les exposans des différences de ces fonctions (*), prises par rapport à une, à plusieurs ou à toutes les variables indépendantes. Formons, avec les exposans $\mathfrak{E}1$, $\mathfrak{E}2$, $\mathfrak{E}3$, ... $\mathfrak{E}\omega$, toutes les permutations possibles, et donnons ces exposans, dans chaque ordre de leurs permutations, aux différences consécutives qui composent le produit

$$\Delta X_1 . \Delta X_2 . \Delta X_3 \ \ldots \ \Delta X_\omega;$$

ainsi que nous l'avons dit dans le premier des Mémoires de notre Réfutation des fonctions analytiques. Il en résultera autant de produits partiels qu'il y a de permutations entre les exposans $\mathfrak{E}1$, $\mathfrak{E}2$, $\mathfrak{E}3$, ... $\mathfrak{E}\omega$; et c'est la somme de ces produits partiels, pris alternativement avec le signe positif et le signe négatif, qui forme la fonction que nous avons

---

(*) On peut considérer généralement les quantités $\mathfrak{E}1$, $\mathfrak{E}2$, $\mathfrak{E}3$, ... $\mathfrak{E}\omega$ comme les exposans ou les indices de tout autre système de fonctions prises sur les fonctions données X_1, X_2, X_3, ... X_ω. Mais, pour plus de simplicité, nous nous bornons d'abord au cas particulier du système de différences prises sur ces fonctions X_1, X_2, X_3, ... X_ω ; en nous réservant, pour la suite, d'étendre ce cas particulier au cas général d'un système quelconque de fonctions dépendant des exposans ou indices $\mathfrak{E}1$, $\mathfrak{E}2$, $\mathfrak{E}3$, ... $\mathfrak{E}\omega$. D'ailleurs, rien n'empêche ici de considérer immédiatement la caractéristique Δ des différences comme étant la caractéristique de tout autre système de fonctions, dont les diverses fonctions composantes seraient dénotées, en particulier, par les caractéristiques spéciales Δ^1, Δ^2, Δ^3, Δ^4, etc. et, en général, par les caractéristiques spéciales $\Delta^{\mathfrak{E}1}$, $\Delta^{\mathfrak{E}2}$, $\Delta^{\mathfrak{E}3}$, $\Delta^{\mathfrak{E}4}$, etc.

nommée somme combinatoire, et que nous avons désignée de la manière suivante ... (54)

$$w\,[\,\Delta^{\varepsilon_1} X_1 . \Delta^{\varepsilon_2} X_2 . \Delta^{\varepsilon_3} X_3 \ldots \Delta^{\varepsilon_\omega} X_\omega\,].$$

Quant au signe, positif ou négatif, de chaque produit partiel qui entre dans la composition de cette fonction, il doit être positif lorsque le nombre des variations des exposans ε_1, ε_2, ε_3, ... ε_ω, considérés dans l'ordre numérique de leurs indices 1, 2, 3, ... ω, est nul ou pair; et il doit être négatif, lorsque ce nombre de variations est impair. — Nous aurons ainsi, par exemple, comme dans l'ouvrage cité, ... (54)'

$$w\,[\,\Delta^{\varepsilon_1} X_1\,] = \Delta^{\varepsilon_1} X_1$$

$$w\,[\,\Delta^{\varepsilon_1} X_1 . \Delta^{\varepsilon_2} X_2\,] = \Delta^{\varepsilon_1} X_1 . \Delta^{\varepsilon_2} X_2 - \Delta^{\varepsilon_2} X_1 . \Delta^{\varepsilon_1} X_2$$

$$\begin{aligned}
w\,[\,\Delta^{\varepsilon_1} X_1 . \Delta^{\varepsilon_2} X_2 . \Delta^{\varepsilon_3} X_3\,] =\ & \Delta^{\varepsilon_1} X_1 . \Delta^{\varepsilon_2} X_2 . \Delta^{\varepsilon_3} X_3 - \Delta^{\varepsilon_1} X_1 . \Delta^{\varepsilon_3} X_2 . \Delta^{\varepsilon_2} X_3 \\
&+ \Delta^{\varepsilon_2} X_1 . \Delta^{\varepsilon_3} X_2 . \Delta^{\varepsilon_1} X_3 - \Delta^{\varepsilon_2} X_1 . \Delta^{\varepsilon_1} X_2 . \Delta^{\varepsilon_3} X_3 \\
&+ \Delta^{\varepsilon_3} X_1 . \Delta^{\varepsilon_1} X_2 . \Delta^{\varepsilon_2} X_3 - \Delta^{\varepsilon_3} X_1 . \Delta^{\varepsilon_2} X_2 . \Delta^{\varepsilon_1} X_3 .
\end{aligned}$$

Pour ne pas introduire de noms nouveaux, on peut simplement appeler ces fonctions du nom *schin* de la lettre w dont on se servira pour les désigner; et nous le ferons ainsi dorénavant, comme nous le faisons dans la dénomination de nos fonctions alephs (*).

On sait, et nous en avons déjà prévenu dans la Réfutation de

(*) Depuis que nous avons montré l'influence de ces fonctions dans la loi générale des Séries, on a repris leur examen, du moins dans le cas simple où les quantités qui entrent dans leur construction, ne sont pas considérées comme étant elles-mêmes fonctions d'autres quantités. — Nous pensons que la découverte de l'influence majeure des mêmes fonctions dans la loi suprême ou universelle de la génération algorithmique, nous donne le droit, du moins pour nos ouvrages, d'adopter, pour ces quantités, une notation et une dénomination spéciales.

Lagrange, que ces sommes combinatoires ou fonctions schins peuvent
être développées de différentes manières. Nous nous bornerons ici à
présenter deux formules générales pour ces développemens; formules
qui dérivent immédiatement de la définition des fonctions dont il
s'agit. Mais, pour avoir ces formules dans toute leur généralité, on se
trouve obligé de considérer un facteur quelconque ΔX_μ comme n'é-
tant pas contenu dans la suite des facteurs ΔX_1, ΔX_2, ΔX_3, ... ΔX_ω formant le produit partiel $(\Delta X_1 . \Delta X_2 . \Delta X_3 \ldots \Delta X_\omega)$, et un exposant quelconque ε_ν comme ne se trouvant pas dans la suite d'exposans ε_1, ε_2,
ε_3, ... ε_ω. Nous désignerons cette circonstance de la manière que
voici ... (55)

$$\mathfrak{w}\left[\frac{\Delta X_1 . \Delta X_2 . \Delta X_3 \ldots \Delta X_\omega}{\Delta X_\mu}\right]^{(\varepsilon_1,\, \varepsilon_2,\, \varepsilon_3,\, \ldots\, \varepsilon_\omega) - \varepsilon_\nu};$$

de sorte que nous aurons, par exemple,

$$\mathfrak{w}\left[\frac{\Delta X_1 . \Delta X_2 . \Delta X_3 . \Delta X_4}{\Delta X_3}\right]^{(\varepsilon_1,\, \varepsilon_2,\, \varepsilon_3,\, \varepsilon_4) - \varepsilon_2} = \mathfrak{w}[\Delta^{\varepsilon_1} X_1 . \Delta^{\varepsilon_3} X_2 . \Delta^{\varepsilon_4} X_4] =$$

$$= \Delta^{\varepsilon_1} X_1 . \Delta^{\varepsilon_3} X_2 . \Delta^{\varepsilon_4} X_4 - \Delta^{\varepsilon_1} X_1 . \Delta^{\varepsilon_4} X_2 . \Delta^{\varepsilon_3} X_4$$

$$+ \Delta^{\varepsilon_3} X_1 . \Delta^{\varepsilon_4} X_2 . \Delta^{\varepsilon_1} X_4 - \Delta^{\varepsilon_3} X_1 . \Delta^{\varepsilon_1} X_2 . \Delta^{\varepsilon_4} X_4$$

$$+ \Delta^{\varepsilon_4} X_1 . \Delta^{\varepsilon_1} X_2 . \Delta^{\varepsilon_3} X_4 - \Delta^{\varepsilon_4} X_1 . \Delta^{\varepsilon_3} X_2 . \Delta^{\varepsilon_1} X_4.$$

Or, les deux formules générales pour les développemens des fonctions
schins doivent évidemment présenter, l'une les termes séparés dépendans d'un même facteur ΔX_μ, et l'autre les termes séparés dépendans
d'un même exposant ε_ν; et, suivant la notation (55), la première de
ces formules est ... (56)

$$w\left[\Delta^{c_1}X_1 . \Delta^{c_2}X_2 . \Delta^{c_3}X_3 \ldots \Delta^{c_\omega}X_\omega\right] =$$

$$= (-1)^\mu . \left\{ (-1)^1 . \Delta^{c_1}X_\mu . w\left[\frac{\Delta X_1 . \Delta X_2 . \Delta X_3 \ldots \Delta X_\omega}{\Delta X_\mu}\right]^{(c_1, c_2, c_3, \ldots c_\omega) - c_1} \right.$$

$$(-1)^2 . \Delta^{c_2}X_\mu . w\left[\frac{\Delta X_1 . \Delta X_2 . \Delta X_3 \ldots \Delta X_\omega}{\Delta X_\mu}\right]^{(c_1, c_2, c_3, \ldots c_\omega) - c_2}$$

$$(-1)^3 . \Delta^{c_3}X_\mu . w\left[\frac{\Delta X_1 . \Delta X_2 . \Delta X_3 \ldots \Delta X_\omega}{\Delta X_\mu}\right]^{(c_1, c_2, c_3, \ldots c_\omega) - c_3}$$

$$\cdots \cdots \cdots \cdots \cdots \cdots \cdots$$

$$\left. (-1)^\omega . \Delta^{c_\omega}X_\mu . w\left[\frac{\Delta X_1 . \Delta X_2 . \Delta X_3 \ldots \Delta X_\omega}{\Delta X_\mu}\right]^{(c_1, c_2, c_3, \ldots c_\omega) - c_\omega} \right\}.$$

Cette formule générale, considérée par rapport aux termes mêmes dont se compose le développement, est évidente et résulte immédiatement de la définition des fonctions schins et de la nature des permutations; et, pour ce qui concerne les signes respectifs de ces termes séparés, en voici la raison. — Un terme quelconque du développement en question, correspondant à l'indice ρ, savoir,

$$\Delta^{c_\rho}X_\mu . w\left[\frac{\Delta X_1 . \Delta X_2 . \Delta X_3 \ldots \Delta X_\omega}{\Delta X_\mu}\right]^{(c_1, c_2, c_3, \ldots c_\omega) - c_\rho} ,$$

doit, suivant la définition des fonctions schins, avoir le signe

$$(-1)^{\mu - \rho} ,$$

qui est le signe du même terme dans la formule (56). Car, si l'on considère le premier terme du développement de la fonction schin partielle

$$w\left[\frac{\Delta X_1 . \Delta X_2 . \Delta X_3 \ldots \Delta X_\omega}{\Delta X_\mu}\right]^{(c_1, c_2, c_3, \ldots c_\omega) - c_\rho} ,$$

et, si l'on y joint le facteur $\Delta^{c_\rho}X_\mu$ dans le rang qui lui revient parmi les facteurs ΔX_1, ΔX_2, ΔX_3, ... ΔX_ω, on verra facilement que le nombre des variations dans l'ordre numérique des indices des exposans $\mathfrak{E}1$, $\mathfrak{E}2$, $\mathfrak{E}3$, etc., sera $(\mu - \rho)$, et par conséquent, suivant la définition des fonctions schins, que le signe de ce premier terme sera $(-1)^{\mu-\rho}$. Quant aux autres termes de la fonction schin partielle précédente, leurs signes ne dépendent plus que des variations de l'ordre numérique parmi les indices des exposans

$$(\mathfrak{E}1, \mathfrak{E}2, \mathfrak{E}3, ... \mathfrak{E}\omega) - \mathfrak{E}\rho;$$

variations qui n'établissent évidemment aucune variation nouvelle relativement à l'exposant $\mathfrak{E}\rho$ du facteur général ΔX_μ. Donc, etc. — Voici un exemple du développement général (56) :

$$W[\Delta^{\mathfrak{E}1} X_1 . \Delta^{\mathfrak{E}2} X_2 . \Delta^{\mathfrak{E}3} X_3 . \Delta^{\mathfrak{E}4} X_4] =$$
$$= - \Delta^{\mathfrak{E}1} X_4 . W[\Delta^{\mathfrak{E}2} X_1 . \Delta^{\mathfrak{E}3} X_2 . \Delta^{\mathfrak{E}4} X_3]$$
$$+ \Delta^{\mathfrak{E}2} X_4 . W[\Delta^{\mathfrak{E}1} X_1 . \Delta^{\mathfrak{E}3} X_2 . \Delta^{\mathfrak{E}4} X_3]$$
$$- \Delta^{\mathfrak{E}3} X_4 . W[\Delta^{\mathfrak{E}1} X_1 . \Delta^{\mathfrak{E}2} X_2 . \Delta^{\mathfrak{E}4} X_3]$$
$$+ \Delta^{\mathfrak{E}4} X_4 . W[\Delta^{\mathfrak{E}1} X_1 . \Delta^{\mathfrak{E}2} X_2 . \Delta^{\mathfrak{E}3} X_3].$$

La seconde des deux formules générales pour le développement des fonctions schins, celle qui présente les termes séparés de ce développement, dépendans d'un même exposant $\mathfrak{E}\nu$, est ... (57)

$$W[\Delta^{\mathfrak{E}1} X_1 . \Delta^{\mathfrak{E}2} X_2 . \Delta^{\mathfrak{E}3} X_3 ... \Delta^{\mathfrak{E}\omega} X_\omega] =$$

$$= (-1)^\nu . \left\{ (-1)^1 . \Delta^{\mathfrak{E}\nu} X_1 . W\left[\frac{\Delta X_1 . \Delta X_2 . \Delta X_3 ... \Delta X_\omega}{\Delta X_1}\right]^{(\mathfrak{E}1, \mathfrak{E}2, \mathfrak{E}3, ... \mathfrak{E}\omega) - \mathfrak{E}\nu} \right.$$

$$(-1)^2 . \Delta^{\mathfrak{E}\nu} X_2 . W\left[\frac{\Delta X_1 . \Delta X_2 . \Delta X_3 ... \Delta X_\omega}{\Delta X_2}\right]^{(\mathfrak{E}1, \mathfrak{E}2, \mathfrak{E}3, ... \mathfrak{E}\omega) - \mathfrak{E}\nu}$$

$$(-1)^3 . \Delta^{\mathfrak{E}\nu} X_3 . W\left[\frac{\Delta X_1 . \Delta X_2 . \Delta X_3 ... \Delta X_\omega}{\Delta X_3}\right]^{(\mathfrak{E}1, \mathfrak{E}2, \mathfrak{E}3, ... \mathfrak{E}\omega) - \mathfrak{E}\nu}$$

$$. . . . .$$

$$\left. (-1)^\omega . \Delta^{\mathfrak{E}\nu} X_\omega . W\left[\frac{\Delta X_1 . \Delta X_2 . \Delta X_3 ... \Delta X_\omega}{\Delta X_\omega}\right]^{(\mathfrak{E}1, \mathfrak{E}2, \mathfrak{E}3, ... \mathfrak{E}\omega) - \mathfrak{E}\nu} \right\}.$$

La raison des signes des termes composant le développement dans cette seconde formule, est la même que celle que nous avons alléguée pour la première formule (56). — Voici un exemple de cette seconde formule générale (57) :

$$w\,[\Delta^{\epsilon_1} X_1 . \Delta^{\epsilon_2} X_2 . \Delta^{\epsilon_3} X_3 . \Delta^{\epsilon_4} X_4] =$$
$$= -\ \Delta^{\epsilon_4} X_1 . w\,[\Delta^{\epsilon_1} X_2 . \Delta^{\epsilon_2} X_3 . \Delta^{\epsilon_3} X_4]$$
$$+\ \Delta^{\epsilon_4} X_2 . w\,[\Delta^{\epsilon_1} X_1 . \Delta^{\epsilon_2} X_3 . \Delta^{\epsilon_3} X_4]$$
$$-\ \Delta^{\epsilon_4} X_3 . w\,[\Delta^{\epsilon_1} X_1 . \Delta^{\epsilon_2} X_2 . \Delta^{\epsilon_3} X_4]$$
$$+\ \Delta^{\epsilon_4} X_4 . w\,[\Delta^{\epsilon_1} X_1 . \Delta^{\epsilon_2} X_2 . \Delta^{\epsilon_3} X_3].$$

Nous observerons encore que les deux formules générales (56) et (57) peuvent être exprimées de la manière plus simple que voici :

$$(56)' \ldots\ w\,[\Delta^{\epsilon_1} X_1 . \Delta^{\epsilon_2} X_2 . \Delta^{\epsilon_3} X_3 \ldots \Delta^{\epsilon_\omega} X_\omega] =$$
$$= (-1)^\mu . \Sigma_\nu \left\{ (-1)^\nu . \Delta^{\epsilon_\nu} X_\mu . w \left[\frac{\Delta X_1 . \Delta X_2 . \Delta X_3 \ldots \Delta X_\omega}{\Delta X_\mu} \right]^{(\epsilon_1, \epsilon_2, \epsilon_3, \ldots \epsilon_\omega) - \epsilon_\nu} \right\}$$

$$(57)' \ldots\ w\,[\Delta^{\epsilon_1} X_1 . \Delta^{\epsilon_2} X_2 . \Delta^{\epsilon_3} X_3 \ldots \Delta^{\epsilon_\omega} X_\omega] =$$
$$= (-1)^\nu . \Sigma_\mu \left\{ (-1)^\mu . \Delta^{\epsilon_\nu} X_\mu . w \left[\frac{\Delta X_1 . \Delta X_2 . \Delta X_3 \ldots \Delta X_\omega}{\Delta X_\mu} \right]^{(\epsilon_1, \epsilon_2, \epsilon_3, \ldots \epsilon_\omega) - \epsilon_\nu} \right\};$$

en dénotant respectivement par la caractéristique Σ_ν la somme des termes correspondans à toutes les valeurs entières et positives de l'indice ν, depuis $\nu = 1$ jusqu'à $\nu = \omega$ inclusivement, et par la caractéristique Σ_μ la somme des termes correspondans à toutes les valeurs entières et positives de l'indice μ, depuis $\mu = 1$ jusqu'à $\mu = \omega$ inclusivement.

Mais, une observation essentielle qu'il faut ici faire sur la nature des fonctions schins, c'est qu'elles n'entrent dans l'expression de la Loi suprème ou universelle qui est notre objet actuel, que sous la forme ... (58)

$$\frac{w\,[\,\Delta^{\varsigma_1} X_1 . \Delta^{\varsigma_2} X_2 . \Delta^{\varsigma_3} X_3 \ldots \Delta^{\varsigma(\omega-1)} X_{\omega-1} . \Delta^{\varsigma_\omega} Z\,]}{w\,[\,\Delta^{\varsigma_1} X_1 . \Delta^{\varsigma_2} X_2 . \Delta^{\varsigma_3} X_3 \ldots \Delta^{\varsigma(\omega-1)} X_{\omega-1} . \Delta^{\varsigma_\omega} X_\omega\,]} ,$$

Z étant une fonction différente de X_ω; de manière que, si l'on désigne par Y_ω ce rapport (58) de fonctions schins, la quantité Y_ω se trouvera donnée par les équations linéaires ou du premier degré que voici ... (58)′

$$\Delta^{\varsigma_1} Z = Y_1 . \Delta^{\varsigma_1} X_1 + Y_2 . \Delta^{\varsigma_1} X_2 + Y_3 . \Delta^{\varsigma_1} X_3 \ldots + Y_{\omega-1} . \Delta^{\varsigma_1} X_{\omega-1} + Y_\omega . \Delta^{\varsigma_1} X_\omega$$

$$\Delta^{\varsigma_2} Z = Y_1 . \Delta^{\varsigma_2} X_1 + Y_2 . \Delta^{\varsigma_2} X_2 + Y_3 . \Delta^{\varsigma_2} X_3 \ldots + Y_{\omega-1} . \Delta^{\varsigma_2} X_{\omega-1} + Y_\omega . \Delta^{\varsigma_2} X_\omega$$

$$\Delta^{\varsigma_3} Z = Y_1 . \Delta^{\varsigma_3} X_1 + Y_2 . \Delta^{\varsigma_3} X_2 + Y_3 . \Delta^{\varsigma_3} X_3 \ldots + Y_{\omega-1} . \Delta^{\varsigma_3} X_{\omega-1} + Y_\omega . \Delta^{\varsigma_3} X_\omega$$

$$\cdots\cdots\cdots\cdots\cdots\cdots\cdots\cdots\cdots$$

$$\Delta^{\varsigma_\omega} Z = Y_1 . \Delta^{\varsigma_\omega} X_1 + Y_2 . \Delta^{\varsigma_\omega} X_2 + Y_3 . \Delta^{\varsigma_\omega} X_3 \ldots + Y_{\omega-1} . \Delta^{\varsigma_\omega} X_{\omega-1} + Y_\omega . \Delta^{\varsigma_\omega} X_\omega ;$$

les quantités Y_1, Y_2, Y_3, ... $Y_{\omega-1}$ étant les inconnues complémentaires de ces équations, mais dont la considération n'entre pas dans le rapport (58) dont il est question (*). — Il s'ensuit que tout ce qui peut particulariser et, par conséquent, faciliter la résolution des équations précédentes (58)′, pour la détermination de la quantité Y_ω équivalente au rapport (58), doit également particulariser et faciliter les expressions où entre cette quantité Y_ω ou le rapport (58). — Cette circonstance est d'une importance majeure dans l'application de la Loi universelle pour laquelle nous venons de préparer les fonctions schins.

(*) Cette relation d'identité qui se trouve entre le rapport (58) et la quantité Y_ω donnée par les équations (58)′, et que nous ne remarquons ici que par anticipation, dépend évidemment de la solution des équations linéaires ou de premier degré; solution qui, comme nous en avons déjà prévenu dans la note de la page 161, se trouve elle-même donnée par la Loi suprème dont il est actuellement question.

Il faut enfin observer (*) que si la caractéristique Δ, au lieu de désigner les différences prises sur les fonctions X_1, X_2, X_3, etc., dénotait tout autre système de fonctions algorithmiques prises sur les mêmes fonctions X_1, X_2, X_3, etc., tout ce que nous venons de dire concernant les fonctions schins, se trouverait également vrai. Mais, pour notre but présent, nous nous bornons ici à désigner par la lettre Δ, selon l'usage, les différences prises par rapport à des accroissemens quelconques des variables.

— Procédons maintenant à l'exposition de la Loi suprème ou universelle, en nous rappelant que la forme de cette loi, d'après la déduction que nous en avons donnée plus haut à la marque (7), est

$$Fx = A_0 . \Omega_0 + A_1 . \Omega_1 + A_2 . \Omega_2 + A_3 . \Omega_3 + \text{etc.} ;$$

Fx étant la fonction de la quantité x, de laquelle il s'agit de donner la génération universelle, et Ω_0, Ω_1, Ω_2, Ω_3, etc. étant des fonctions quelconques de la même quantité x, moyennant lesquelles doit être opérée cette génération. — Il est évident que la détermination de la loi en question se réduit à la détermination générale des coefficiens A_0, A_1, A_2, A_3, etc. ; et c'est cette détermination générale que nous allons présenter, en supposant, sans préjudicier à l'universalité de cette loi, que la fonction Ω_0 est une quantité constante et égale à l'unité.

Formons, en premier lieu, avec les quantités Fx, Ω_0, Ω_1, Ω_2, Ω_3, etc., les rapports de fonctions schins, analogues à l'expression (58), suivant la formule générale ... (59)

$$z_\omega = \frac{W\left[\Delta^{\zeta_0}\Omega_0 . \Delta^{\zeta_1}\Omega_1 . \Delta^{\zeta_2}\Omega_2 \ldots \Delta^{\zeta(\omega-2)}\Omega_{\omega-2} . \Delta^{\zeta(\omega-1)}\Omega_{\omega-1} , \Delta^{\zeta\omega} Fx\right]}{W\left[\Delta^{\zeta_0}\Omega_0 . \Delta^{\zeta_1}\Omega_1 . \Delta^{\zeta_2}\Omega_2 \ldots \Delta^{\zeta(\omega-2)}\Omega_{\omega-2} , \Delta^{\zeta(\omega-1)}\Omega_{\omega-1} , \Delta^{\zeta\omega}\Omega_\omega\right]} ,$$

(*) Comme nous l'avons déjà fait plus haut dans la note de la page 175.

Ξ_ω étant la quantité générale équivalente à ces rapports; et donnons aux exposans c_0, c_1, c_2, c_3, etc. les valeurs ... (59)$'$

$$c_0 = 0, \quad c_1 = 1 + c_0, \quad c_2 = 1 + c_1, \quad c_3 = 1 + c_2, \quad \text{etc.,}$$

c'est-à-dire,

$$c_0 = 0, \quad c_1 = 1, \quad c_2 = 2, \quad c_3 = 3, \quad \dots \quad c_\omega = \omega.$$

Or, dans le cas où l'indice ω est zéro, la formule précédente (59) donne immédiatement, pour Ξ_0, la valeur ... (60)

$$\Xi_0 = \frac{\Delta^{c_0} Fx}{\Delta^{c_0} \Omega_0} = \frac{\Delta^0 Fx}{\Delta^0 1} = Fx.$$

Quant aux valeurs de Ξ_μ correspondantes aux autres indices μ, observons qu'en vertu de la formule de développement (56), on a

$$W\left[\Delta^{c_0}\Omega_0 . \Delta^{c_1}\Omega_1 . \Delta^{c_2}\Omega_2 \dots \Delta^{c(\omega-2)}\Omega_{\omega-2} . \Delta^{c(\omega-1)}\Omega_{\omega-1} . \Delta^{c_\omega} Y\right] =$$
$$= \Delta^{c_0}\Omega_0 . W\left[\Delta^{c_1}\Omega_1 . \Delta^{c_2}\Omega_2 . \Delta^{c_3}\Omega_3 \dots \Delta^{c(\omega-1)}\Omega_{\omega-1} . \Delta^{c_\omega} Y\right]$$
$$- \Delta^{c_1}\Omega_0 . W\left[\Delta^{c_0}\Omega_1 . \Delta^{c_2}\Omega_2 . \Delta^{c_3}\Omega_3 \dots \Delta^{c(\omega-1)}\Omega_{\omega-1} . \Delta^{c_\omega} Y\right]$$
$$+ \Delta^{c_2}\Omega_0 . W\left[\Delta^{c_0}\Omega_1 . \Delta^{c_1}\Omega_2 . \Delta^{c_3}\Omega_3 \dots \Delta^{c(\omega-1)}\Omega_{\omega-1} . \Delta^{c_\omega} Y\right]$$
$$- \text{etc., etc.;}$$

Y désignant ici collectivement et la quantité Fx qui se trouve au numérateur, et la quantité Ω_ω qui se trouve au dénominateur de l'expression (59). Ainsi, en observant que $\Omega_0 = 1$, et par conséquent

$$\Delta^0\Omega_0 = 1, \quad \Delta^1\Omega_0 = 0, \quad \Delta^2\Omega_0 = 0, \quad \Delta^3\Omega_0 = 0, \quad \text{etc.,}$$

on verra que, pour les indices ω différens de zéro, la formule générale (59) prend la forme plus simple ... (59)$''$

$$\Xi_\omega = \frac{W\left[\Delta^{c_1}\Omega_1 . \Delta^{c_2}\Omega_2 . \Delta^{c_3}\Omega_3 \dots \Delta^{c(\omega-2)}\Omega_{\omega-2} . \Delta^{c(\omega-1)}\Omega_{\omega-1} . \Delta^{c_\omega} Fx\right]}{W\left[\Delta^{c_1}\Omega_1 . \Delta^{c_2}\Omega_2 . \Delta^{c_3}\Omega_3 \dots \Delta^{c(\omega-2)}\Omega_{\omega-2} . \Delta^{c(\omega-1)}\Omega_{\omega-1} . \Delta^{c_\omega} \Omega_\omega\right]},$$

les exposans c_1, c_2, c_3, etc. ayant toujours les valeurs que nous leur avons assignées sous les marques $(59)'$. — Cette formule simplifiée donnera ainsi les expressions particulières suivantes … $(60)'$

$$z_1 = \frac{\mathrm{W}\,[\,\Delta^1 Fx\,]}{\mathrm{W}\,[\,\Delta^1 \Omega_1\,]} = \frac{\Delta Fx}{\Delta \Omega_1}$$

$$z_2 = \frac{\mathrm{W}\,[\,\Delta^1 \Omega_1 \,.\, \Delta^2 Fx\,]}{\mathrm{W}\,[\,\Delta^1 \Omega_1 \,.\, \Delta^2 \Omega_2\,]}$$

$$z_3 = \frac{\mathrm{W}\,[\,\Delta^1 \Omega_1 \,.\, \Delta^2 \Omega_2 \,.\, \Delta^3 Fx\,]}{\mathrm{W}\,[\,\Delta^1 \Omega_1 \,.\, \Delta^2 \Omega_2 \,.\, \Delta^3 \Omega_3\,]}$$

$$z_4 = \frac{\mathrm{W}\,[\,\Delta^1 \Omega_1 \,.\, \Delta^2 \Omega_2 \,.\, \Delta^3 \Omega_3 \,.\, \Delta^4 Fx\,]}{\mathrm{W}\,[\,\Delta^1 \Omega_1 \,.\, \Delta^2 \Omega_2 \,.\, \Delta^3 \Omega_3 \,.\, \Delta^4 \Omega_4\,]}$$

etc., etc.

Il faut observer ici, et cela est essentiel, que, pour la loi pour laquelle nous formons ces quantités, les différences Δ qui entrent dans les expressions précédentes et dans celles qu'il nous reste à former, peuvent être prises à volonté, suivant la voie progressive ou la voie régressive, par rapport à un accroissement quelconque de la variable x.

Formons, en second lieu, avec les seules quantités Ω_0, Ω_1, Ω_2, Ω_3, etc., des rapports pareils de fonctions schins, suivant la formule générale … (61)

$$\Phi(\rho)_\omega = \frac{\mathrm{W}\,[\,\Delta^{\mathfrak{E}0} \Omega_0 \,.\, \Delta^{\mathfrak{E}1} \Omega_1 \,.\, \Delta^{\mathfrak{E}2} \Omega_2 \ldots \Delta^{\mathfrak{E}(\omega-2)} \Omega_{\omega-2} \,.\, \Delta^{\mathfrak{E}(\omega-1)} \Omega_{\omega-1} \,.\, \Delta^{\mathfrak{E}\omega} \Omega_\rho\,]}{\mathrm{W}\,[\,\Delta^{\mathfrak{E}0} \Omega_0 \,.\, \Delta^{\mathfrak{E}1} \Omega_1 \,.\, \Delta^{\mathfrak{E}2} \Omega_2 \ldots \Delta^{\mathfrak{E}(\omega-2)} \Omega_{\omega-2} \,.\, \Delta^{\mathfrak{E}(\omega-1)} \Omega_{\omega-1} \,.\, \Delta^{\mathfrak{E}\omega} \Omega_\omega\,]},$$

Ω_ρ étant une fonction différente de Ω_ω, et $\Phi(\rho)_\omega$ représentant la quantité générale équivalente à ces rapports et dépendante des indices ρ et ω. — Or, en donnant encore ici aux exposans $\mathfrak{E}0$, $\mathfrak{E}1$, $\mathfrak{E}2$, $\mathfrak{E}3$, etc. les valeurs que nous leur avons assignées plus haut, on aura immédiatement, pour $\omega = 0$, la valeur … (62)

$$\Phi(\rho)_0 = \frac{\Delta^0 \Omega_\rho}{\Delta^0 \Omega_0} = \Omega_\rho \,;$$

et, pour ce qui concerne les valeurs de $\Phi(\rho)_\omega$ correspondantes aux indices ω différens de zéro, on trouvera, suivant la transition de l'expression (59) à l'expression (59)$''$, que la formule générale (61) prend alors la forme plus simple ... (61)$'$

$$\Phi(\rho)_\omega = \frac{w\left[\Delta^{\mathfrak{e}_1}\Omega_1 . \Delta^{\mathfrak{e}_2}\Omega_2 . \Delta^{\mathfrak{e}_3}\Omega_3 \ldots \Delta^{\mathfrak{e}(\omega-1)}\Omega_{\omega-1} . \Delta^{\mathfrak{e}_\omega}\Omega_\rho\right]}{w\left[\Delta^{\mathfrak{e}_1}\Omega_1 . \Delta^{\mathfrak{e}_2}\Omega_2 . \Delta^{\mathfrak{e}_3}\Omega_3 \ldots \Delta^{\mathfrak{e}(\omega-1)}\Omega_{\omega-1} . \Delta^{\mathfrak{e}_\omega}\Omega_\omega\right]}.$$

Cette formule simplifiée donnera ainsi, avec les valeurs convenues pour les exposans $\mathfrak{e}_1$, $\mathfrak{e}_2$, $\mathfrak{e}_3$, etc., les expressions particulières que voici ... (62)$'$

$$\Phi(\rho)_1 = \frac{w\left[\Delta^1\Omega_\rho\right]}{w\left[\Delta^1\Omega_1\right]} = \frac{\Delta\Omega_\rho}{\Delta\Omega_1}$$

$$\Phi(\rho)_2 = \frac{w\left[\Delta^1\Omega_1 . \Delta^2\Omega_\rho\right]}{w\left[\Delta^1\Omega_1 . \Delta^2\Omega_2\right]}$$

$$\Phi(\rho)_3 = \frac{w\left[\Delta^1\Omega_1 . \Delta^2\Omega_2 . \Delta^3\Omega_\rho\right]}{w\left[\Delta^1\Omega_1 . \Delta^2\Omega_2 . \Delta^3\Omega_3\right]}$$

$$\Phi(\rho)_4 = \frac{w\left[\Delta^1\Omega_1 . \Delta^2\Omega_2 . \Delta^3\Omega_3 . \Delta^4\Omega_\rho\right]}{w\left[\Delta^1\Omega_1 . \Delta^2\Omega_2 . \Delta^3\Omega_3 . \Delta^4\Omega_4\right]}$$

etc., etc.

Formons, en troisième lieu, avec les quantités auxiliaires précédentes (62)$'$, les quantités générales suivantes ... (63)

$$\Psi(\mu)_1 = -\Phi(\mu+1)_\mu$$
$$\Psi(\mu)_2 = -\Phi(\mu+2)_\mu - \Psi(\mu)_1 . \Phi(\mu+2)_{\mu+1}$$
$$\Psi(\mu)_3 = -\Phi(\mu+3)_\mu - \Psi(\mu)_1 . \Phi(\mu+3)_{\mu+1} - \Psi(\mu)_2 . \Phi(\mu+3)_{\mu+2}$$
$$\Psi(\mu)_4 = -\Phi(\mu+4)_\mu - \Psi(\mu)_1 . \Phi(\mu+4)_{\mu+1} - \Psi(\mu)_2 . \Phi(\mu+4)_{\mu+2}$$
$$- \Psi(\mu)_3 . \Phi(\mu+4)_{\mu+3}$$

etc., etc.;

I. 24

et, en général, pour deux indices quelconques μ et ν, la quantité
... $(63)'$

$$\Psi(\mu)_\nu = -\ \Phi(\mu+\nu)_\mu -\ \Psi(\mu)_1 . \Phi(\mu+\nu)_{\mu+1} -\ \Psi(\mu)_2 . \Phi(\mu+\nu)_{\mu+2}$$
$$-\ \Psi(\mu)_3 . \Phi(\mu+\nu)_{\mu+3} \ldots\ -\ \Psi(\mu)_{\nu-1} . \Phi(\mu+\nu)_{\mu+\nu-1} .$$

Il faut remarquer ici que, tenant compte de la relation d'identité qui se trouve entre l'expression (58) et la quantité Y_ω des équations $(58)'$, relation que nous supposons ici donnée par anticipation sur la Loi suprème qu'il s'agit de reconnaître, on pourra obtenir, pour les quantités précédentes (63) ou $(63)'$, des expressions indépendantes les unes des autres. En effet, examinant les expressions particulières $(62)'$ ou l'expression générale $(61)'$, on verra 1°. que, lorsque $\rho=\omega$, on a généralement $\Phi(\rho)_\omega=1$, et 2°. que, lorsque $\rho<\omega$, on a généralement aussi $\Phi(\rho)_\omega=0$; de sorte que, considérant séparément les expressions précédentes (63) dont il est question, d'abord la première toute seule, ensuite les deux premières ensemble, après cela les trois premières ensemble, et ainsi de suite, ces expressions (63) prendront les formes successives que voici ... $(63)''$

$$(\text{A}) \ \ldots\ -\ \Phi(\mu+1)_\mu = \Psi(\mu)_1 . \Phi(\mu+1)_{\mu+1}$$

$$(\text{B}) \ldots \begin{cases} -\ \Phi(\mu+1)_\mu = \Psi(\mu)_1 . \Phi(\mu+1)_{\mu+1} +\ \Psi(\mu)_2 . \Phi(\mu+1)_{\mu+2} \\ -\ \Phi(\mu+2)_\mu = \Psi(\mu)_1 . \Phi(\mu+2)_{\mu+1} +\ \Psi(\mu)_2 . \Phi(\mu+2)_{\mu+2} \end{cases}$$

$$(\text{C}) \ldots \begin{cases} -\ \Phi(\mu+1)_\mu = \Psi(\mu)_1 . \Phi(\mu+1)_{\mu+1} +\ \Psi(\mu)_2 . \Phi(\mu+1)_{\mu+2} +\ \Psi(\mu)_3 . \Phi(\mu+1)_{\mu+3} \\ -\ \Phi(\mu+2)_\mu = \Psi(\mu)_1 . \Phi(\mu+2)_{\mu+1} +\ \Psi(\mu)_2 . \Phi(\mu+2)_{\mu+2} +\ \Psi(\mu)_3 . \Phi(\mu+2)_{\mu+3} \\ -\ \Phi(\mu+3)_\mu = \Psi(\mu)_1 . \Phi(\mu+3)_{\mu+1} +\ \Psi(\mu)_2 . \Phi(\mu+3)_{\mu+2} +\ \Psi(\mu)_3 . \Phi(\mu+3)_{\mu+3} \end{cases}$$

etc., etc.

Et, comparant successivement ces dernières équations $(63)''$ avec les équations $(58)'$, on trouvera, en vertu de la formule (58), que le premier système (A) de ces équations donne ... $(\text{A})'$

$$\Psi(\mu)_1 = -\,\frac{W\left[\Phi(\mu+\epsilon_1)_\mu\right]}{W\left[\Phi(\mu+\epsilon_1)_{\mu+1}\right]} = -\,\frac{\Phi(\mu+1)_\mu}{\Phi(\mu+1)_{\mu+1}}\,;$$

que le second système (B) des équations (63)″ donne … (B)′

$$\Psi(\mu)_2 = -\,\frac{W\left[\Phi(\mu+\epsilon_1)_{\mu+1}\cdot\Phi(\mu+\epsilon_2)_\mu\right]}{W\left[\Phi(\mu+\epsilon_1)_{\mu+1}\cdot\Phi(\mu+\epsilon_2)_{\mu+2}\right]}\,;$$

que le troisième système (C) des équations (63)″ donne … (C)′

$$\Psi(\mu)_3 = -\,\frac{W\left[\Phi(\mu+\epsilon_1)_{\mu+1}\cdot\Phi(\mu+\epsilon_2)_{\mu+2}\cdot\Phi(\mu+\epsilon_3)_\mu\right]}{W\left[\Phi(\mu+\epsilon_1)_{\mu+1}\cdot\Phi(\mu+\epsilon_2)_{\mu+2}\cdot\Phi(\mu+\epsilon_3)_{\mu+3}\right]}\,;$$

et ainsi de suite; de sorte qu'on aura généralement … (63)‴

$$\Psi(\mu)_\nu =$$
$$= -\,\frac{W\left[\Phi(\mu+\epsilon_1)_{\mu+1}\cdot\Phi(\mu+\epsilon_2)_{\mu+2}\cdot\Phi(\mu+\epsilon_3)_{\mu+3}\ldots\Phi(\mu+\epsilon(\nu-1))_{\mu+\nu-1}\cdot\Phi(\mu+\epsilon\nu)_\mu\right]}{W\left[\Phi(\mu+\epsilon_1)_{\mu+1}\cdot\Phi(\mu+\epsilon_2)_{\mu+2}\cdot\Phi(\mu+\epsilon_3)_{\mu+3}\ldots\Phi(\mu+\epsilon(\nu-1))_{\mu+\nu-1}\cdot\Phi(\mu+\epsilon\nu)_{\mu+\nu}\right]}\,,$$

les quantités ϵ_1, ϵ_2, ϵ_3, etc. ayant les valeurs (59)′ et étant les élémens de la permutation desquels dépendent ici les fonctions schins.
Mais, il faut aussi remarquer que ces expressions indépendantes
(63)‴ contiennent des termes qui deviennent zéro, et que, pour élu-
der ces termes en quelque sorte superflus, il faut développer leurs
fonctions schins suivant le procédé d'exclusion que nous avons fait
connaître dans l'*Errata* annexé à notre Philosophie de l'Infini.

Maintenant, observons que les quantités dénotées par les caractéristiques Ξ, Φ et Ψ, que nous venons de former, sous les marques
(59), (61) et (63) ou (63)‴, avec les fonctions Fx et Ω_0, Ω_1, Ω_2,
Ω_3, etc., sont toutes des fonctions de la variable x; et donnons arbitrairement, dans ces fonctions, à la variable x une valeur quelconque
déterminée que nous distinguerons ici par un point placé sur la lettre
x et sur les lettres Ξ, Φ et Ψ formant les caractéristiques de fonctions

de cette variable. Alors, prenant, d'une part, les fonctions Ξ_μ, $\Xi_{\mu+1}$, $\Xi_{\mu+2}$, etc. construites d'après l'expression (59), et, de l'autre part, les fonctions $\Psi(\mu)_1$, $\Psi(\mu)_2$, $\Psi(\mu)_3$, etc. données par les expressions (63) ou (63)$^{\prime\prime\prime}$, formons, en dernier lieu, l'expression générale ... (64)

$$A_\mu = \dot{z}_\mu + \dot{\Psi}(\mu)_1 . \dot{\Xi}_{\mu+1} + \dot{\Psi}(\mu)_2 . \dot{\Xi}_{\mu+2} + \dot{\Psi}(\mu)_3 . \dot{\Xi}_{\mu+3}$$
$$+ \dot{\Psi}(\mu)_4 . \dot{\Xi}_{\mu+4} + \text{etc.}$$

Ce sera là l'expression générale des coefficiens A_0, A_1, A_2, A_3, etc. qui entrent dans la construction de la Loi suprème ou universelle (7), savoir, de la loi ... (64)$'$

$$Fx = A_0 . \Omega_0 + A_1 . \Omega_1 + A_2 . \Omega_2 + A_3 . \Omega_3 + A_4 . \Omega_4 + \text{etc.} ;$$

et, par conséquent, c'est cette expression (64) qui donne la détermination définitive de la Loi universelle de la génération des quantités, que nous nous sommes proposé de faire connaître. — Il ne nous reste qu'à donner la déduction algorithmique ou la démonstration de cette dernière détermination; et c'est ce que nous allons faire.

Mais, cette démonstration de la Loi universelle précédente, dépend d'une théorie supérieure des fonctions schins, en les considérant, ainsi que nous le faisons ici, comme étant formées, non avec des quantités immédiates et constantes, mais avec des fonctions de quantités variables. Nous allons donc, avant tout, exposer ici cette théorie, en la réduisant à un lemme, un théorème et ses corollaires, c'est-à-dire, à proprement parler, en réduisant cette théorie à un seul théorème.

LEMME.

Soient Y_1, Y_2, Y_3, ... Y_ω et Z des fonctions d'un nombre quelconque de variables indépendantes. Désignons généralement par la caractéristique Δ une fonction nouvelle quelconque prise sur ces fonctions, mais telle qu'elle dépende d'exposans différens, c'est-à-dire, de caractéristiques spéciales Δ^1, Δ^2, Δ^3, etc., comme le sont, par exemple, les puissances, les différences, ou les sommes deltas que plus haut, à la marque (38), nous avons dénotées par ∇; et soient $\delta 1$, $\delta 2$, $\delta 3$, ... $\delta \omega$ des exposans quelconques de cette fonction Δ. On aura toujours ... (65)

$$\Sigma_\mu \left\{ (-1)^{1+\mu} . \Delta^{\delta \nu} Y_\mu . \mathfrak{w} \left[\frac{\Delta Z . \Delta Y_1 . \Delta Y_2 . \Delta Y_3 \ldots \Delta Y_\omega}{\Delta Y_\mu} \right]^{(\delta 1, \delta 2, \delta 3, \ldots \delta \omega)} \right\} =$$

$$= \Delta^{\delta \nu} Z . \mathfrak{w} [\Delta^{\delta 1} Y_1 . \Delta^{\delta 2} Y_2 . \Delta^{\delta 3} Y_3 \ldots \Delta^{\delta \omega} Y_\omega],$$

$\delta \nu$ étant l'un des exposans $\delta 1$, $\delta 2$, $\delta 3$, ... $\delta \omega$, et la caractéristique Σ_μ désignant la somme des termes correspondans à toutes les valeurs entières de l'indice μ, depuis $\mu = 1$ jusqu'à $\mu = \omega$ inclusivement.

DÉMONSTRATION.

Suivant la formule (57)′ du développement des fonctions schins, on a généralement ... (A)

$$\Sigma_\mu \left\{ (-1)^{1+\mu} . \Delta^{\delta \nu} Y_\mu . \mathfrak{w} \left[\frac{\Delta Z . \Delta Y_1 . \Delta Y_2 . \Delta Y_3 \ldots \Delta Y_\omega}{\Delta Y_\mu} \right]^{(\delta 1, \delta 2, \delta 3, \ldots \delta \omega)} \right\} =$$

$$= \Sigma_\mu \left\{ (-1)^{1+\mu} . \Delta^{\delta \nu} Y_\mu . \left((-1)^{\nu+1} . \Delta^{\delta \nu} Z . \mathfrak{w} \left[\frac{\Delta Y_1 . \Delta Y_2 . \Delta Y_3 \ldots \Delta Y_\omega}{\Delta Y_\mu} \right]^{(\delta 1, \delta 2, \delta 3, \ldots \delta \omega) - \delta \nu} \right. \right.$$

$$\left. \left. + \Sigma_\varpi \left\{ (-1)^{\nu+\rho} . \Delta^{\delta \nu} Y_\varpi . \mathfrak{w} \left[\frac{\Delta Z . \Delta Y_1 . \Delta Y_2 \ldots \Delta Y_\omega}{\Delta Y_\mu . \Delta Y_\varpi} \right]^{(\delta 1, \delta 2, \ldots \delta \omega) - \delta \nu} \right\} \right) \right\},$$

en désignant par l'indice ρ le rang numérique du facteur ΔY_ϖ dans la suite des facteurs

$$(\Delta Z, \Delta Y_1, \Delta Y_2, \Delta Y_3, \ldots \Delta Y_\omega) - \Delta Y_\mu,$$

et par la caractéristique Σ_ϖ la somme des termes correspondans à toutes les valeurs entières de ϖ, depuis $\varpi = 1$ jusqu'à $\varpi = \omega$, à l'exception du terme correspondant à $\varpi = \mu$, c'est-à-dire, au facteur ΔY_μ qui ne s'y trouve plus. Or, on a toujours ... (B)

$$\Sigma_\mu \left\{ (-1)^{1+\mu} . \Delta^{\delta_\gamma} Y_\mu . \Sigma_\varpi \left\{ (-1)^{\nu+\rho} . \Delta^{\delta_\gamma} Y_\varpi \times \right. \right.$$

$$\left. \left. \times \; \mathrm{w} \left[\frac{\Delta Z . \Delta Y_1 . \Delta Y_2 \ldots \Delta Y_\omega}{\Delta Y_\mu . \Delta Y_\varpi} \right]^{(\delta_1, \delta_2, \delta_3, \ldots \delta_\omega) - \delta_\gamma} \right\} \right\} = 0.$$

Car, lorsque les indices μ et ϖ reçoivent respectivement, d'abord, les valeurs déterminées m et p, et ensuite les valeurs alternées p et m, les signes donnés par $(-1)^{1+\mu}$ changent et ceux donnés par $(-1)^{\nu+\rho}$ restent les mêmes, ou réciproquement; de sorte que, pris deux à deux, tous les termes de l'expression précédente (B) se détruiront entre eux. Quant à la raison de ce changement des signes, elle est évidente: en effet, lorsque les valeurs m et p de μ sont, toutes deux, paires ou impaires, les signes donnés par $(-1)^{1+\mu}$, savoir, par

$$(-1)^{1+m} \quad \text{et} \quad (-1)^{1+p},$$

ne changent point, mais alors les signes donnés par $(-1)^{\nu+\rho}$ changent nécessairement, parce que les rangs respectifs ρ, correspondans aux valeurs consécutives m et p de ϖ, changent de pairs en impairs, ou réciproquement; et, lorsque les valeurs particulières m et p sont l'une paire et l'autre impaire, les signes donnés par $(-1)^{1+\mu}$, savoir, par

$$(-1)^{1+m} \quad \text{et} \quad (-1)^{1+p},$$

changent évidemment, tandis que ceux donnés par $(-1)^{\nu+\rho}$ restent les mêmes, parce que les rangs respectifs ρ, correspondans aux valeurs consécutives m et p de ϖ, sont alors, dans les deux cas, pairs ou impairs.

De plus, suivant la formule $(57)'$ du développement des fonctions schins, on a généralement aussi ... (C)

$$\Sigma_\mu \left\{ (-1)^{1+\mu} . (-1)^{\nu+1} . \Delta^{\delta\nu} Z \times \right.$$

$$\left. \times \ \Delta^{\delta\nu} Y_\mu . \psi \left[\frac{\Delta Y_1 . \Delta Y_2 . \Delta Y_3 \ldots , \Delta Y_\omega}{\Delta Y_\mu} \right]^{(\delta 1, \delta 2, \delta 3, \ldots \delta \omega) - \delta\nu} \right\} =$$

$$= \Delta^{\delta\nu} Z . \psi \left[\Delta^{\delta 1} Y_1 . \Delta^{\delta 2} Y_2 . \Delta^{\delta 3} Y_3 \ldots \Delta^{\delta \omega} Y_\omega \right].$$

Donc, substituant les valeurs (B) et (C) dans l'expresion (A), il viendra

$$\Sigma_\mu \left\{ (-1)^{1+\mu} . \Delta^{\delta\nu} Y_\mu . \psi \left[\frac{\Delta Z . \Delta Y_1 . \Delta Y_2 \ldots \Delta Y_\omega}{\Delta Y_\mu} \right]^{(\delta 1, \delta 2, \delta 3, \ldots \delta \omega)} \right\} =$$

$$= \Delta^{\delta\nu} Z . \psi \left[\Delta^{\delta 1} Y_1 . \Delta^{\delta 2} Y_2 . \Delta^{\delta 3} Y_3 \ldots \Delta^{\delta \omega} Y_\omega \right] ;$$

égalité qui est l'objet du Lemme qu'il s'agissait de démontrer.

Pour éclaircir ce Lemme et la démonstration que nous venons d'en donner, nous joindrons ici, pour exemple, un cas particulier, celui lorsque $\omega = 3$. Dans ce cas, l'expression générale (65) donne l'égalité particulière suivante … (65)'

$$\Sigma_\mu \left\{ (-1)^{1+\mu} . \Delta^{\delta\nu} Y_\mu . \psi \left[\frac{\Delta Z . \Delta Y_1 . \Delta Y_2 . \Delta Y_3}{\Delta Y_\mu} \right]^{(\delta 1, \delta 2, \delta 3)} \right\} =$$

$$= \Delta^{\delta\nu} Z . \psi \left[\Delta^{\delta 1} Y_1 . \Delta^{\delta 2} Y_2 . \Delta^{\delta 3} Y_3 \right],$$

$\delta\nu$ étant toujours l'un des trois exposans $\delta 1$, $\delta 2$, $\delta 3$ dont les valeurs peuvent être quelconques.

Observons d'abord que la caractéristique Σ_μ désigne ici la somme des trois termes correspondans aux indices $\mu = 1$, $\mu = 2$, et $\mu = 3$; c'est-à-dire qu'on a … (a)

$$\Sigma_\mu \left\{ (-1)^{1+\mu} . \Delta^{\delta\nu} Y_\mu . \psi \left[\frac{\Delta Z . \Delta Y_1 . \Delta Y_2 . \Delta Y_3}{\Delta Y_\mu} \right]^{(\delta 1, \delta 2, \delta 3)} \right\} =$$

$$= \Delta^{\delta\nu} Y_1 . \psi \left[\Delta^{\delta 1} Z . \Delta^{\delta 2} Y_2 . \Delta^{\delta 3} Y_3 \right]$$

$$- \Delta^{\delta\nu} Y_2 . \psi \left[\Delta^{\delta 1} Z . \Delta^{\delta 2} Y_1 . \Delta^{\delta 3} Y_3 \right]$$

$$+ \Delta^{\delta\nu} Y_3 . \psi \left[\Delta^{\delta 1} Z . \Delta^{\delta 2} Y_1 . \Delta^{\delta 2} Y_2 \right].$$

Observons maintenant que, si l'on désigne par ρ le rang numérique du facteur général ΔY_ϖ dans la suite des facteurs

$$(\Delta Z,\ \Delta Y_{\text{r}},\ \Delta Y_{\text{a}},\ \Delta Y_3) - \Delta Y_\mu,$$

et par la caractéristique Σ_ϖ la somme des termes correspondans aux valeurs entières de l'indice ϖ, la formule $(57)'$ donnera en général ... (b)

$$\psi\left[\frac{\Delta Z . \Delta Y_{\text{r}} . \Delta Y_{\text{a}} . \Delta Y_3}{\Delta Y_\mu}\right]^{(\delta 1,\ \delta 2,\ \delta 3)} =$$

$$= (-1)^{\nu+1} . \Delta^{\delta\nu} Z . \psi\left[\frac{\Delta Y_{\text{r}} . \Delta Y_{\text{a}} . \Delta Y_3}{\Delta Y_\mu}\right]^{(\delta 1,\ \delta 2,\ \delta 3) - \delta\nu}$$

$$+ \Sigma_\varpi \left\{ (-1)^{\nu+\rho} . \Delta^{\delta\nu} Y_\varpi . \psi\left[\frac{\Delta Z . \Delta Y_{\text{r}} . \Delta Y_{\text{a}} . \Delta Y_3}{\Delta Y_\mu . \Delta Y_\varpi}\right]^{(\delta 1,\ \delta 2,\ \delta 3) - \delta\nu} \right\};$$

c'est-à-dire, en particulier ... (c)

$$\psi\left[\Delta^{\delta 1} Z . \Delta^{\delta 2} Y_{\text{a}} . \Delta^{\delta 3} Y_3\right] =$$

$$= (-1)^{\nu+1} . \left\{ + \Delta^{\delta\nu} Z . \psi\left[\Delta Y_{\text{a}} . \Delta Y_3\right]^{(\delta 1,\ \delta 2,\ \delta 3) - \delta\nu} \right.$$

$$- \Delta^{\delta\nu} Y_{\text{a}} . \psi\left[\Delta Z . \Delta Y_3\right]^{(\delta 1,\ \delta 2,\ \delta 3) - \delta\nu}$$

$$\left. + \Delta^{\delta\nu} Y_3 . \psi\left[\Delta Z . \Delta Y_{\text{a}}\right]^{(\delta 1,\ \delta 2,\ \delta 3) - \delta\nu} \right\},$$

$$\psi\left[\Delta^{\delta 1} Z . \Delta^{\delta 2} Y_{\text{r}} . \Delta^{\delta 3} Y_3\right] =$$

$$= (-1)^{\nu+1} . \left\{ + \Delta^{\delta\nu} Z . \psi\left[\Delta Y_{\text{r}} . \Delta Y_3\right]^{(\delta 1,\ \delta 2,\ \delta 3) - \delta\nu} \right.$$

$$- \Delta^{\delta\nu} Y_{\text{r}} . \psi\left[\Delta Z . \Delta Y_3\right]^{(\delta 1,\ \delta 2,\ \delta 3) - \delta\nu}$$

$$\left. + \Delta^{\delta\nu} Y_3 . \psi\left[\Delta Z . \Delta Y_{\text{r}}\right]^{(\delta 1,\ \delta 2,\ \delta 3) - \delta\nu} \right\},$$

$$\psi\left[\Delta^{\delta 1} Z . \Delta^{\delta 2} Y_{\text{r}} . \Delta^{\delta 3} Y_{\text{a}}\right] =$$

$$= (-1)^{\nu+1} . \left\{ + \Delta^{\delta\nu} Z . \psi\left[\Delta Y_{\text{r}} . \Delta Y_{\text{a}}\right]^{(\delta 1,\ \delta 2,\ \delta 3) - \delta\nu} \right.$$

$$- \Delta^{\delta\nu} Y_{\text{r}} . \psi\left[\Delta Z . \Delta Y_{\text{a}}\right]^{(\delta 1,\ \delta 2,\ \delta 3) - \delta\nu}$$

$$\left. + \Delta^{\delta\nu} Y_{\text{a}} . \psi\left[\Delta Z . \Delta Y_{\text{r}}\right]^{(\delta 1,\ \delta 2,\ \delta 3) - \delta\nu} \right\}.$$

Or, en substituant ces dernières valeurs (c) dans l'expression (a), on s'apercevra facilement que les termes provenant de la double somme dénotée par les caractéristiques Σ_μ et Σ_ϖ, se détruisent réciproquement ; et cela précisément par la raison que nous avons indiquée dans la démonstration générale du Lemme dont il est question. Les termes restans formeront l'expression

$$(-1)^{\nu+1}.\Delta^{\delta\nu}Z.\left\{ \begin{array}{l} +\ \Delta^{\delta\nu}Y_1.\psi\,[\Delta Y_2.\Delta Y_3]^{(\delta 1,\,\delta 2,\,\delta 3)-\delta\nu} \\ -\ \Delta^{\delta\nu}Y_2.\psi\,[\Delta Y_1.\Delta Y_3]^{(\delta 1,\,\delta 2,\,\delta 3)-\delta\nu} \\ +\ \Delta^{\delta\nu}Y_3.\psi\,[\Delta Y_1.\Delta Y_2]^{(\delta 1,\,\delta 2,\,\delta 3)-\delta\nu} \end{array} \right\},$$

qui, en vertu de la formule (57), est le développement de la fonction

$$\Delta^{\delta\nu}Z.\psi\,[\Delta^{\delta 1}Y_1.\Delta^{\delta 2}Y_2.\Delta^{\delta 3}Y_3].$$

On aura donc

$$\Sigma_\mu\left\{(-1)^{1+\mu}.\Delta^{\delta\nu}Y_\mu.\psi\left[\frac{\Delta Z.\Delta Y_1.\Delta Y_2.\Delta Y_3}{\Delta Y_\mu}\right]^{(\delta 1,\,\delta 2,\,\delta 3)}\right\}=$$
$$=\Delta^{\delta\nu}Z.\psi\,[\Delta^{\delta 1}Y_1.\Delta^{\delta 2}Y_2.\Delta^{\delta 3}Y_3];$$

et c'est ce qu'il falloit reconnaître.

THÉORÈME.

Soient Y_0, Y_1, Y_2, Y_3, … Y_ϖ des fonctions d'une variable x, et soit, pour cette fois, Δ la caractéristique des différences prises à volonté, suivant la voie progressive ou la voie régressive, par rapport à un accroissement quelconque de la variable x. Si, avec ces fonctions, on construit, d'une part, les quantités … (66)

$$X_1 = \psi\,[\Delta^{\delta 0}Y_0.\Delta^{\delta 1}Y_1]$$
$$X_2 = \psi\,[\Delta^{\delta 0}Y_0.\Delta^{\delta 1}Y_2]$$
$$X_3 = \psi\,[\Delta^{\delta 0}Y_0.\Delta^{\delta 1}Y_3]$$
$$\cdots\cdots\cdots\cdots\cdots$$
$$X_\varpi = \psi\,[\Delta^{\delta 0}Y_0.\Delta^{\delta 1}Y_\varpi];$$

et, d'une autre part, les quantités ... (66)$'$

$$T_1 = \Delta^{\delta 0} Y_0 + i \cdot \Delta^{\delta 1} Y_0$$
$$T_2 = \Delta^{\delta 0} Y_0 + 2i \cdot \Delta^{\delta 1} Y_0 + i^2 \cdot \Delta^{\delta 2} Y_0$$
$$T_3 = \Delta^{\delta 0} Y_0 + 3i \cdot \Delta^{\delta 1} Y_0 + 3i^2 \cdot \Delta^{\delta 2} Y_0 + i^3 \cdot \Delta^{\delta 3} Y_0$$

etc., etc. ;

et généralement, pour un indice quelconque ρ,

$$T_\rho = \Delta^{\delta 0} Y_0 + \frac{\rho}{1} i \cdot \Delta^{\delta 1} Y_0 + \frac{\rho(\rho-1)}{1.2} i^2 \cdot \Delta^{\delta 2} Y_0$$
$$+ \frac{\rho(\rho-1)(\rho-2)}{1.2.3} i^3 \cdot \Delta^{\delta 3} Y_0 + \frac{\rho(\rho-1)(\rho-2)(\rho-3)}{1.2.3.4} i^4 \cdot \Delta^{\delta 4} Y_0 + \text{etc.} ;$$

en faisant $i = +1$ lorsque les différences Δ sont prises suivant la voie progressive, et $i = -1$ lorsque ces différences sont prises suivant la voie régressive ; on aura la relation d'égalité ... (66)$''$

$$\varpi\,[\Delta^{\epsilon 1} X_1 \cdot \Delta^{\epsilon 2} X_2 \cdot \Delta^{\epsilon 3} X_3 \ldots \Delta^{\epsilon \omega} X_\omega] =$$
$$= (T_1 \cdot T_2 \cdot T_3 \ldots T_{\omega-1}) \cdot \varpi\,[\Delta^{\delta 0} Y_0 \cdot \Delta^{\delta 1} Y_1 \cdot \Delta^{\delta 2} Y_2 \cdot \Delta^{\delta 3} Y_3 \ldots \Delta^{\delta \omega} Y_\omega],$$

en donnant aux exposans $\epsilon 1, \epsilon 2, \epsilon 3, \ldots \epsilon \omega$ et $\delta 0, \delta 1, \delta 2, \ldots \delta \omega$, de la permutation desquels dépendent ici les fonctions schins, les valeurs suivantes ... (66)$'''$

$$\epsilon 1 = 0, \quad \epsilon 2 = 1 + \epsilon 1, \quad \epsilon 3 = 1 + \epsilon 2, \quad \ldots \quad \epsilon \nu = 1 + \epsilon(\nu-1) = \nu - 1,$$
$$\delta 0 = \delta, \quad \delta 1 = 1 + \delta 0, \quad \delta 2 = 1 + \delta 1, \quad \ldots \quad \delta \nu = 1 + \delta(\nu-1) = \delta + \nu ;$$

δ étant un nombre entier quelconque, et ν un indice arbitraire.

DÉMONSTRATION.

Pour démontrer ce théorème, il faut prouver que si, pour un indice quelconque μ, pris parmi les indices $1, 2, 3, \ldots \omega$, on a l'égalité ... (67)

$$w\left[\frac{\Delta X_1 . \Delta X_2 . \Delta X_3 \ldots \Delta X_\omega}{\Delta X_\mu}\right]^{(C_1, C_2, C_3, \ldots C_{(\omega-1)})} =$$

$$= M.w\left[\frac{\Delta Y_0 . \Delta Y_1 . \Delta Y_2 . \Delta Y_3 \ldots \Delta Y_\omega}{\Delta Y_\mu}\right]^{(\delta_0, \delta_1, \delta_2, \delta_3, \ldots \delta_{(\omega-1)})},$$

M étant une quantité quelconque indépendante de l'indice μ, on aura aussi l'égalité … (67)′

$$w\left[\Delta^{C_1} X_1 . \Delta^{C_2} X_2 . \Delta^{C_3} X_3 \ldots \Delta^{C_\omega} X_\omega\right] =$$

$$= M.T_{\omega-1}.w\left[\Delta^{\delta_0} Y_0 . \Delta^{\delta_1} Y_1 . \Delta^{\delta_2} Y_2 . \Delta^{\delta_3} Y_3 \ldots, \Delta^{\delta_\omega} Y_\omega\right].$$

En effet, le théorème en question (66)″ résulte immédiatement de la relation des égalités (67) et (67)′, comme on le verra ci-après.

Or, pour reconnaître cette dernière relation, observons qu'en vertu de la formule (57)′ du développement des fonctions schins, on a … (57)″

$$w\left[\Delta^{C_1} X_1 . \Delta^{C_2} X_2 . \Delta^{C_3} X_3 \ldots \Delta^{C_\omega} X_\omega\right] =$$

$$= (-1)^\omega . \Sigma_\mu \left\{ (-1)^\mu . \Delta^{\omega-1} X_\mu \times \right.$$

$$\left. \times\, w\left[\frac{\Delta X_1 . \Delta X_2 . \Delta X_3 \ldots \Delta X_\omega}{\Delta X_\mu}\right]^{(C_1, C_2, C_3, \ldots C_{(\omega-1)})} \right\},$$

en désignant toujours, comme plus haut, par la caractéristique Σ_μ la somme des termes correspondans à toutes les valeurs entières de l'indice μ, depuis $\mu = 1$ jusqu'à $\mu = \omega$ inclusivement, et en nous rappelant que, suivant la détermination (66)‴, on a $C_\omega = (\omega - 1)$. Ainsi, en supposant que, pour un indice quelconque μ, pris parmi les indices $1, 2, 3, 4, \ldots \omega$, on ait l'égalité (67), on aura … (68)

$$w\left[\Delta^{C_1} X_1 . \Delta^{C_2} X_2 . \Delta^{C_3} X_3 \ldots \Delta^{C_\omega} X_\omega\right] =$$

$$= (-1)^\omega . M . \Sigma_\mu \left\{ (-1)^\mu . \Delta^{\omega-1} X_\mu \times \right.$$

$$\left. \times\, w\left[\frac{\Delta Y_0 . \Delta Y_1 . \Delta Y_2 \ldots \Delta Y_\omega}{\Delta Y_\mu}\right]^{(\delta_0, \delta_1, \delta_2, \ldots \delta_{(\omega-1)})} \right\},$$

en substituant, dans l'expression $(57)''$, la valeur que donne l'égalité hypothétique (67) pour la fonction

$$\varpi \left[\frac{\Delta X_1 . \Delta X_2 . \Delta X_3 \ldots \Delta X_\omega}{\Delta X_\mu} \right]^{(c_1,\, c_2,\, c_3,\, \ldots\, c\,(\omega-1))}.$$

Or, puisqu'on a ... $(68)'$

$$\Delta^{\omega-1} X_\mu = \Delta^{\omega-1} \varpi \left[\Delta^{\delta_0} Y_0 . \Delta^{\delta_1} Y_\mu \right] =$$
$$= \Delta^{\omega-1} (\Delta^{\delta_0} Y_0 . \Delta^{\delta_1} Y_\mu) - \Delta^{\omega-1} (\Delta^{\delta_1} Y_0 . \Delta^{\delta_0} Y_\mu);$$

il faut, pour avoir l'expression de $\Delta^{\omega-1} X_\mu$ en différences des fonctions Y_0 et Y_μ, développer les différences

$$\Delta^{\omega-1} (\Delta^{\delta_0} Y_0 . \Delta^{\delta_1} Y_\mu) \quad \text{et} \quad \Delta^{\omega-1} (\Delta^{\delta_1} Y_0 . \Delta^{\delta_0} Y_\mu)$$

au moyen de notre loi fondamentale de la théorie des différences, que nous avons présentée dans la Philosophie des Mathématiques (page 36) et reproduite dans la dernière Note de notre Philosophie de l'Infini. Mais il faut remarquer que, dans l'état où se trouve cette loi fondamentale dans les ouvrages que nous venons de citer, elle ne s'applique qu'aux différences prises suivant la voie régressive, c'est-à-dire, aux différences formées d'après le schéma

$$\Delta^m \varphi x = (+1)^m . \left\{ \varphi x - \frac{m}{1} . \varphi (x - \Delta x) + \frac{m(m-1)}{1.2} . \varphi (x - 2\Delta x) \right.$$
$$\left. - \frac{m(m-1)(m-2)}{1.2.3} . \varphi (x - 3\Delta x) + \text{etc.} \right\},$$

et non aux différences prises suivant la voie progressive, c'est-à-dire, aux différences formées d'après le schéma

$$\Delta^m \varphi x = (-1)^m . \left\{ \varphi x - \frac{m}{1} . \varphi (x + \Delta x) + \frac{m(m-1)}{1.2} . \varphi (x + 2\Delta x) \right.$$
$$\left. - \frac{m(m-1)(m-2)}{1.2.3} . \varphi (x + 3\Delta x) + \text{etc.} \right\};$$

φx désignant une fonction de la variable x. Pour passer de l'une de ces deux espèces de différences à l'autre, il suffit, suivant leurs schémas précédens, comme nous l'avons déjà remarqué ailleurs, de changer le signe de l'accroissement Δx et le signe des différences de l'ordre impair. Ainsi, pour .embrasser, par une seule expression, les deux espèces de différences dont il s'agit, il suffit de mettre notre loi fondamentale de la théorie des différences, sous la forme ... (69)

$$\Delta^m(Fx.fx) = Fx.\Delta^m fx$$

$$+ \frac{m}{1}.\Delta Fx.(\Delta^{m-1}fx + i.\Delta^m fx)$$

$$+ \frac{m(m-1)}{1.2}.\Delta^2 Fx.(\Delta^{m-2}fx + 2i.\Delta^{m-1}fx + i^2.\Delta^m fx)$$

$$+ \frac{m(m-1)(m-2)}{1.2.3}.\Delta^3 Fx.(\Delta^{m-3}fx + 3i.\Delta^{m-2}fx + 3i^2.\Delta^{m-1}fx + i^3.\Delta^m fx)$$

$$+ \text{etc., etc.};$$

en supposant $i = +1$ pour les différences prises suivant la voie progressive, et $i = -1$ pour les différences prises suivant la voie régressive, comme nous l'avons fait plus haut à la marque (66)′.

Actuellement, en nous rappelant que, suivant la détermination (66)‴, nous avons ici

$$\delta 1 = 1 + \delta 0, \quad \delta 2 = 1 + \delta 1, \quad \delta 3 = 1 + \delta 2, \quad \text{etc.},$$

nous obtiendrons, au moyen de la loi précédente (69), les expressions ... (70)

$$(A) \ldots \Delta^{\omega-1}(\Delta^{\delta 0} Y_0.\Delta^{\delta 1} Y_\mu) = \Delta^{\omega-1+\delta 1} Y_\mu.P_0$$

$$+ \Delta^{\omega-2+\delta 1} Y_\mu.P_1.\frac{\omega-1}{1}$$

$$+ \Delta^{\omega-3+\delta 1} Y_\mu.P_2.\frac{(\omega-1)(\omega-2)}{1.2}$$

$$+ \Delta^{\omega-4+\delta 1} Y_\mu.P_3.\frac{(\omega-1)(\omega-2)(\omega-3)}{1.2.3}$$

$$+ \text{etc., etc.};$$

$$(B) \ldots \Delta^{\omega-1}(\Delta^{\delta 1} Y_0 . \Delta^{\delta 0} Y_\mu) = \Delta^{\omega-1+\delta 0} Y_\mu . Q_0$$

$$+ \Delta^{\omega-2+\delta 0} Y_\mu . Q_1 . \frac{\omega-1}{1}$$

$$+ \Delta^{\omega-3+\delta 0} Y_\mu . Q_2 . \frac{(\omega-1)(\omega-2)}{1.2}$$

$$+ \Delta^{\omega-4+\delta 0} Y_\mu . Q_3 . \frac{(\omega-1)(\omega-2)(\omega-3)}{1.2.3}$$

$$+ \text{etc., etc.};$$

en faisant $\ldots$ (70)$'$

$$P_0 = \Delta^{\delta 0} Y_0 + \frac{\omega-1}{1} i . \Delta^{\delta 1} Y_0 + \frac{(\omega-1)(\omega-2)}{1.2} i^2 . \Delta^{\delta 2} Y_0 + \frac{(\omega-1)(\omega-2)(\omega-3)}{1.2.3} i^3 . \Delta^{\delta 3} Y_0 + \text{etc.}$$

$$P_1 = \Delta^{\delta 1} Y_0 + \frac{\omega-2}{1} i . \Delta^{\delta 2} Y_0 + \frac{(\omega-2)(\omega-3)}{1.2} i^2 . \Delta^{\delta 3} Y_0 + \frac{(\omega-2)(\omega-3)(\omega-4)}{1.2.3} i^3 . \Delta^{\delta 4} Y_0 + \text{etc.}$$

$$P_2 = \Delta^{\delta 2} Y_0 + \frac{\omega-3}{1} i . \Delta^{\delta 3} Y_0 + \frac{(\omega-3)(\omega-4)}{1.2} i^2 . \Delta^{\delta 4} Y_0 + \frac{(\omega-3)(\omega-4)(\omega-5)}{1.2.3} i^3 . \Delta^{\delta 5} Y_0 + \text{etc.}$$

etc., etc. ;

$$Q_0 = \Delta^{\delta 1} Y_0 + \frac{\omega-1}{1} i . \Delta^{\delta 2} Y_0 + \frac{(\omega-1)(\omega-2)}{1.2} i^2 . \Delta^{\delta 3} Y_0 + \frac{(\omega-1)(\omega-2)(\omega-3)}{1.2.3} i^3 . \Delta^{\delta 4} Y_0 + \text{etc.}$$

$$Q_1 = \Delta^{\delta 2} Y_0 + \frac{\omega-2}{1} i . \Delta^{\delta 3} Y_0 + \frac{(\omega-2)(\omega-3)}{1.2} i^2 . \Delta^{\delta 4} Y_0 + \frac{(\omega-2)(\omega-3)(\omega-4)}{1.2.3} i^3 . \Delta^{\delta 5} Y_0 + \text{etc.}$$

$$Q_2 = \Delta^{\delta 3} Y_0 + \frac{\omega-3}{1} i . \Delta^{\delta 4} Y_0 + \frac{(\omega-3)(\omega-4)}{1.2} i^2 . \Delta^{\delta 5} Y_0 + \frac{(\omega-3)(\omega-4)(\omega-5)}{1.2.3} i^3 . \Delta^{\delta 6} Y_0 + \text{etc.}$$

etc., etc.;

et généralement, pour un indice quelconque n,

$$P_n = \Delta^{\delta n} Y_0 + i . \frac{\omega-n-1}{1} . \Delta^{\delta(n+1)} Y_0 + i^2 . \frac{(\omega-n-1)^{2|-1}}{1^{2|1}} . \Delta^{\delta(n+2)} Y_0$$

$$+ i^3 . \frac{(\omega-n-1)^{3|-1}}{1^{3|1}} . \Delta^{\delta(n+3)} Y_0 + \text{etc.},$$

$$Q_n = \Delta^{\delta(n+1)} Y_0 + i \cdot \frac{\omega-n-1}{1} \cdot \Delta^{\delta(n+2)} Y_0 + i^2 \cdot \frac{(\omega-n-1)^{2|-1}}{1^{2|1}} \cdot \Delta^{\delta(n+3)} Y_0$$

$$+ i^3 \cdot \frac{(\omega-n-1)^{3|-1}}{1^{3|1}} \cdot \Delta^{\delta(n+4)} Y_0 + \text{etc.}$$

Ainsi, en réunissant le premier terme de la seconde (B) des expressions (70) avec le second terme de la première (A) de ces expressions, le second terme de la seconde expression (B) avec le troisième terme de la première expression (A), et ainsi de suite les termes consécutifs; et en observant que, pour toutes les valeurs de m et de n, on a

$$\frac{(\omega-1)^{m|-1}}{1^{n|1} \cdot 1^{(m-n)|1}} - \frac{(\omega-1)^{(m-1)|-1}}{1^{(n-1)|1} \cdot 1^{(m-n)|1}} =$$

$$= \frac{(\omega-1)^{(m-1)|-1}}{1^{(n-1)|1} \cdot 1^{(m-n)|1}} \cdot \left(\frac{\omega-m}{n} - 1 \right) = \frac{(\omega-m-n) \cdot (\omega-1)^{(m-1)|-1}}{1^{n|1} \cdot 1^{(m-n)|1}};$$

on obtiendra, pour la différence $\Delta^{\omega-1} X_\mu$, l'expression ... (71)

$$\Delta^{\omega-1} X_\mu = \Delta^{\omega-1} (\Delta^{\delta 0} Y_0 \cdot \Delta^{\delta 1} Y_\mu) - \Delta^{\omega-1} (\Delta^{\delta 1} Y_0 \cdot \Delta^{\delta 0} Y_\mu) =$$

$$= \Delta^{\omega-1+\delta 1} Y_\mu \cdot P_0 + \Delta^{\omega-2+\delta 1} Y_\mu \cdot R_1 \cdot \frac{1}{1}$$

$$+ \Delta^{\omega-3+\delta 1} Y_\mu \cdot R_2 \cdot \frac{\omega-1}{1.2}$$

$$+ \Delta^{\omega-4+\delta 1} Y_\mu \cdot R_3 \cdot \frac{(\omega-1)(\omega-2)}{1.2.3}$$

$$+ \Delta^{\omega-5+\delta 1} Y_\mu \cdot R_4 \cdot \frac{(\omega-1)(\omega-2)(\omega-3)}{1.2.3.4}$$

$$+ \text{etc., etc.;}$$

en faisant ... $(71)'$

$$R_1 = (\omega-2) \cdot \Delta^{\delta 1} Y_0 + i(\omega-3) \cdot \frac{\omega-1}{1} \cdot \Delta^{\delta 2} Y_0 + i^2(\omega-4) \cdot \frac{(\omega-1)(\omega-2)}{1.2} \cdot \Delta^{\delta 3} Y_0 + \text{etc.}$$

$$R_2 = (\omega-4) \cdot \Delta^{\delta 2} Y_0 + i(\omega-5) \cdot \frac{\omega-2}{1} \cdot \Delta^{\delta 3} Y_0 + i^2(\omega-6) \cdot \frac{(\omega-2)(\omega-3)}{1.2} \cdot \Delta^{\delta 4} Y_0 + \text{etc.}$$

$$R_3 = (\omega-6).\Delta^{\delta 3}Y_0 + i(\omega-7).\frac{\omega-3}{1}.\Delta^{\delta 4}Y_0 + i^2(\omega-8).\frac{(\omega-3)(\omega-4)}{1.2}.\Delta^{\delta 5}Y_0 + \text{etc.}$$

etc., etc.,

et généralement, pour l'indice r,

$$R_r = (\omega-2r).\Delta^{\delta r}Y_0 + i(\omega-2r-1).\frac{(\omega-r)^{1\,|-1}}{1^{1\,|\,1}}.\Delta^{\delta(r+1)}Y_0$$

$$+ i^2(\omega-2r-2).\frac{(\omega-r)^{2\,|-1}}{1^{2\,|\,1}}.\Delta^{\delta(r+2)}Y_0$$

$$+ i^3(\omega-2r-3).\frac{(\omega-r)^{3\,|-1}}{1^{3\,|\,1}}.\Delta^{\delta(r+3)}Y_0 + \text{etc., etc.}$$

Et, faisant attention à la valeur de P_0, donnée sous la marque $(70)'$, et aux valeurs précédentes de R_1, R_2, R_3, etc., on verra facilement que l'expression (71) de la différence $\Delta^{\omega-1}X_\mu$ peut être mise sous la forme suivante ... (72)

$$\Delta^{\omega-1}X_\mu = \Sigma_\nu \frac{\Delta^{\omega-\nu+\delta 0}\,Y_\mu}{1^{\nu\,|\,1}} \times \left\{ \begin{aligned} &+ (\omega-2\nu).\frac{(\omega-1)^{(\nu-1)\,|-1}}{1^{0\,|\,1}}.\Delta^{\delta\nu}Y_0 \\[4pt] &+ i(\omega-2\nu-1).\frac{(\omega-1)^{\nu\,|-1}}{1^{1\,|\,1}}.\Delta^{\delta(\nu+1)}Y_0 \\[4pt] &+ i^2(\omega-2\nu-2).\frac{(\omega-1)^{(\nu+1)\,|-1}}{1^{2\,|\,3}}.\Delta^{\delta(\nu+2)}Y_0 \\[4pt] &+ i^3(\omega-2\nu-3).\frac{(\omega-1)^{(\nu+2)\,|-1}}{1^{3\,|\,1}}.\Delta^{\delta(\nu+3)}Y_0 \\[4pt] &+ \text{etc., etc.,} \end{aligned} \right.$$

en dénotant par la caractéristique Σ_ν la somme des termes correspondans à toutes les valeurs entières de l'indice ν, depuis $\nu = 0$ jusqu'à $\nu = \omega$, ou même depuis $\nu = -\infty$ jusqu'à $\nu = +\infty$, car les termes correspondans aux valeurs négatives de l'indice ν et aux valeurs po-

sitives plus grandes que ω, sont évidemment zéro par eux-mêmes.
— Si l'on fait donc ... (73)

$$V_\nu = \frac{1}{1^{\nu|1}} \cdot \left\{ (\omega-2\nu) \cdot \frac{(\omega-1)^{(\nu-1)|-1}}{1^{0|1}} \cdot \Delta^{\delta\nu} Y_0 \right.$$

$$+ \; i(\omega-2\nu-1) \cdot \frac{(\omega-1)^{\nu|-1}}{1^{1|1}} \cdot \Delta^{\delta(\nu+1)} Y_0$$

$$\left. + \; i^2(\omega-2\nu-2) \cdot \frac{(\omega-1)^{(\nu+1)|-1}}{1^{2|1}} \cdot \Delta^{\delta(\nu+2)} Y_0 \; + \; \text{etc., etc.} \right\},$$

on aura, pour la différence $\Delta^{\omega-1} X_\mu$, l'expression abrégée ... (73)'

$$\Delta^{\omega-1} X_\mu = \Sigma_\nu \left(V_\nu \cdot \Delta^{\omega-\nu+\delta 0} Y_\mu \right).$$

Substituant maintenant cette expression dans l'égalité (68), on obtiendra l'égalité nouvelle ... (74)

$$\mathcal{W}\left[\Delta^{\delta 1} X_1 \cdot \Delta^{\delta 2} X_2 \cdot \Delta^{\delta 3} X_3 \ldots \Delta^{\delta\omega} X_\omega \right] =$$

$$= (-1)^\omega \cdot M \cdot \Sigma_\mu \Sigma_\nu \left\{ (-1)^\mu \cdot V_\nu \cdot \Delta^{\omega-\nu+\delta 0} Y_\mu \; \times \right.$$

$$\left. \times \; \mathcal{W}\left[\frac{\Delta Y_0 \cdot \Delta Y_1 \cdot \Delta Y_2 \ldots \Delta Y_\omega}{\Delta Y_\mu} \right]^{(\delta 0,\, \delta 1,\, \delta 2,\, \ldots\, \delta(\omega-1))} \right\},$$

dans laquelle, suivant ce dont nous sommes convenus, la caractéristique Σ_μ désigne la somme des termes correspondans à toutes les valeurs de l'indice μ, depuis $\mu = 1$ jusqu'à $\mu = \omega$ inclusivement, et la caractéristique Σ_ν la somme des termes correspondans à toutes les valeurs de l'indice ν, depuis $\nu = -\infty$ jusqu'à $\nu = +\infty$, ou seulement depuis $\nu = 0$ jusqu'à $\nu = \omega$ inclusivement. Et, pour renfermer les valeurs de l'indice ν entre les mêmes limites entre lesquelles se trouvent les valeurs de l'indice μ, considérons séparément, dans l'expression précédente (74), les termes correspondans à l'indice $\nu = 0$; et nous aurons définitivement l'égalité ... (74)'

$$w\left[\Delta^{\delta 1}X_1 . \Delta^{\delta 2}X_2 . \Delta^{\delta 3}X_3 \ldots \Delta^{\delta\omega}X_\omega\right] =$$

$$= (-1)^\omega . MT_{\omega-1} . \Sigma_\mu \left\{ (-1)^\mu . \Delta^{\alpha+\delta 0}Y_\mu \times \right.$$

$$\times \; w\left[\frac{\Delta Y_0 . \Delta Y_1 . \Delta Y_2 \ldots \Delta Y_\omega}{\Delta Y_\mu}\right]^{(\delta 0, \delta 1, \delta 2, \ldots \delta(\omega-1))} \left.\right\}$$

$$+ (-1)^\omega . M . \Sigma_\mu \Sigma_\nu \left\{ (-1)^\mu . V_\nu . \Delta^{\omega-\nu+\delta 0}Y_\mu \times \right.$$

$$\times \; w\left[\frac{\Delta Y_0 . \Delta Y_1 . \Delta Y_2 \ldots \Delta Y_\omega}{\Delta Y_\mu}\right]^{(\delta 0, \delta 1, \delta 2, \ldots \delta(\omega-1))} \left.\right\} ;$$

en observant que les expressions (73) et (66)′ donnent

$$V_0 = T_{\omega-1} ,$$

et en dénotant ici par la caractéristique Σ_μ, comme plus haut, la somme des termes correspondans à toutes les valeurs entières de l'indice μ, depuis $\mu = 1$ jusqu'à $\mu = \omega$, et par la caractéristique Σ_ν la somme des termes correspondans à toutes les valeurs entières de l'indice ν, également depuis $\nu = 1$ jusqu'à $\nu = \omega$.

Or, suivant le Lemme (65), on a

$$\Sigma_\mu \left\{ (-1)^{1+\mu} . \Delta^{\omega-\nu+\delta 0}Y_\mu \times \right.$$

$$\times \; w\left[\frac{\Delta Y_0 . \Delta Y_1 . \Delta Y_2 . \Delta Y_3 \ldots \Delta Y_\omega}{\Delta Y_\mu}\right]^{(\delta 0, \delta 1, \delta 2, \ldots \delta(\omega-1))} \left.\right\} =$$

$$= \Delta^{\omega-\nu+\delta 0}Y_0 . w\left[\Delta^{\delta 0}Y_1 . \Delta^{\delta 1}Y_2 . \Delta^{\delta 2}Y_3 \ldots \Delta^{\delta(\omega-1)}Y_\omega\right] ,$$

parce que, dans les limites où se trouvent les valeurs de l'indice ν, l'exposant $(\omega - \nu + \delta 0)$ est toujours égal à l'un des exposans $\delta 0$, $\delta 1$, $\delta 2$, $\delta 3 \ldots \delta(\omega - 1)$. Donc, l'égalité précédente (74)′ se réduit à celle-ci … (74)″

$$\mathcal{W}\left[\Delta^{\delta_1}X_1 . \Delta^{\delta_2}X_2 . \Delta^{\delta_3}X_3 \ldots \Delta^{\delta_\omega}X_\omega\right] =$$

$$= (-1)^\omega . MT_{\omega-1} . \Sigma_\mu \left\{ (-1)^\mu . \Delta^{\omega+\delta_0}Y_\mu \times \right.$$

$$\times \ \mathcal{W}\left[\frac{\Delta Y_0 . \Delta Y_1 . \Delta Y_2 \ldots \Delta Y_\omega}{\Delta Y_\mu}\right]^{(\delta_0,\ \delta_1,\ \delta_2,\ \ldots\ \delta(\omega-1))} \left. \right\}$$

$$+ (-1)^{\omega+1} . M . \Sigma_\gamma (V_\gamma . \Delta^{\omega-\gamma+\delta_0}Y_0) \times$$

$$\times \ \mathcal{W}\left[\Delta^{\delta_0}Y_1 . \Delta^{\delta_1}Y_2 . \Delta^{\delta_2}Y_3 \ldots \Delta^{\delta(\omega-1)}Y_\omega\right].$$

Il nous reste à évaluer la somme dénotée par Σ_γ. — Pour cela, observons que, d'après l'expression (73), nous avons

$$\Sigma_\gamma (V_\gamma . \Delta^{\omega-\gamma+\delta_0}Y_0) =$$

$$= \Sigma_\gamma \frac{\Delta^{\omega-\gamma+\delta_0}Y_0}{1^{\gamma|1}} \times \left\{ \begin{array}{l} + \ (\omega-2\gamma) . \dfrac{(\omega-1)^{(\gamma-1)\,|-1}}{1^{0|1}} . \Delta^{\delta\gamma}Y_0 \\[2ex] + \ i(\omega-2\gamma-1) . \dfrac{(\omega-1)^{\gamma\,|-1}}{1^{1|1}} . \Delta^{\delta(\gamma+1)}Y_0 \\[2ex] + \ i^2(\omega-2\gamma-2) . \dfrac{(\omega-1)^{(\gamma+1)\,|-1}}{1^{2|1}} . \Delta^{\delta(\gamma+2)}Y_0 \\[2ex] + \ \text{etc., etc.} \end{array} \right\};$$

c'est-à-dire, ... (75)

$$\Sigma_\gamma (V_\gamma . \Delta^{\omega-\gamma+\delta_0}Y_0) =$$

$$= \Sigma_\gamma \Sigma_\rho \left\{ i^{(\rho-1)} . \frac{(\omega-2\gamma-\rho+1) . (\omega-1)^{(\gamma+\rho-2)\,|-1}}{1^{\gamma|1} . 1^{(\rho-1)|1}} \times \right.$$

$$\times \ \Delta^{\omega-\gamma+\delta_0}Y_0 . \Delta^{\gamma+\rho-1+\delta_0}Y_0 \left. \right\},$$

en observant que $\delta(\gamma+\rho-1) = \gamma+\rho-1+\delta_0$, et en dénotant par la caractéristique Σ_ρ la somme des termes correspondans à toutes les valeurs entières de l'indice ρ, depuis $\rho = 1$ jusqu'à $\rho = (\omega-\gamma+1)$

inclusivement. Or, si nous donnons à l'indice ν, considéré par rapport à la somme dénotée par Σ_ν, deux valeurs déterminées α et β, et à l'indice ρ, considéré par rapport à la somme dénotée par Σ_ρ, une valeur déterminée γ, nous aurons, pour les deux élémens de la double somme dénotée par les caractéristiques $\Sigma_\nu\Sigma_\rho$, correspondans aux valeurs α, β, et γ, les expressions

$$(75)' \ldots\ i^{(\gamma-1)} . \frac{(\omega - 2\alpha - \gamma + 1).(\omega - 1)^{(\alpha+\gamma-2)|-1}}{1^{\alpha|1}.1^{(\gamma-1)|1}} \times$$

$$\times\ \Delta^{\omega-\alpha+\delta 0}\, Y_0 . \Delta^{\alpha+\gamma-1+\delta 0}\, Y_0 ,$$

$$(75)'' \ldots\ i^{(\gamma-1)} . \frac{(\omega - 2\beta - \gamma + 1).(\omega - 1)^{(\beta+\gamma-2)|-1}}{1^{\beta|1}.1^{(\gamma-1)|1}} \times$$

$$\times\ \Delta^{\omega-\beta+\delta 0}\, Y_0 . \Delta^{\beta+\gamma-1+\delta 0}\, Y_0 .$$

De plus, en établissant entre les deux nombres α et β la relation donnée par l'équation ... $(75)'''$

$$1 + \omega - \gamma - \alpha - \beta = 0,$$

on pourra éliminer le nombre β de la seconde $(75)''$ des deux expressions précédentes; et l'on parviendra à une expression identique avec la première $(75)'$ de ces expressions. En effet, on aura

$$\omega - \beta + \delta 0 = \alpha + \gamma - 1 + \delta 0$$
$$\beta + \gamma - 1 + \delta 0 = \omega - \alpha + \delta 0$$
$$\omega - 2\beta - \gamma + 1 = -\,(\omega - 2\alpha - \gamma + 1)$$
$$\beta + \gamma - 2 = \omega - \alpha - 1;$$

et la seconde expression $(75)''$ deviendra d'abord ... $(75)''_1$

$$- i^{(\gamma-1)} . \frac{(\omega - 2\alpha - \gamma + 1).(\omega - 1)^{(\omega-\alpha-1)|-1}}{1^{(1+\omega-\gamma-\alpha)|1}.1^{(\gamma-1)|1}} \times$$

$$\times\ \Delta^{\alpha+\gamma-1+\delta 0}\, Y_0 . \Delta^{\omega-\alpha+\delta 0}\, Y_0 .$$

Mais, suivant la nature des facultés algorithmiques et particulièrement des factorielles (Voyez la première Note à la fin de la Réfutation de Lagrange), on a

$$(\omega-1)^{(\omega-\alpha-1)\,|-1} =$$
$$= (\omega-1)^{(\alpha+\gamma-2)\,|-1} \cdot \left(\omega-1-\{\alpha+\gamma-2\}\right)^{(\omega-\alpha-1-\{\alpha+\gamma-2\})\,|-1}$$
$$= (\omega-1)^{(\alpha+\gamma-2)\,|-1} \cdot (\omega+1-\alpha-\gamma)^{(\omega+1-2\alpha-\gamma)\,|-1} ;$$

$$(\omega+1-\alpha-\gamma)^{(\omega+1-2\alpha-\gamma)\,|-1} =$$
$$= (\omega+1-\alpha-\gamma)^{(\omega+1-\alpha-\gamma)\,|-1} \cdot \left(\omega+1-\alpha-\gamma-\{\omega+1-\alpha-\gamma\}\right)^{-\alpha\,|-1} =$$
$$= (\omega+1-\alpha-\gamma)^{(\omega+1-\alpha-\gamma)\,|-1} \cdot 0^{-\alpha\,|-1} ;$$

$$(\omega+1-\alpha-\gamma)^{(\omega+1-\alpha-\gamma)\,|-1} = 1^{(\omega+1-\alpha-\gamma)\,|\,1} ,$$

$$0^{-\alpha\,|-1} = \frac{1}{(0-\alpha(-1))^{\alpha\,|-1}} = \frac{1}{\alpha^{\alpha\,|-1}} = \frac{1}{1^{\alpha\,|\,1}} ;$$

et par conséquent

$$(\omega-1)^{(\omega-\alpha-1)\,|-1} = \frac{(\omega-1)^{(\alpha+\gamma-2)\,|-1} \cdot 1^{(\omega+1-\alpha-\gamma)\,|\,1}}{1^{\alpha\,|\,1}} .$$

Ainsi, en substituant cette valeur dans $(75)''_{1}$, on aura $\ldots (75)''_{2}$

$$- i^{(\gamma-1)} \cdot \frac{(\omega-2\alpha-\gamma+1) \cdot (\omega-1)^{(\alpha+\gamma-2)\,|-1}}{1^{\alpha\,|\,1} \cdot 1^{(\gamma-1)\,|\,1}} \times$$
$$\times \Delta^{\alpha+\gamma-1+\delta 0} Y_{0} \cdot \Delta^{\omega-\alpha+\delta 0} Y_{0} ;$$

expression qui, à l'exception du signe, se trouve identique avec l'expression $(75)'$. Il s'ensuit que, pour toutes les valeurs entières et déterminées γ et α, positives ou négatives, il existe une valeur entière et réciproque β, donnée par l'équation $(75)'''$, savoir,

$$1+\omega-\gamma-\alpha-\beta=0,$$

qui est telle que les deux élémens correspondans $(75)'$ et $(75)''$ de la double somme en question dénotée par $\Sigma_\nu \Sigma_\rho$, se détruisent réciproquement, lorsque les valeurs α et β sont différentes. Quant au cas particulier où ces deux valeurs α et β ne se trouvent pas différentes, les élémens $(75)'$ et $(75)''$ dont il s'agit, se détruisent par eux-mêmes, parce qu'ils contiennent les facteurs respectifs

$$(\omega - 2\alpha - \gamma + 1) \qquad \text{et} \qquad (\omega - 2\beta - \gamma + 1)$$

qui, en vertu de l'équation $(75)'''$, sont alors zéro. Donc, en considérant dans sa totalité la double somme, dénotée par $\Sigma_\nu \Sigma_\rho$, qui entre dans l'expression (75), c'est-à-dire, en la considérant pour toutes les valeurs entières des indices ν et ρ, depuis l'infini négatif jusqu'à l'infini positif, cette somme sera égale à zéro. Or, tous ceux des élémens de cette double somme qui correspondent à $\rho = 0$, aux valeurs négatives de ρ, et aux valeurs positives de ρ plus grandes que $(\omega - \nu + 1)$, sont évidemment égaux à zéro, quelle que soit la valeur de ν; parce que, dans les deux premiers cas, le facteur

$$\frac{1}{1^{(\rho - 1)}|1}$$

devient zéro, et que, dans le dernier cas, le facteur

$$(\omega - 1)^{(\nu + \rho - 2)|-1}$$

devient également zéro. De plus, tous les élémens de la double somme $\Sigma_\nu \Sigma_\rho$ en question, qui correspondent aux valeurs négatives de ν, et aux valeurs positives de ν plus grandes que α, sont de même égaux à zéro, quelle que soit la valeur positive de ρ; parce que, dans le premier cas, le facteur

$$\frac{1}{1^{\nu}|1}$$

devient zéro, et que, dans le second cas, le facteur

$$(\omega - 1)^{(\nu + \rho - 2)\,|\,-1}$$

devient également zéro. Ainsi, la partie de la double somme $\Sigma_\nu \Sigma_\rho$ de l'expression (75), prise inclusivement entre les valeurs zéro et ω de l'indice ν, et entre les valeurs 1 et $(\omega - \nu + 1)$ de l'indice ρ, sera aussi égale à zéro; et, par conséquent, la partie de cette somme, prise inclusivement entre les valeurs 1 et ω de l'indice ν, et entre les mêmes valeurs 1 et $(\omega - \nu + 1)$ de l'indice ρ, partie qui seule se trouve dans l'expression (75), sera négativement égale à la somme des élémens de la double somme $\Sigma_\nu \Sigma_\rho$, correspondans à la valeur $\nu = 0$ et à toutes les valeurs entières de ρ, depuis $\rho = 1$ jusqu'à $\rho = (\omega + 1)$ inclusivement. Mais la somme de ces derniers élémens se réduit à ... $(75)^{\mathrm{iv}}$

$$\Sigma_\rho \left\{ i^{(\rho - 1)} \cdot \frac{(\omega - 1)^{(\rho - 1)\,|\,-1}}{1^{(\rho - 1)\,|\,1}} \cdot \Delta^{\omega + \delta 0} Y_0 \cdot \Delta^{\rho - 1 + \delta 0} Y_0 \right\},$$

en désignant ici par la caractéristique Σ_ρ la somme des termes correspondans à toutes les valeurs entières et positives de l'indice ρ, depuis $\rho = 1$ jusqu'à $\rho = \omega$, ou généralement à toutes les valeurs de cet indice ρ, parce que, hors des limites que nous venons d'assigner, tous les termes sont zéro. Donc, substituant cette dernière valeur $(75)^{\mathrm{iv}}$, prise négativement, à la place de la partie de la double somme dénotée par $\Sigma_\nu \Sigma_\rho$, qui entre dans l'expression (75), on aura ... (76)

$$\Sigma_\nu (V_\nu \cdot \Delta^{\omega - \nu + \delta 0} Y_0) =$$

$$= - \Sigma_\rho \left\{ i^{(\rho - 1)} \cdot \frac{(\omega - 1)^{(\rho - 1)\,|\,-1}}{1^{(\rho - 1)\,|\,1}} \cdot \Delta^{\omega + \delta 0} Y_0 \cdot \Delta^{\rho - 1 + \delta 0} Y_0 \right\} =$$

$$= - \Delta^{\omega + \delta 0} Y_0 \cdot \left\{ \Delta^{\delta 0} Y_0 + i \cdot \frac{\omega - 1}{1} \cdot \Delta^{\delta 1} Y_0 + i^2 \cdot \frac{(\omega - 1)(\omega - 2)}{1 \cdot 2} \cdot \Delta^{\delta 2} Y_0 \right.$$

$$\left. + i^3 \cdot \frac{(\omega - 1)(\omega - 2)(\omega - 3)}{1 \cdot 2 \cdot 3} \cdot \Delta^{\delta 3} Y_0 + \text{etc., etc.} \right\},$$

à cause de $\delta 1 = 1 + \delta 0$, $\delta 2 = 2 + \delta 0$, $\delta 3 = 3 + \delta 0$, etc. Et, ayant égard aux expressions $(66)'$, on aura définitivement ... $(76)'$

$$\Sigma_\nu \left(V_\nu . \Delta^{\omega - \nu + \delta 0} Y_0 \right) = - T_{\omega - 1} . \Delta^{\omega + \delta 0} Y_0 .$$

Pour déterminer cette valeur, nous avons suivi le procédé qui, par le moyen de l'équation $(75)'''$, savoir,

$$1 + \omega - \gamma - \alpha - \beta = 0 ,$$

nous fait connaître jusqu'aux élémens et, par conséquent, jusqu'aux premiers principes du théorème qui nous occupe. S'il n'avoit été question que d'évaluer la somme

$$\Sigma_\nu \left(V_\nu . \Delta^{\omega - \nu + \delta 0} Y_0 \right) ,$$

et non d'en connaître la nature même, nous aurions pu le faire, avec bien plus de facilité, de la manière suivante. — Nous avons trouvé ci-dessus, à la marque $(73)'$, l'expression

$$\Delta^{\omega - 1} X_\mu = \Sigma_\nu \left(V_\nu . \Delta^{\omega - \nu + \delta 0} Y_\mu \right) ,$$

en désignant d'abord par la caractéristique Σ_ν la somme des termes correspondans à toutes les valeurs entières de l'indice ν, depuis $\nu = 0$ jusqu'à $\nu = \omega$. Ainsi, considérant séparément le terme correspondant à $\nu = 0$, nous aurons

$$\Delta^{\omega - 1} X_\mu = T_{\omega - 1} . \Delta^{\omega + \delta 0} Y_\mu + \Sigma_\nu \left(V_\nu . \Delta^{\omega - \nu + \delta 0} Y_\mu \right) ;$$

en observant, comme plus haut, que les expressions (73) et $(66)'$ donnent $V_0 = T_{\omega - 1}$, et en dénotant ici par la caractéristique Σ_ν la somme des termes pris inclusivement entre les limites de $\nu = 1$ et $\nu = \omega$. Or, nous avons vu plus haut, à la marque $(68)'$, que

$$\Delta^{\omega - 1} X_\mu = \Delta^{\omega - 1} \left(\Delta^{\delta 0} Y_0 . \Delta^{\delta 1} Y_\mu \right) - \Delta^{\omega - 1} \left(\Delta^{\delta 1} Y_0 . \Delta^{\delta 0} Y_\mu \right) ,$$

Donc, il viendra

$$\Delta^{\omega-1}(\Delta^{\delta_0} Y_0 . \Delta^{\delta_1} Y_\mu) - \Delta^{\omega-1}(\Delta^{\delta_1} Y_0 . \Delta^{\delta_0} Y_\mu) =$$
$$= T_{\omega-1} . \Delta^{\omega+\delta_0} Y_\mu + \Sigma_\nu (V_\nu . \Delta^{\omega-\nu+\delta_0} Y_\mu);$$

Y_0 et Y_μ étant des fonctions quelconques. Ainsi, lorsque $Y_\mu = Y_0$, on aura

$$\Sigma_\nu (V_\nu . \Delta^{\omega-\nu+\delta_0} Y_0) = - T_{\omega-1} . \Delta^{\omega+\delta_0} Y_0,$$

qui est la valeur $(76)'$ que nous avons trouvée par le procédé antérieur.

Substituant maintenant cette valeur dans l'égalité $(74)''$, nous aurons ... $(74)'''$

$$W[\Delta^{\zeta_1} X_1 . \Delta^{\zeta_2} X_2 . \Delta^{\zeta_3} X_3 \ldots \Delta^{\zeta_\omega} X_\omega] =$$
$$= (-1)^\omega . M T_{\omega-1} . \Sigma_\mu \left\{ (-1)^\mu . \Delta^{\omega+\delta_0} Y_\mu \times \right.$$
$$\times \left. W\left[\frac{\Delta Y_0 . \Delta Y_1 . \Delta Y_2 \ldots \Delta Y_\omega}{\Delta Y_\mu}\right]^{(\delta_0, \delta_1, \delta_2, \ldots \delta(\omega-1))} \right\}$$
$$+ (-1)^\omega . M T_{\omega-1} . \Delta^{\omega+\delta_0} Y_0 . W[\Delta^{\delta_0} Y_1 . \Delta^{\delta_1} Y_2 . \Delta^{\delta_2} Y_3 \ldots \Delta^{\delta(\omega-1)} Y_\omega];$$

la caractéristique Σ_μ désignant toujours la somme des termes correspondans à toutes les valeurs de l'indice μ, depuis $\mu = 1$ jusqu'à $\mu = \omega$ inclusivement. Mais, en vertu des formules (57) et $(57)'$, conservant la signification présente de la caractéristique Σ_μ, on a

$$(-1)^\omega . \Sigma_\mu \left\{ (-1)^\mu . \Delta^{\delta\omega} Y_\mu \times \right.$$
$$\times \left. W\left[\frac{\Delta Y_0 . \Delta Y_1 . \Delta Y_2 \ldots \Delta Y_\omega}{\Delta Y_\mu}\right]^{(\delta_0, \delta_1, \delta_2, \ldots \delta(\omega-1))} \right\}$$
$$+ (-1)^\omega . \Delta^{\delta\omega} Y_0 . W[\Delta^{\delta_0} Y_1 . \Delta^{\delta_1} Y_2 . \Delta^{\delta_2} Y_3 \ldots \Delta^{\delta(\omega-1)} Y_\omega] =$$
$$= W[\Delta^{\delta_0} Y_0 . \Delta^{\delta_1} Y_1 . \Delta^{\delta_2} Y_2 . \Delta^{\delta_3} Y_3 \ldots \Delta^{\delta\omega} Y_\omega].$$

I.

Donc, en observant qu'on a ici

$$\delta\omega = \omega + \delta o,$$

l'égalité $(74)'''$ se réduira définitivement à celle-ci ... $(74)^{IV}$

$$\psi\,[\Delta^{\mathcal{C}1} X_1 . \Delta^{\mathcal{C}2} X_2 . \Delta^{\mathcal{C}3} X_3 \ldots \Delta^{\mathcal{C}\omega} X_\omega] =$$
$$= MT_{\omega-1} . \psi\,[\Delta^{\delta o} Y_o . \Delta^{\delta 1} Y_1 . \Delta^{\delta 2} Y_2 . \Delta^{\delta 3} Y_3 \ldots \Delta^{\delta\omega} Y_\omega].$$

Ainsi, il est vrai que si, pour tous les indices 1, 2, 3, 4, ... ω, on a l'égalité (67)

$$\psi\left[\frac{\Delta X_1 . \Delta X_2 . \Delta X_3 \ldots \Delta X_\omega}{\Delta X_\mu}\right]^{(\mathcal{C}1, \mathcal{C}2, \mathcal{C}3, \ldots \mathcal{C}(\omega-1))} =$$
$$= M . \psi\left[\frac{\Delta Y_o . \Delta Y_1 . \Delta Y_2 \ldots \Delta Y_\omega}{\Delta Y_\mu}\right]^{(\delta o, \delta 1, \delta 2, \ldots \delta(\omega-1))},$$

dans laquelle μ désigne un quelconque parmi les indices 1, 2, 3, ... ω, et M une quantité quelconque indépendante de l'indice μ, on aura aussi l'égalité $(67)'$

$$\psi\,[\Delta^{\mathcal{C}1} X_1 . \Delta^{\mathcal{C}2} X_2 . \Delta^{\mathcal{C}3} X_3 \ldots \Delta^{\mathcal{C}\omega} X_\omega] =$$
$$= MT_{\omega-1} . \psi\,[\Delta^{\delta o} Y_o . \Delta^{\delta 1} Y_1 . \Delta^{\delta 2} Y_2 \ldots \Delta^{\delta\omega} Y_\omega];$$

les exposans $\mathcal{C}1$, $\mathcal{C}2$, $\mathcal{C}3$, ... $\mathcal{C}\omega$ et δo, $\delta 1$, $\delta 2$, ... $\delta\omega$ ayant les valeurs que nous leur avons assignées plus haut à la marque $(66)'''$, et la quantité $T_{\omega-1}$ étant donnée par les expressions $(66)'$.

Cette vérité étant reconnue, il est facile de démontrer le théorème $(66)''$ qui est notre objet actuel. En effet, ce théorème en résulte immédiatement, comme nous l'avons déjà avancé, et comme nous allons le prouver.

Désignons, d'une manière générale, par $\alpha 1$, $\alpha 2$, $\alpha 3$, etc. les indices particuliers 1, 2, 3, etc. des fonctions Y_1, Y_2, Y_3, etc., de sorte que chacun des indices généraux $\alpha 1$, $\alpha 2$, $\alpha 3$, etc. puisse représenter indistinctement tous les indices particuliers et différens 1, 2, 3, etc., et que, de cette manière, ces indices généraux puissent servir à désigner les indices particuliers quelconques. Suivant cette notation, la proposition précédente $(67)'$, dans laquelle Y_1, Y_2, Y_3, etc. sont des fonctions quelconques de x et indépendantes entre elles, peut être transformée en celle-ci ... $(77)'$

$$\psi\left[\Delta^{\zeta_1} X_{\alpha 1} . \Delta^{\zeta_2} X_{\alpha 2} . \Delta^{\zeta_3} X_{\alpha 3} \ldots \Delta^{\zeta\omega} X_{\alpha\omega}\right] =$$
$$= M T_{\omega-1} . \psi\left[\Delta^{\delta 0} Y_0 . \Delta^{\delta 1} Y_{\alpha 1} . \Delta^{\delta 2} Y_{\alpha 2} . \Delta^{\delta 3} Y_{\alpha 3} \ldots \Delta^{\delta\omega} Y_{\alpha\omega}\right];$$

en supposant que, pour tous les indices $\alpha 1$, $\alpha 2$, $\alpha 3$, ... $\alpha\omega$, on ait l'égalité ... (77)

$$\psi\left[\frac{\Delta X_{\alpha 1} . \Delta X_{\alpha 2} . \Delta X_{\alpha 3} \ldots \Delta X_{\alpha\omega}}{\Delta X_{\alpha\mu}}\right]^{(\zeta_1, \zeta_2, \zeta_3, \ldots \zeta(\omega-1))} =$$
$$= M . \psi\left[\frac{\Delta Y_0 . \Delta Y_{\alpha 1} . \Delta Y_{\alpha 2} . \Delta Y_{\alpha 3} \ldots \Delta Y_{\alpha\omega}}{\Delta Y_{\alpha\mu}}\right]^{(\delta 0, \delta 1, \delta 2, \delta 3, \ldots \delta(\omega-1))},$$

$\alpha\mu$ étant un quelconque parmi les indices $\alpha 1$, $\alpha 2$, $\alpha 3$, ... $\alpha\omega$, et M étant une quantité quelconque indépendante de l'indice μ.

Or, pour $\omega = 2$, on a immédiatement ... (78)

$$\psi\left[\frac{\Delta X_{\alpha 1} . \Delta X_{\alpha 2}}{\Delta X_{\alpha\mu}}\right]^{(\zeta_1)} = \psi\left[\frac{\Delta Y_0 . \Delta Y_{\alpha 1} . \Delta Y_{\alpha 2}}{\Delta Y_{\alpha\mu}}\right]^{(\delta 0, \delta 1)},$$

μ étant indistinctement 1 ou 2. Car, d'abord lorsque $\mu = 1$, on a

$$\psi\left[\frac{\Delta X_{\alpha 1} . \Delta X_{\alpha 2}}{\Delta X_{\alpha 1}}\right]^{(\zeta_1)} = \psi\left[\Delta^{\zeta_1} X_{\alpha 2}\right] = \Delta^{\zeta_1} X_{\alpha 2},$$
$$\psi\left[\frac{\Delta Y_0 . \Delta Y_{\alpha 1} . \Delta Y_{\alpha 2}}{\Delta Y_{\alpha 1}}\right]^{(\delta 0, \delta 1)} = \psi\left[\Delta^{\delta 0} Y_0 . \Delta^{\delta 1} Y_{\alpha 2}\right];$$

et puisque, d'après $(66)'''$, on a $\zeta_1 = 0$, d'après (66) on aura

$$\Delta^{\zeta_1} X_{\alpha 2} = X_{\alpha 2} = \psi\left[\Delta^{\delta 0} Y_0 . \Delta^{\delta 1} Y_{\alpha 2}\right].$$

Et, en second lieu, lorsque $\mu = 2$, le premier membre de l'égalité (78) en question, devient

$$\varpi\left[\Delta^{\zeta_1} X_{\alpha 1}\right] = \Delta^{\zeta_1} X_{\alpha 1} = X_{\alpha 1} = \varpi\left[\Delta^{\delta_0} Y_0 . \Delta^{\delta_1} Y_{\alpha 1}\right],$$

par les mêmes raisons; et telle est aussi, dans ce cas, la valeur du second membre de l'égalité (78). Ainsi, comparant cette égalité réelle (78) avec l'égalité hypothétique générale (77), en supposant $M = 1$, l'égalité corrélative générale (77)′ donnera l'égalité réelle ... (78)′

$$\varpi\left[\Delta^{\zeta_1} X_{\alpha 1} . \Delta^{\zeta_2} X_{\alpha 2}\right] = T_1 . \varpi\left[\Delta^{\delta_0} Y_0 . \Delta^{\delta_1} Y_{\alpha 1} . \Delta^{\delta_2} Y_{\alpha 2}\right].$$

Mais, ayant égard à la généralité des indices $\alpha 1$, $\alpha 2$, $\alpha 3$, etc., cette dernière égalité (78)′ peut être mise sous la forme ... (79)

$$\varpi\left[\frac{\Delta X_{\alpha 1} . \Delta X_{\alpha 2} . \Delta X_{\alpha 3}}{\Delta X_{\alpha\mu}}\right]^{(\zeta_1,\, \zeta_2)} =$$
$$= T_1 . \varpi\left[\frac{\Delta Y_0 . \Delta Y_{\alpha 1} . \Delta Y_{\alpha 2} . \Delta Y_{\alpha 3}}{\Delta Y_{\alpha\mu}}\right]^{(\delta_0,\, \delta_1,\, \delta_2)},$$

μ étant indistinctement 1, 2, ou 3. Ainsi, comparant de nouveau cette égalité réelle (79) avec l'égalité hypothétique générale (77), en supposant $M = T_1$, l'égalité corrélative générale (77)′ donnera l'égalité réelle suivante ... (79)′

$$\varpi\left[\Delta^{\zeta_1} X_{\alpha 1} . \Delta^{\zeta_2} X_{\alpha 2} . \Delta^{\zeta_3} X_{\alpha 3}\right] =$$
$$= T_1 T_2 . \varpi\left[\Delta^{\delta_0} Y_0 . \Delta^{\delta_1} Y_{\alpha 1} . \Delta^{\delta_2} Y_{\alpha 2} . \Delta^{\delta_3} Y_{\alpha 3}\right].$$

Et, ayant toujours égard à la généralité des indices $\alpha 1$, $\alpha 2$, $\alpha 3$, etc., cette dernière égalité (79)′ peut être mise sous la forme ... (80)

$$\varpi\left[\frac{\Delta X_{\alpha 1} . \Delta X_{\alpha 2} . \Delta X_{\alpha 3} . \Delta X_{\alpha 4}}{\Delta X_{\alpha\mu}}\right]^{(\zeta_1,\, \zeta_2,\, \zeta_3)} =$$
$$= T_1 T_2 . \varpi\left[\frac{\Delta Y_0 . \Delta Y_{\alpha 1} . \Delta Y_{\alpha 2} . \Delta Y_{\alpha 3} . \Delta Y_{\alpha 4}}{\Delta Y_{\alpha\mu}}\right]^{(\delta_0,\, \delta_1,\, \delta_2,\, \delta_3)},$$

μ étant indistinctement 1, 2, 3 ou 4. Ainsi, comparant encore cette égalité réelle (80) avec l'égalité hypothétique générale (77), en supposant $M = T_1 T_2$, l'égalité corrélative générale (77)$'$ donnera l'égalité réelle ... (80)$'$

$$w\,[\Delta^{\mathfrak{C}1}X_{\alpha1} . \Delta^{\mathfrak{C}2}X_{\alpha2} . \Delta^{\mathfrak{C}3}X_{\alpha3} . \Delta^{\mathfrak{C}4}X_{\alpha4}] =$$
$$= T_1 T_2 T_3 . w\,[\Delta^{\delta0}Y_0 . \Delta^{\delta1}Y_{\alpha1} . \Delta^{\delta2}Y_{\alpha2} . \Delta^{\delta3}Y_{\alpha3} . \Delta^{\delta4}Y_{\alpha4}] .$$

Et, procédant toujours de la même manière, on obtiendra évidemment, par la nature même de cette construction algorithmique, l'égalité réelle générale ... (81)

$$w\,[\Delta^{\mathfrak{C}1}X_{\alpha1} . \Delta^{\mathfrak{C}2}X_{\alpha2} . \Delta^{\mathfrak{C}3}X_{\alpha3} \ldots \Delta^{\mathfrak{C}\omega}X_{\alpha\omega}] =$$
$$= (T_1 T_2 T_3 \ldots T_{\omega-1}) . w\,[\Delta^{\delta0}Y_0 . \Delta^{\delta1}Y_{\alpha1} . \Delta^{\delta2}Y_{\alpha2} . \Delta^{\delta3}Y_{\alpha3} \ldots \Delta^{\delta\omega}Y_{\alpha\omega}] ;$$

ou simplement ... (81)$_1$

$$w\,[\Delta^{\mathfrak{C}1}X_1 . \Delta^{\mathfrak{C}2}X_2 . \Delta^{\mathfrak{C}3}X_3 \ldots \Delta^{\mathfrak{C}\omega}X_\omega] =$$
$$= (T_1 T_2 T_3 \ldots T_{\omega-1}) . w\,[\Delta^{\delta0}Y_0 . \Delta^{\delta1}Y_1 . \Delta^{\delta2}Y_2 . \Delta^{\delta3}Y_3 \ldots \Delta^{\delta\omega}Y_\omega] ;$$

et c'est là le théorème (66)$''$ que nous nous sommes proposé de démontrer, et qui, comme nous le verrons bientôt, est le principe fondamental de la déduction algorithmique ou de la démonstration de la Loi suprème et universelle qui est notre objet actuel.

Premier Corollaire.

Formons, avec les fonctions X_1, X_2, X_3, etc. construites d'après les expressions (66), une suite de fonctions analogues à elles-mêmes, savoir, ... (82)$'$

$$X(1)_2 = w\,[\Delta^{\delta(1)0}X_1 . \Delta^{\delta(1)1}X_2]$$
$$X(1)_3 = w\,[\Delta^{\delta(1)0}X_1 . \Delta^{\delta(1)1}X_3]$$

$$X(1)_4 = w\left[\Delta^{\delta(1)0} X_1 . \Delta^{\delta(1)1} X_4\right]$$

$$\cdots\cdots\cdots\cdots\cdots\cdots$$

$$X(1)_\omega = w\left[\Delta^{\delta(1)0} X_1 . \Delta^{\delta(1)1} X_\omega\right];$$

l'exposant $\delta(1)0$ étant un nombre entier quelconque, et l'exposant $\delta(1)1$ étant égal à $(1 + \delta(1)0)$. Formons encore, avec ces fonctions nouvelles $X(1)_2$, $X(1)_3$, $X(1)_4$, etc. des fonctions pareilles, savoir, ... $(82)''$

$$X(2)_3 = w\left[\Delta^{\delta(2)0} X(1)_2 . \Delta^{\delta(2)1} X(1)_3\right]$$

$$X(2)_4 = w\left[\Delta^{\delta(2)0} X(1)_2 . \Delta^{\delta(2)1} X(1)_4\right]$$

$$X(2)_5 = w\left[\Delta^{\delta(2)0} X(1)_2 . \Delta^{\delta(2)1} X(1)_5\right].$$

$$\cdots\cdots\cdots\cdots\cdots\cdots$$

$$X(2)_\omega = w\left[\Delta^{\delta(2)0} X(1)_2 . \Delta^{\delta(2)1} X(1)_\omega\right];$$

l'exposant $\delta(2)0$ étant encore un nombre entier quelconque, et l'exposant $\delta(2)1 = (1 + \delta(2)0)$. Formons de nouveau, avec ces dernières fonctions $X(2)_3$, $X(2)_4$, $X(2)_5$, etc., des fonctions analogues, savoir, ... $(82)'''$

$$X(3)_4 = w\left[\Delta^{\delta(3)0} X(2)_3 . \Delta^{\delta(3)1} X(2)_4\right]$$

$$X(3)_5 = w\left[\Delta^{\delta(3)0} X(2)_3 . \Delta^{\delta(3)1} X(2)_5\right]$$

$$X(3)_6 = w\left[\Delta^{\delta(3)0} X(2)_3 . \Delta^{\delta(3)1} X(2)_6\right]$$

$$\cdots\cdots\cdots\cdots\cdots\cdots$$

$$X(3)_\omega = w\left[\Delta^{\delta(3)0} X(2)_3 . \Delta^{\delta(3)1} X(2)_\omega\right];$$

l'exposant $\delta(3)0$ étant un nombre entier quelconque, et l'exposant $\delta(3)1 = (1 + \delta(3)0)$. Et, poursuivons cette construction de fonctions pareilles ou analogues à elles-mêmes, aussi loin qu'on voudra, d'après les formules ... (82)

$$X(\mu)_{\mu+1} = w\left[\Delta^{\delta(\mu)0} X(\mu-1)_{\mu} . \Delta^{\delta(\mu)1} X(\mu-1)_{\mu+1}\right]$$

$$X(\mu)_{\mu+2} = w\left[\Delta^{\delta(\mu)0} X(\mu-1)_{\mu} . \Delta^{\delta(\mu)1} X(\mu-1)_{\mu+2}\right]$$

$$X(\mu)_{\mu+3} = w\left[\Delta^{\delta(\mu)0} X(\mu-1)_{\mu} . \Delta^{\delta(\mu)1} X(\mu-1)_{\mu+3}\right]$$

$$\cdot \cdot \cdot \cdot \cdot \cdot \cdot \cdot \cdot \cdot \cdot \cdot \cdot \cdot \cdot \cdot \cdot \cdot \cdot \cdot \cdot \cdot$$

$$X(\mu)_{\omega} = w\left[\Delta^{\delta(\mu)0} X(\mu-1)_{\mu} . \Delta^{\delta(\mu)1} X(\mu-1)_{\omega}\right] ;$$

l'exposant $\delta(\mu)0$ étant toujours un nombre entier quelconque, et l'exposant $\delta(\mu)1 = (1 + \delta(\mu)0)$; en observant d'ailleurs que, pour employer généralement ces formules, il faut considérer la fonction particulière $X(0)_\nu$, correspondante à $\mu = 1$, comme étant identique avec la fonction simple X_ν.

De plus, construisons, avec les premières quantités de chacun de ces systèmes, savoir, avec les quantités X_1, $X(1)_2$, $X(2)_3$, $X(3)_4$, etc., des fonctions analogues à celles que, sous la marque $(66)'$, nous avons construites avec la quantité Y_0 ; c'est-à-dire, construisons les fonctions suivantes. D'abord, ... $(83)'$

$$T(1)_1 = \Delta^{\delta(1)0} X_1 + i . \Delta^{\delta(1)1} X_1$$

$$T(1)_2 = \Delta^{\delta(1)0} X_1 + 2i . \Delta^{\delta(1)1} X_1 + i^2 . \Delta^{\delta(1)2} X_1$$

$$T(1)_3 = \Delta^{\delta(1)0} X_1 + 3i . \Delta^{\delta(1)1} X_1 + 3i^2 . \Delta^{\delta(1)2} X_1 + i^3 . \Delta^{\delta(1)3} X_1$$

$$\cdot \cdot \cdot \cdot \cdot \cdot \cdot \cdot \cdot \cdot \cdot \cdot \cdot \cdot \cdot \cdot \cdot \cdot \cdot \cdot \cdot \cdot$$

$$T(1)_\rho = \Delta^{\delta(1)0} X_1 + \frac{\rho}{1} i . \Delta^{\delta(1)1} X_1 + \frac{\rho(\rho-1)}{1.2} i^2 . \Delta^{\delta(1)2} X_1$$

$$+ \frac{\rho(\rho-1)(\rho-2)}{1.2.3} i^3 . \Delta^{\delta(1)3} X_1 + \frac{\rho(\rho-1)(\rho-2)(\rho-3)}{1.2.3.4} i^4 . \Delta^{\delta(1)4} X_1 + \text{etc.} ;$$

les exposans $\delta(1)0$, $\delta(1)1$, $\delta(1)2$, $\delta(1)3$, etc., dont nous avons déjà employé les deux premiers, formant la progression ... $(83)'_1$

$$\delta(1)1 = 1 + \delta(1)0, \quad \delta(1)2 = 1 + \delta(1)1, \quad \delta(1)3 = 1 + \delta(1)2,$$

$$\delta(1)4 = 1 + \delta(1)3, \quad \text{etc., etc.}$$

En second lieu, ... $(83)''$

$$T(2)_1 = \Delta^{\delta(2)0} X(1)_2 + i \cdot \Delta^{\delta(2)1} X(1)_2$$

$$T(2)_2 = \Delta^{\delta(2)0} X(1)_2 + 2i \cdot \Delta^{\delta(2)1} X(1)_2 + i^2 \cdot \Delta^{\delta(2)2} X(1)_2$$

$$T(2)_3 = \Delta^{\delta(2)0} X(1)_2 + 3i \cdot \Delta^{\delta(2)1} X(1)_2 + 3i^2 \cdot \Delta^{\delta(2)2} X(1)_2 + i^3 \cdot \Delta^{\delta(2)3} X(1)_2$$

$$\cdots \cdots \cdots \cdots \cdots \cdots \cdots \cdots \cdots \cdots \cdots \cdots$$

$$T(2)_\rho = \Delta^{\delta(2)0} X(1)_2 + \frac{\rho}{1} i \cdot \Delta^{\delta(2)1} X(1)_2 + \frac{\rho(\rho-1)}{1 \cdot 2} i^2 \cdot \Delta^{\delta(2)2} X(1)_2$$

$$+ \frac{\rho(\rho-1)(\rho-2)}{1 \cdot 2 \cdot 3} i^3 \cdot \Delta^{\delta(2)3} X(1)_2 + \frac{\rho(\rho-1)(\rho-2)(\rho-3)}{1 \cdot 2 \cdot 3 \cdot 4} i^4 \cdot \Delta^{\delta(2)4} X(1)_2 + \text{etc.};$$

les exposans $\delta(2)0$, $\delta(2)1$, $\delta(2)2$, $\delta(2)3$, etc., dont nous avons également employé déjà les deux premiers, formant de nouveau la progresssion ... $(83)''_1$

$$\delta(2)1 = 1 + \delta(2)0, \quad \delta(2)2 = 1 + \delta(2)1, \quad \delta(2)3 = 1 + \delta(2)2,$$
$$\delta(2)4 = 1 + \delta(2)3, \quad \text{etc., etc.}$$

En troisième lieu, ... $(83)'''$

$$T(3)_1 = \Delta^{\delta(3)0} X(2)_3 + i \cdot \Delta^{\delta(3)1} X(2)_3$$

$$T(3)_2 = \Delta^{\delta(3)0} X(2)_3 + 2i \cdot \Delta^{\delta(3)1} X(2)_3 + i^2 \cdot \Delta^{\delta(3)2} X(2)_3$$

$$T(3)_3 = \Delta^{\delta(3)0} X(2)_3 + 3i \cdot \Delta^{\delta(3)1} X(2)_3 + 3i^2 \cdot \Delta^{\delta(3)2} X(2)_3 + i^3 \cdot \Delta^{\delta(3)3} X(2)_3$$

$$\cdots \cdots \cdots \cdots \cdots \cdots \cdots \cdots \cdots \cdots \cdots \cdots$$

$$T(3)_\rho = \Delta^{\delta(3)0} X(2)_3 + \frac{\rho}{1} i \cdot \Delta^{\delta(3)1} X(2)_3 + \frac{\rho(\rho-1)}{1 \cdot 2} i^2 \cdot \Delta^{\delta(3)2} X(2)_3$$

$$+ \frac{\rho(\rho-1)(\rho-2)}{1 \cdot 2 \cdot 3} i^3 \cdot \Delta^{\delta(3)3} X(2)_3 + \frac{\rho(\rho-1)(\rho-2)(\rho-3)}{1 \cdot 2 \cdot 3 \cdot 4} i^4 \cdot \Delta^{\delta(3)4} X(2)_3 + \text{etc.};$$

les exposans $\delta(3)0$, $\delta(3)1$, $\delta(3)2$, etc., dont les deux premiers ont déjà été employés, formant la progression ... $(83)'''_1$

$$\delta(3)1 = 1 + \delta(3)0, \quad \delta(3)2 = 1 + \delta(3)1, \quad \delta(3)3 = 1 + \delta(3)2,$$
$$\delta(3)4 = 1 + \delta(3)3 \quad \text{etc., etc.}$$

Et, ainsi de suite, d'après les formules générales, ... (83)

$$T(\mu)_1 = \Delta^{\delta(\mu)0} X(\mu-1)_\mu + i \cdot \Delta^{\delta(\mu)1} X(\mu-1)_\mu$$

$$T(\mu)_2 = \Delta^{\delta(\mu)0} X(\mu-1)_\mu + 2i \cdot \Delta^{\delta(\mu)1} X(\mu-1)_\mu + i^2 \cdot \Delta^{\delta(\mu)2} X(\mu-1)_\mu$$

$$T(\mu)_3 = \Delta^{\delta(\mu)0} X(\mu-1)_\mu + 3i \cdot \Delta^{\delta(\mu)1} X(\mu-1)_\mu + 3i^2 \cdot \Delta^{\delta(\mu)2} X(\mu-1)_\mu$$
$$+ i^3 \cdot \Delta^{\delta(\mu)3} X(\mu-1)_\mu$$

$$\cdot \quad \cdot \quad \cdot \quad \cdot \quad \cdot \quad \cdot \quad \cdot \quad \cdot \quad \cdot \quad \cdot \quad \cdot \quad \cdot \quad \cdot \quad \cdot \quad \cdot \quad \cdot$$

$$T(\mu)_p = \Delta^{\delta(\mu)0} X(\mu-1)_\mu + \frac{p}{1} i \cdot \Delta^{\delta(\mu)1} X(\mu-1)_\mu + \frac{p^{2|-1}}{1^{2|1}} i^2 \cdot \Delta^{\delta(\mu)2} X(\mu-1)_\mu$$
$$+ \frac{p^{3|-1}}{1^{3|1}} i^3 \cdot \Delta^{\delta(\mu)3} X(\mu-1)_\mu + \frac{p^{4|-1}}{1^{4|1}} i^4 \cdot \Delta^{\delta(\mu)4} X(\mu-1)_\mu + \text{etc.};$$

en statuant toujours que les exposans $\delta(\mu)0$, $\delta(\mu)1$, $\delta(\mu)2$, $\delta(\mu)3$, etc., dont les deux premiers se trouvent déjà dans les formules générales (82), forment la progression ... (83)$_1$

$$\delta(\mu)1 = 1 + \delta(\mu)0, \quad \delta(\mu)2 = 1 + \delta(\mu)1, \quad \delta(\mu)3 = 1 + \delta(\mu)2,$$
$$\delta(\mu)4 = 1 + \delta(\mu)3, \quad \text{etc., etc.};$$

et en considérant d'ailleurs, ainsi que plus haut, la fonction particulière $X(0)_1$, correspondante à $\mu = 1$, comme identique avec la fonction simple X_1.

Or, si l'on conserve ici aux exposans $\mathfrak{C}1$, $\mathfrak{C}2$, $\mathfrak{C}3$, $\mathfrak{C}4$, etc., les valeurs que nous leur avons assignées sous la marque (66)$'''$, l'expression générale (81) du théorème précédent, donnera d'abord immédiatement ... (84)

$$w\left[\Delta^{\mathfrak{C}1} X(1)_{\alpha 2} \cdot \Delta^{\mathfrak{C}2} X(1)_{\alpha 3} \cdot \Delta^{\mathfrak{C}3} X(1)_{\alpha 4} \ldots \Delta^{\mathfrak{C}(\omega-1)} X(1)_{\alpha\omega}\right] =$$
$$= \left(T(1)_1 \cdot T(1)_2 \cdot T(1)_3 \ldots T(1)_{\omega-2}\right) \times$$
$$\times w\left[\Delta^{\delta(1)0} X_1 \cdot \Delta^{\delta(1)1} X_{\alpha 2} \cdot \Delta^{\delta(1)2} X_{\alpha 3} \cdot \Delta^{\delta(1)3} X_{\alpha 4} \ldots \Delta^{\delta(1)(\omega-1)} X_{\alpha\omega}\right];$$

en dénotant indistinctement, comme plus haut, par $\alpha 2$, $\alpha 3$, $\alpha 4$,

... $\alpha\omega$ les indices quelconques 2, 3, 4, ... ω des fonctions X_2, X_3, X_4, ... X_ω, et en observant que, dans le second membre de cette dernière égalité, l'indice de la fonction X_1 doit être particulièrement $= 1$, et non généralement $= \alpha 1$. Mais, lorsque l'exposant arbitraire $\delta(1)0$ est zéro, la même expression générale (81) du théorème précédent, en y supposant $\alpha 1 = 1$, donne

$$w\left[\Delta^{\delta(1)0} X_1 . \Delta^{\delta(1)1} X_{\alpha2} . \Delta^{\delta(1)2} X_{\alpha3} . \Delta^{\delta(1)3} X_{\alpha4} \ldots \Delta^{\delta(1)(\omega-1)} X_{\alpha\omega}\right] =$$
$$= (T_1 . T_2 . T_3 \ldots T_{\omega-1}) \times$$
$$\times w\left[\Delta^{\delta 0} Y_0 . \Delta^{\delta 1} Y_1 . \Delta^{\delta 2} Y_{\alpha2} . \Delta^{\delta 3} Y_{\alpha3} . \Delta^{\delta 4} Y_{\alpha4} \ldots \Delta^{\delta \omega} Y_{\alpha\omega}\right].$$

Donc, en formant d'ailleurs le système de quantités que voici ... (85)

$$H_{\omega-1} = T_1 . T_2 . T_3 \ldots T_{\omega-1}$$
$$H(1)_{\omega-2} = T(1)_1 . T(1)_2 . T(1)_3 \ldots T(1)_{\omega-2}$$
$$H(2)_{\omega-3} = T(2)_1 . T(2)_2 . T(2)_3 \ldots T(2)_{\omega-3}$$
$$H(3)_{\omega-4} = T(3)_1 . T(3)_2 . T(3)_3 \ldots T(3)_{\omega-4}$$
$$\cdots\cdots\cdots\cdots\cdots\cdots\cdots\cdots\cdots\cdots$$
$$H(\mu)_\nu = T(\mu)_1 . T(\mu)_2 . T(\mu)_3 \ldots T(\mu)_\nu \,;$$

l'égalité (84) se réduira à celle-ci ... (84)'

$$w\left[\Delta^{\zeta 1} X(1)_{\alpha2} . \Delta^{\zeta 2} X(1)_{\alpha3} . \Delta^{\zeta 3} X(1)_{\alpha4} \ldots \Delta^{\zeta(\omega-1)} X(1)_{\alpha\omega}\right] =$$
$$= (H_{\omega-1} . H(1)_{\omega-2}) \times$$
$$\times w\left[\Delta^{\delta 0} Y_0 . \Delta^{\delta 1} Y_1 . \Delta^{\delta 2} Y_{\alpha2} . \Delta^{\delta 3} Y_{\alpha3} . \Delta^{\delta 4} Y_{\alpha4} \ldots \Delta^{\delta \omega} Y_{\alpha\omega}\right].$$

Suivant encore l'expression générale (81) du théorème précédent, on aura l'égalité ... (86)

$$w\left[\Delta^{\zeta 1} X(2)_{\alpha3} . \Delta^{\zeta 2} X(2)_{\alpha4} . \Delta^{\zeta 3} X(2)_{\alpha5} \ldots \Delta^{\zeta(\omega-2)} X(2)_{\alpha\omega}\right] =$$
$$= (T(2)_1 . T(2)_2 . T(2)_3 \ldots T(2)_{\omega-3}) \times$$
$$\times w\left[\Delta^{\delta(2)0} X(1)_2 . \Delta^{\delta(2)1} X(1)_{\alpha3} . \Delta^{\delta(2)2} X(1)_{\alpha4} . \Delta^{\delta(2)3} X(1)_{\alpha5} \ldots \Delta^{\delta(2)(\omega-2)} X(1)_{\alpha\omega}\right];$$

en observant que, dans le second membre de cette dernière égalité,
l'indice de la fonction $X(1)_2$ doit être particulièrement $= 2$, et non
généralement $= \alpha 2$. Mais, lorsque l'exposant arbitraire $\delta(2)0$ est
zéro, l'égalité antérieure (84)′, en y supposant $\alpha 2 = 2$, donne

$$\mathcal{W}\left[\Delta^{\delta(2)0} X(1)_2 . \Delta^{\delta(2)1} X(1)_{\alpha 3} . \Delta^{\delta(2)2} X(1)_{\alpha 4} \ldots \Delta^{\delta(2)(\omega-2)} X(1)_{\alpha\omega}\right] =$$
$$= \left(H_{\omega-1} . H(1)_{\omega-2}\right) \times$$
$$\times \ \mathcal{W}\left[\Delta^{\delta 0} Y_0 . \Delta^{\delta 1} Y_1 . \Delta^{\delta 2} Y_2 . \Delta^{\delta 3} Y_{\alpha 3} . \Delta^{\delta 4} Y_{\alpha 4} \ldots \Delta^{\delta\omega} Y_{\alpha\omega}\right].$$

Donc, en employant les expressions (85), l'égalité (86) se réduira à
celle-ci … (86)′

$$\mathcal{W}\left[\Delta^{\zeta 1} X(2)_{\alpha 3} . \Delta^{\zeta 2} X(2)_{\alpha 4} . \Delta^{\zeta 3} X(2)_{\alpha 5} \ldots \Delta^{\zeta(\omega-2)} X(2)_{\alpha\omega}\right] =$$
$$= \left(H_{\omega-1} . H(1)_{\omega-2} . H(2)_{\omega-3}\right) \times$$
$$\times \ \mathcal{W}\left[\Delta^{\delta 0} Y_0 . \Delta^{\delta 1} Y_1 . \Delta^{\delta 2} Y_2 . \Delta^{\delta 3} Y_{\alpha 3} . \Delta^{\delta 4} Y_{\alpha 4} . \Delta^{\delta 5} Y_{\alpha 5} \ldots \Delta^{\delta\omega} Y_{\alpha\omega}\right].$$

Suivant de nouveau l'expression générale (81) du théorème précédent, on aura l'égalité … (87)

$$\mathcal{W}\left[\Delta^{\zeta 1} X(3)_{\alpha 4} . \Delta^{\zeta 2} X(3)_{\alpha 5} . \Delta^{\zeta 3} X(3)_{\alpha 6} \ldots \Delta^{\zeta(\omega-3)} X(3)_{\alpha\omega}\right] =$$
$$= \left(T(3)_1 . T(3)_2 . T(3)_3 \ldots T(3)_{\omega-4}\right) \times$$
$$\times \ \mathcal{W}\left[\Delta^{\delta(3)0} X(2)_3 . \Delta^{\delta(3)1} X(2)_{\alpha 4} . \Delta^{\delta(3)2} X(2)_{\alpha 5} . \Delta^{\delta(3)3} X(2)_{\alpha 6} \ldots \Delta^{\delta(3)(\omega-3)} X(2)_{\alpha\omega}\right];$$

en observant que, dans le second membre de cette dernière égalité,
l'indice de la fonction $X(2)_3$ doit être particulièrement $= 3$, et non
généralement $= \alpha 3$. Mais, lorsque l'exposant arbitraire $\delta(3)0$ est
zéro, l'égalité antérieure (86)′, en y supposant $\alpha 3 = 3$, donne

$$\mathcal{W}\left[\Delta^{\delta(3)0} X(2)_3 . \Delta^{\delta(3)1} X(2)_{\alpha 4} . \Delta^{\delta(3)2} X(2)_{\alpha 5} \ldots \Delta^{\delta(3)(\omega-3)} X(2)_{\alpha\omega}\right] =$$
$$= \left(H_{\omega-1} . H(1)_{\omega-2} . H(2)_{\omega-3}\right) \times$$
$$\times \ \mathcal{W}\left[\Delta^{\delta 0} Y_0 . \Delta^{\delta 1} Y_1 . \Delta^{\delta 2} Y_2 . \Delta^{\delta 3} Y_3 . \Delta^{\delta 4} Y_{\alpha 4} . \Delta^{\delta 5} Y_{\alpha 5} \ldots \Delta^{\delta\omega} Y_{\alpha\omega}\right].$$

Donc, en employant les expressions (85), l'égalité (87) se réduira à celle-ci ... (87)$'$

$$w\left[\Delta^{\mathfrak{c}_1}X(3)_{\alpha 4}\,.\,\Delta^{\mathfrak{c}_2}X(3)_{\alpha 5}\,.\,\Delta^{\mathfrak{c}_3}X(3)_{\alpha 6}\ldots\Delta^{\mathfrak{c}(\omega-3)}X(3)_{\alpha\omega}\right]=$$

$$=\left(H_{\omega-1}\,.\,H(1)_{\omega-2}\,.\,H(2)_{\omega-3}\,.\,H(3)_{\omega-4}\right)\times$$

$$\times\;w\left[\Delta^{\delta_0}Y_0\,.\,\Delta^{\delta_1}Y_1\,.\,\Delta^{\delta_2}Y_2\,.\,\Delta^{\delta_3}Y_3\,.\,\Delta^{\delta_4}Y_{\alpha 4}\,.\,\Delta^{\delta_5}Y_{\alpha 5}\,.\,\Delta^{\delta_6}Y_{\alpha 6}\ldots\Delta^{\delta\omega}Y_{\alpha\omega}\right].$$

Et, procédant toujours de la même manière, on obtiendra évidemment, par la nature même de cette construction algorithmique, l'égalité générale ... (88)

$$w\left[\Delta^{\mathfrak{c}_1}X(\mu)_{\alpha(\mu+1)}\,.\,\Delta^{\mathfrak{c}_2}X(\mu)_{\alpha(\mu+2)}\,.\,\Delta^{\mathfrak{c}_3}X(\mu)_{\alpha(\mu+3)}\ldots\Delta^{\mathfrak{c}(\omega-\mu)}X(\mu)_{\alpha\omega}\right]=$$

$$=\left(H_{\omega-1}\,.\,H(1)_{\omega-2}\,.\,H(2)_{\omega-3}\,.\,H(3)_{\omega-4}\ldots H(\mu)_{\omega-1-\mu}\right)\times$$

$$\times\;w\left[\Delta^{\delta_0}Y_0\,.\,\Delta^{\delta_1}Y_1\,.\,\Delta^{\delta_2}Y_2\,.\,\Delta^{\delta_3}Y_3\ldots\Delta^{\delta\mu}Y_\mu\;\times\right.$$

$$\left.\times\;\Delta^{\delta(\mu+1)}Y_{\alpha(\mu+1)}\,.\,\Delta^{\delta(\mu+2)}Y_{\alpha(\mu+2)}\,.\,\Delta^{\delta(\mu+3)}Y_{\alpha(\mu+3)}\ldots\Delta^{\delta\omega}Y_{\alpha\omega}\right].$$

Il faut ici remarquer que les quantités $H_{\omega-1}$, $H(1)_{\omega-2}$, $H(2)_{\omega-3}$, ... $H(\mu)_{\omega-1-\mu}$ qui entrent dans cette égalité générale, ne contiennent que les fonctions particulières et déterminées Y_0, Y_1, Y_2, Y_3, etc. jusqu'à Y_μ inclusivement, et nullement les fonctions indéterminées $Y_{\alpha(\mu+1)}$, $Y_{\alpha(\mu+2)}$, $Y_{\alpha(\mu+3)}$, ... $Y_{\alpha\omega}$ dépendantes des indices généraux $\alpha(\mu+1)$, $\alpha(\mu+2)$, $\alpha(\mu+3)$, ... $\alpha\omega$. Cela est évident par la construction même des quantités $H_{\omega-1}$, $H(1)_{\omega-2}$, $H(2)_{\omega-3}$, ... $H(\mu)_{\omega-1-\mu}$, suivant les expressions (85), (83), (82) et (66).

Second Corollaire.

Puisque, en vertu de la remarque précédente, les quantités $H_{\omega-1}$, $H(1)_{\omega-2}$, $H(2)_{\omega-3}$, ... $H(\mu)_{\omega-1-\mu}$ sont indépendantes des indices généraux $\alpha(\mu+1)$, $\alpha(\mu+2)$, $\alpha(\mu+3)$, ... $\alpha\omega$, il est clair que, quels que soient ces indices généraux et, par conséquent, les fonctions $Y_{\alpha(\mu+1)}$, $Y_{\alpha(\mu+2)}$, $Y_{\alpha(\mu+3)}$, ... $Y_{\alpha\omega}$ qui en dépendent, le produit

$$\left(H_{\omega-1} . H(1)_{\omega-2} . H(2)_{\omega-3} . H(3)_{\omega-4} \ldots H(\mu)_{\omega-1-\mu} \right)$$

restera toujours le même. Donc, si l'on donne successivement des significations différentes aux indices généraux $\alpha(\mu+1)$, $\alpha(\mu+2)$, $\alpha(\mu+3)$, ... $\alpha\omega$; en les distinguant, d'une part, moyennant la lettre $\varkappa$, savoir,

$$\varkappa(\mu+1), \quad \varkappa(\mu+2), \quad \varkappa(\mu+3), \quad \ldots \quad \varkappa(\omega),$$

et, d'une autre part, moyennant la lettre λ, savoir,

$$\lambda(\mu+1), \quad \lambda(\mu+2), \quad \lambda(\mu+3), \quad \ldots \quad \lambda(\omega);$$

l'égalité générale (88) du Premier Corollaire, donnera, pour le rapport des fonctions schins, l'expression générale ... (89)

$$\frac{w\left[\Delta^{\mathcal{C}1} X(\mu)_{\varkappa(\mu+1)} . \Delta^{\mathcal{C}2} X(\mu)_{\varkappa(\mu+2)} . \Delta^{\mathcal{C}3} X(\mu)_{\varkappa(\mu+3)} \ldots \Delta^{\mathcal{C}(\omega-\mu)} X(\mu)_{\varkappa(\omega)} \right]}{w\left[\Delta^{\mathcal{C}1} X(\mu)_{\lambda(\mu+1)} . \Delta^{\mathcal{C}2} X(\mu)_{\lambda(\mu+2)} . \Delta^{\mathcal{C}3} X(\mu)_{\lambda(\mu+3)} \ldots \Delta^{\mathcal{C}(\omega-\mu)} X(\mu)_{\lambda(\omega)} \right]} =$$

$$= \frac{\left\{ w\left[\Delta^{\delta 0} Y_0 . \Delta^{\delta 1} Y_1 . \Delta^{\delta 2} Y_2 . \Delta^{\delta 3} Y_3 \ldots \Delta^{\delta\mu} Y_\mu \times \right.\right.}{\left. \left. \times \, \Delta^{\delta(\mu+1)} Y_{\varkappa(\mu+1)} . \Delta^{\delta(\mu+2)} Y_{\varkappa(\mu+2)} . \Delta^{\delta(\mu+3)} Y_{\varkappa(\mu+3)} \ldots \Delta^{\delta\omega} Y_{\varkappa(\omega)} \right] \right\}}{\left\{ w\left[\Delta^{\delta 0} Y_0 . \Delta^{\delta 1} Y_1 . \Delta^{\delta 2} Y_2 . \Delta^{\delta 3} Y_3 \ldots \Delta^{\delta\mu} Y_\mu \times \right.\right.} \cdot$$

Maintenant, si, dans l'expression générale (89) du Corollaire précédent, on fait d'abord $\omega = \mu + 2$, on aura l'expression particulière ... (90)

$$\frac{w\left[\Delta^{\sigma_1} X(\mu)_{\kappa(\mu+1)}\cdot\Delta^{\sigma_2}X(\mu)_{\kappa(\mu+2)}\right]}{w\left[\Delta^{\sigma_1} X(\mu)_{\lambda(\mu+1)}\cdot\Delta^{\sigma_2}X(\mu)_{\lambda(\mu+2)}\right]}=$$

$$=\frac{w\left[\Delta^{\delta_0} Y_0\cdot\Delta^{\delta_1}Y_1\cdot\Delta^{\delta_2}Y_2\ldots\Delta^{\delta\mu}Y_\mu\cdot\Delta^{\delta(\mu+1)}Y_{\kappa(\mu+1)}\cdot\Delta^{\delta(\mu+2)}Y_{\kappa(\mu+2)}\right]}{w\left[\Delta^{\delta_0} Y_0\cdot\Delta^{\delta_1}Y_1\cdot\Delta^{\delta_2}Y_2\ldots\Delta^{\delta\mu}Y_\mu\cdot\Delta^{\delta(\mu+1)}Y_{\lambda(\mu+1)}\cdot\Delta^{\delta(\mu+2)}Y_{\lambda(\mu+2)}\right]}.$$

De plus, si l'on donne aux indices généraux $\kappa(\mu+1)$, $\kappa(\mu+2)$, et $\lambda(\mu+1)$, $\lambda(\mu+2)$, la signification déterminée suivante

$$\kappa(\mu+1)=\mu+1,\qquad \kappa(\mu+2)=\rho,$$
$$\lambda(\mu+1)=\mu+1,\qquad \lambda(\mu+2)=\mu+2;$$

on aura l'expression déterminée ... (91)

$$\frac{w\left[\Delta^{\sigma_1} X(\mu)_{\mu+1}\cdot\Delta^{\sigma_2}X(\mu)_\rho\right]}{w\left[\Delta^{\sigma_1} X(\mu)_{\mu+1}\cdot\Delta^{\sigma_2}X(\mu)_{\mu+2}\right]}=$$

$$=\frac{w\left[\Delta^{\delta_0} Y_0\cdot\Delta^{\delta_1}Y_1\cdot\Delta^{\delta_2}Y_2\ldots\Delta^{\delta\mu}Y_\mu\cdot\Delta^{\delta(\mu+1)}Y_{\mu+1}\cdot\Delta^{\delta(\mu+2)}Y_\rho\right]}{w\left[\Delta^{\delta_0} Y_0\cdot\Delta^{\delta_1}Y_1\cdot\Delta^{\delta_2}Y_2\ldots\Delta^{\delta\mu}Y_\mu\cdot\Delta^{\delta(\mu+1)}Y_{\mu+1}\cdot\Delta^{\delta(\mu+2)}Y_{\mu+2}\right]};$$

dans laquelle Y_ρ est l'expression générale de l'une des fonctions Y_1, Y_2, Y_3, etc., ou d'une autre fonction quelconque qui entre dans la formation de la fonction générale $X(\mu)_\rho$.

C'est cette expression théorique particulière (91) qui est le principe de la déduction algorithmique ou de la démonstration qu'il nous reste à donner de l'expression générale (64) constituant la détermination de la Loi suprême et universelle ; démonstration à laquelle nous allons procéder.

Suivant la déduction philosophique de cette Loi universelle de la génération des quantités qui est notre objet actuel, et spécialement suivant la déduction philosophique de la nécessité de cette loi, fondée sur la nécessité d'une forme unique et primordiale dans la génération des quantités, nous avons reconnu, à la fin de notre Philosophie des Mathématiques, sous la marque (XXXII), et même implicitement dans l'ouvrage présent, sous la marque (7), que la forme de cette Loi universelle est ... (92)

$$Fx = A_0 . \Omega_0 + A_1 . \Omega_1 + A_2 . \Omega_2 + A_3 . \Omega_3 + A_4 . \Omega_4 + \text{etc.};$$

en dénotant par Ω_0, Ω_1, Ω_2, Ω_3, etc. des fonctions quelconques de la variable x. De plus, suivant spécialement la déduction philosophique de la possibilité de cette loi, nous avons reconnu, dans l'ouvrage présent, que les conditions de cette possibilité se trouvent données par les équations (8); et qu'en vertu de ces équations, les coefficiens A_0, A_1, A_2, A_3, etc. qui entrent dans l'expression (92) de la Loi universelle, se trouvent déterminés moyennant les valeurs des dérivées différentielles de tous les ordres des fonctions Fx et Ω_0, Ω_1, Ω_2, Ω_3, etc., valeurs qui, suivant ce que nous avons reconnu en parlant des Méthodes d'interpolation, sont précisément les élémens primaires de la génération de ces fonctions. Ainsi, la forme de la Loi universelle se trouvant donnée et démontrée, jusque dans ses élémens, il ne nous reste qu'à déterminer, moyennant ces élémens, les parties constituantes de cette forme (92) de la loi dont il s'agit, et nommément les coefficiens A_0, A_1, A_2, A_3, etc., parce que les fonctions Ω_0, Ω_1, Ω_2, Ω_3, etc. sont arbitraires; et, pour avoir proprement la détermination de cette Loi universelle elle-même, il nous reste à déterminer l'expression générale de ces coefficiens pour un indice quelconque μ, c'est-à-dire, l'expression générale de A_μ.

Or, cette expression du coefficient général A_μ, réduite à ses principes, se trouve déjà exposée plus haut, à la marque (64) : nous l'avons donnée d'avance pour faire embrasser, dans son ensemble, cette détermination de la Loi universelle, et pour préparer ainsi à la déduction algorithmique de cette loi. Nous n'avons donc ici qu'à démontrer cette expression fondamentale (64), et à l'étendre ensuite selon l'extension que peuvent recevoir les équations (8) constituant les conditions pour la possibilité de la forme (92). — Nous allons le faire.

Pour abréger l'exposition, désignons la fonction Fx simplement par la lettre F; et, sans préjudicier à l'universalité de la loi dont il est question, supposons, comme plus haut, que la fonction Ω_0 forme une quantité constante et est $= 1$. Nous aurons ainsi ... $(92)'$

$$F = A_0 + A_1 . \Omega_1 + A_2 . \Omega_2 + A_3 . \Omega_3 + A_4 . \Omega_4 + \text{etc.}$$

Faisons maintenant ... (93)

$$\frac{\Delta\Omega_2}{\Delta\Omega_1} = \Omega(1)_2, \qquad \frac{\Delta\Omega_3}{\Delta\Omega_1} = \Omega(1)_3, \qquad \frac{\Delta\Omega_4}{\Delta\Omega_1} = \Omega(1)_4,$$

$$\frac{\Delta\Omega_5}{\Delta\Omega_1} = \Omega(1)_5, \quad \dots \quad \frac{\Delta\Omega_\rho}{\Delta\Omega_1} = \Omega(1)_\rho;$$

$$\frac{\Delta\Omega(1)_3}{\Delta\Omega(1)_2} = \Omega(2)_3, \qquad \frac{\Delta\Omega(1)_4}{\Delta\Omega(1)_2} = \Omega(2)_4, \qquad \frac{\Delta\Omega(1)_5}{\Delta\Omega(1)_2} = \Omega(2)_5,$$

$$\frac{\Delta\Omega(1)_6}{\Delta\Omega(1)_2} = \Omega(2)_6, \quad \dots \quad \frac{\Delta\Omega(1)_\rho}{\Delta\Omega(1)_2} = \Omega(2)_\rho;$$

$$\frac{\Delta\Omega(2)_4}{\Delta\Omega(2)_3} = \Omega(3)_4, \qquad \frac{\Delta\Omega(2)_5}{\Delta\Omega(2)_3} = \Omega(3)_5, \qquad \frac{\Delta\Omega(2)_6}{\Delta\Omega(2)_3} = \Omega(3)_6,$$

$$\frac{\Delta\Omega(2)_7}{\Delta\Omega(2)_3} = \Omega(3)_7, \quad \dots \quad \frac{\Delta\Omega(2)_\rho}{\Delta\Omega(2)_3} = \Omega(3)_\rho;$$

$$\frac{\Delta\Omega(3)_5}{\Delta\Omega(3)_4} = \Omega(4)_5, \qquad \frac{\Delta\Omega(3)_6}{\Delta\Omega(3)_4} = \Omega(4)_6, \qquad \frac{\Delta\Omega(3)_7}{\Delta\Omega(3)_4} = \Omega(4)_7,$$

$$\frac{\Delta\Omega(3)_8}{\Delta\Omega(3)_4} = \Omega(4)_8, \quad \dots \quad \frac{\Delta\Omega(3)_\rho}{\Delta\Omega(3)_4} = \Omega(4)_\rho;$$

etc., etc.;

et généralement, pour des indices quelconques μ et ρ,

$$\frac{\Delta\Omega(\mu)_\rho}{\Delta\Omega(\mu)_{\mu+1}} = \Omega(\mu+1)_\rho;$$

en désignant par Δ les différences prises à volonté, suivant la voie progressive ou la voie régressive, par rapport à un accroissement quelconque de la variable x; et en considérant d'ailleurs la fonction $\Omega(0)_\rho$ comme identique avec la fonction simple Ω_ρ. Faisons de plus ... (94)

$$\frac{\Delta F}{\Delta\Omega_1} = F(1), \qquad \frac{\Delta F(1)}{\Delta\Omega(1)_2} = F(2), \qquad \frac{\Delta F(2)}{\Delta\Omega(2)_3} = F(3),$$

$$\frac{\Delta F(3)}{\Delta\Omega(3)_4} = F(4), \qquad \text{etc., etc.;}$$

et généralement, pour un indice quelconque μ,

$$\frac{\Delta F(\mu)}{\Delta\Omega(\mu)_{\mu+1}} = F(\mu+1),$$

en considérant la fonction $F(0)$ comme identique avec la fonction simple F. Enfin, marquons par un point placé au-dessus des lettres, ce que deviennent les quantités qu'elles désignent dans le cas où la variable x reçoit une certaine valeur arbitraire, mais déterminée; valeur que, suivant la même notation, nous marquerons par $\dot{x}$.

Or, l'expression fondamentale (92)$'$ donne d'abord immédiatement ... (95)

$$A_0 = \dot{F} - A_1.\dot{\Omega}_1 - A_2.\dot{\Omega}_2 - A_3.\dot{\Omega}_3 - A_4.\dot{\Omega}_4 - \text{etc.}$$

Ensuite, prenant la différence de cette expression fondamentale (92)$'$, on aura

$$\Delta F = A_1.\Delta\Omega_1 + A_2.\Delta\Omega_2 + A_3.\Delta\Omega_3 + A_4.\Delta\Omega_4 + \text{etc.};$$

et, divisant ici les deux membres par $\Delta\Omega$, il viendra ... (96)

$$F(1) = A_1 + A_2.\Omega(1)_2 + A_3.\Omega(1)_3 + A_4.\Omega(1)_4 + \text{etc.};$$

relation qui donne ... (96)$'$

$$A_1 = \dot{F}(1) - A_2 . \dot{\Omega}(1)_2 - A_3 . \dot{\Omega}(1)_3 - A_4 . \dot{\Omega}(1)_4 - \text{etc.}$$

Si l'on prend maintenant la différence de l'expression (96), on aura

$$\Delta F(1) = A_2 . \Delta\Omega(1)_2 + A_3 . \Delta\Omega(1)_3 + A_4 . \Delta\Omega(1)_4 + A_5 . \Delta\Omega(1)_5 + \text{etc.};$$

et, divisant ici les deux membres par $\Delta\Omega(1)_2$, il viendra ... (97)

$$F(2) = A_2 + A_3 . \Omega(2)_3 + A_4 . \Omega(2)_4 + A_5 . \Omega(2)_5 + \text{etc.};$$

relation qui donne ... (97)$'$

$$A_2 = \dot{F}(2) - A_3 . \dot{\Omega}(2)_3 - A_4 . \dot{\Omega}(2)_4 - A_5 . \dot{\Omega}(2)_5 - \text{etc.}$$

Prenant de nouveau la différence de l'expression (97), on aura

$$\Delta F(2) = A_3 . \Delta\Omega(2)_3 + A_4 . \Delta\Omega(2)_4 + A_5 . \Delta\Omega(2)_5 + A_6 . \Delta\Omega(2)_6 + \text{etc.};$$

et, divisant ici les deux membres par $\Delta\Omega(2)_3$, il viendra ... (98)

$$F(3) = A_3 + A_4 . \Omega(3)_4 + A_5 . \Omega(3)_5 + A_6 . \Omega(3)_6 + \text{etc.};$$

relation qui donne ... (98)$'$

$$A_3 = \dot{F}(3) - A_4 . \dot{\Omega}(3)_4 - A_5 . \dot{\Omega}(3)_5 - A_6 . \dot{\Omega}(3)_6 - \text{etc.}$$

Et, continuant ainsi de prendre les différences, on obtiendra évidemment, par la nature même de cette construction algorithmique, l'expression générale ... (99)

$$F(\mu) = A_\mu + A_{\mu+1} . \Omega(\mu)_{\mu+1} + A_{\mu+2} . \Omega(\mu)_{\mu+2}$$
$$+ A_{\mu+3} . \Omega(\mu)_{\mu+3} + \text{etc.},$$

qui donne d'abord ... (100)

$$A_\mu = \dot{F}(\mu) - A_{\mu+1} . \dot{\Omega}(\mu)_{\mu+1} - A_{\mu+2} . \dot{\Omega}(\mu)_{\mu+2}$$
$$- A_{\mu+3} . \dot{\Omega}(\mu)_{\mu+3} - A_{\mu+4} . \dot{\Omega}(\mu)_{\mu+4} - \text{etc.};$$

et de plus ... (100)′

$$A_{\mu+\nu} = \dot{F}(\mu+\nu) - A_{\mu+\nu+1}\cdot\dot{\Omega}(\mu+\nu)_{\mu+\nu+1} - A_{\mu+\nu+2}\cdot\dot{\Omega}(\mu+\nu)_{\mu+\nu+2}$$
$$- A_{\mu+\nu+3}\cdot\dot{\Omega}(\mu+\nu)_{\mu+\nu+3} - A_{\mu+\nu+4}\cdot\dot{\Omega}(\mu+\nu)_{\mu+\nu+4} - \text{etc.};$$

μ et ν étant des indices quelconques.

Or, si l'on fait

$$\Psi(\mu)_1 = - \Omega(\mu)_{\mu+1},$$

et si l'on substitue, dans l'expression précédente (100), la valeur de $A_{\mu+1}$ donnée par l'expression (100)′, on aura ... (101)

$$A_\mu = \dot{F}(\mu) + \dot{\Psi}(\mu)_1\cdot\dot{F}(\mu+1)$$
$$- A_{\mu+2}\cdot\left\{ \dot{\Omega}(\mu)_{\mu+2} + \dot{\Psi}(\mu)_1\cdot\dot{\Omega}(\mu+1)_{\mu+2} \right\}$$
$$- A_{\mu+3}\cdot\left\{ \dot{\Omega}(\mu)_{\mu+3} + \dot{\Psi}(\mu)_1\cdot\dot{\Omega}(\mu+1)_{\mu+3} \right\}$$
$$- A_{\mu+4}\cdot\left\{ \dot{\Omega}(\mu)_{\mu+4} + \dot{\Psi}(\mu)_1\cdot\dot{\Omega}(\mu+1)_{\mu+4} \right\}$$
$$- \text{etc., etc.}$$

Si l'on fait encore

$$\Psi(\mu)_2 = - \left\{ \Omega(\mu)_{\mu+2} + \Psi(\mu)_1\cdot\Omega(\mu+1)_{\mu+2} \right\},$$

et si l'on substitue, dans l'expression précédente (101), la valeur de $A_{\mu+2}$ donnée par l'expression générale (100)′, on aura ... (102)

$$A_\mu = \dot{F}(\mu) + \dot{\Psi}(\mu)_1\cdot\dot{F}(\mu+1) + \dot{\Psi}(\mu)_2\cdot\dot{F}(\mu+2)$$
$$- A_{\mu+3}\cdot\left\{ \dot{\Omega}(\mu)_{\mu+3} + \dot{\Psi}(\mu)_1\cdot\dot{\Omega}(\mu+1)_{\mu+3} + \dot{\Psi}(\mu)_2\cdot\dot{\Omega}(\mu+2)_{\mu+3} \right\}$$
$$- A_{\mu+4}\cdot\left\{ \dot{\Omega}(\mu)_{\mu+4} + \dot{\Psi}(\mu)_1\cdot\dot{\Omega}(\mu+1)_{\mu+4} + \dot{\Psi}(\mu)_2\cdot\dot{\Omega}(\mu+2)_{\mu+4} \right\}$$
$$- A_{\mu+5}\cdot\left\{ \dot{\Omega}(\mu)_{\mu+5} + \dot{\Psi}(\mu)_1\cdot\dot{\Omega}(\mu+1)_{\mu+5} + \dot{\Psi}(\mu)_2\cdot\dot{\Omega}(\mu+2)_{\mu+5} \right\}$$
$$- \text{etc., etc.}$$

Si l'on fait de nouveau

$$\Psi(\mu)_3 = - \left\{ \Omega(\mu)_{\mu+3} + \Psi(\mu)_1\cdot\Omega(\mu+1)_{\mu+3} + \Psi(\mu)_2\cdot\Omega(\mu+2)_{\mu+3} \right\},$$

et si l'on substitue, dans l'expression précédente (102), la valeur de $A_{\mu+3}$ donnée par l'expression générale (101)$'$, on obtiendra ... (103)

$$A_\mu = \dot{F}(\mu) + \dot{\Psi}(\mu)_1 . \dot{F}(\mu+1) + \dot{\Psi}(\mu)_2 . \dot{F}(\mu+2) + \dot{\Psi}(\mu)_3 . \dot{F}(\mu+3)$$

$$- A_{\mu+4} . \left\{ \dot{\Omega}(\mu)_{\mu+4} + \dot{\Psi}(\mu)_1 . \dot{\Omega}(\mu+1)_{\mu+4} + \dot{\Psi}(\mu)_2 . \dot{\Omega}(\mu+2)_{\mu+4} \right.$$
$$\left. + \dot{\Psi}(\mu)_3 . \dot{\Omega}(\mu+3)_{\mu+4} \right\}$$

$$- A_{\mu+5} . \left\{ \dot{\Omega}(\mu)_{\mu+5} + \dot{\Psi}(\mu)_1 . \dot{\Omega}(\mu+1)_{\mu+5} + \dot{\Psi}(\mu)_2 . \dot{\Omega}(\mu+2)_{\mu+5} \right.$$
$$\left. + \dot{\Psi}(\mu)_3 . \dot{\Omega}(\mu+3)_{\mu+5} \right\}$$

$$- A_{\mu+6} . \left\{ \dot{\Omega}(\mu)_{\mu+6} + \dot{\Psi}(\mu)_1 . \dot{\Omega}(\mu+1)_{\mu+6} + \dot{\Psi}(\mu)_2 . \dot{\Omega}(\mu+2)_{\mu+6} \right.$$
$$\left. + \dot{\Psi}(\mu)_3 . \dot{\Omega}(\mu+3)_{\mu+6} \right\}$$

$$- \text{etc., etc.}$$

Et, procédant toujours de la même manière à la substitution consécutive des valeurs de $A_{\mu+4}$, de $A_{\mu+5}$, de $A_{\mu+6}$, etc., données par l'expression générale (100)$'$, on verra facilement, non par induction, mais par la nature même de cette construction algorithmique, que l'expression générale de A_μ est ... (104)

$$A_\mu = \dot{F}(\mu) + \dot{\Psi}(\mu)_1 . \dot{F}(\mu+1) + \dot{\Psi}(\mu)_2 . \dot{F}(\mu+2)$$
$$+ \dot{\Psi}(\mu)_3 . \dot{F}(\mu+3) + \dot{\Psi}(\mu)_4 . \dot{F}(\mu+4) + \text{etc., } \textit{à l'infini;}$$

en donnant généralement aux quantités subsidiaires $\Psi(\mu)_1$, $\Psi(\mu)_2$, $\Psi(\mu)_3$, etc., les valeurs systématiques suivantes ... (105)

$$\Psi(\mu)_1 = - \Omega(\mu)_{\mu+1}$$

$$\Psi(\mu)_2 = - \left\{ \Omega(\mu)_{\mu+2} + \Psi(\mu)_1 . \Omega(\mu+1)_{\mu+2} \right\}$$

$$\Psi(\mu)_3 = - \left\{ \Omega(\mu)_{\mu+3} + \Psi(\mu)_1 . \Omega(\mu+1)_{\mu+3} + \Psi(\mu)_2 . \Omega(\mu+2)_{\mu+3} \right\}$$

$$\Psi(\mu)_4 = - \left\{ \Omega(\mu)_{\mu+4} + \Psi(\mu)_1 . \Omega(\mu+1)_{\mu+4} + \Psi(\mu)_2 . \Omega(\mu+2)_{\mu+4} + \Psi(\mu)_3 . \Omega(\mu+3)_{\mu+4} \right\}$$

etc., etc.

Ainsi, nous avons déjà, dans l'expression (104), le moyen de déterminer le coefficient général A_μ dont les valeurs particulières A_0, A_1, A_2, A_3, etc. entrent dans l'expression (92)' de la Loi universelle. Mais, ce n'est point encore la détermination elle-même de ce coefficient général; détermination qui, suivant ce que nous avons dit plus haut concernant les élémens primaires et secondaires de la génération des fonctions algorithmiques, doit ici être donnée immédiatement au moyen des différentielles ou des différences prises séparément sur les fonctions F et Ω_0, Ω_1, Ω_2, Ω_3, etc. Il nous reste donc, pour arriver à cette détermination définitive, à exprimer les quantités $F(\mu)$, $F(\mu + 1)$, $F(\mu + 2)$, etc. et $\Psi(\mu)_1$, $\Psi(\mu)_2$, $\Psi(\mu)_3$, etc. qui entrent dans l'expression (104) en question, et par conséquent les quantités $\Omega(\mu)_{\mu+1}$, $\Omega(\mu)_{\mu+2}$, etc., $\Omega(\mu+1)_{\mu+2}$, $\Omega(\mu+1)_{\mu+3}$, etc., $\Omega(\mu+2)_{\mu+3}$, $\Omega(\mu+2)_{\mu+4}$, etc., etc., etc. dont se trouvent formées les quantités $\Psi(\mu)_1$, $\Psi(\mu)_2$, $\Psi(\mu)_3$, etc., il nous reste, disons-nous, à exprimer ces quantités respectives au moyen de différences prises sur les fonctions individuelles F et Ω_0, Ω_1, Ω_2, Ω_3, etc.; différences qui proprement sont les élémens de la génération de ces fonctions et, par conséquent, de la génération des coefficiens A_0, A_1, A_2, A_3, etc. dans la Loi universelle (92)'.

Pour y parvenir, observons que, si l'on a quatre quantités P, Q, R et S, formant des fonctions de la variable x, et si l'on prend les différences premières de leurs rapports $\frac{P}{R}$ et $\frac{Q}{S}$, on a

$$\Delta\left(\frac{P}{R}\right) = \frac{P}{R} - \frac{P - \Delta P}{R - \Delta R} = \frac{R.\Delta P - P.\Delta R}{R(R - \Delta R)},$$

$$\Delta\left(\frac{Q}{S}\right) = \frac{Q}{S} - \frac{Q - \Delta Q}{S - \Delta S} = \frac{S.\Delta Q - Q.\Delta S}{S(S - \Delta S)},$$

lorsque les différences Δ sont prises suivant la voie régressive; et

$$\Delta\left(\frac{P}{R}\right) = \frac{P+\Delta P}{R+\Delta R} - \frac{P}{R} = \frac{R.\Delta P - P.\Delta R}{R(R+\Delta R)},$$

$$\Delta\left(\frac{Q}{S}\right) = \frac{Q+\Delta Q}{S+\Delta S} - \frac{Q}{S} = \frac{S.\Delta Q - Q.\Delta S}{S(S+\Delta S)},$$

lorsque les différences Δ sont prises suivant la voie progressive. On aura donc généralement

$$\frac{\Delta\left(\dfrac{P}{R}\right)}{\Delta\left(\dfrac{Q}{S}\right)} = \frac{S(S \mp \Delta S)\,(R.\Delta P - P.\Delta R)}{R(R \mp \Delta R)\,(S.\Delta Q - Q.\Delta S)},$$

le signe supérieur $-$ répondant aux différences régressives, et le signe inférieur $+$ aux différences progressives. Ainsi, lorsque $R = S$, on a, pour les deux espèces de différences, l'expression identique
... (106)

$$\frac{\Delta\left(\dfrac{P}{R}\right)}{\Delta\left(\dfrac{Q}{R}\right)} = \frac{R.\Delta P - P.\Delta R}{R.\Delta Q - Q.\Delta R} = \frac{w\,[\Delta^{\mathcal{C}_1} R.\Delta^{\mathcal{C}_2} P\,]}{w\,[\Delta^{\mathcal{C}_1} R.\Delta^{\mathcal{C}_2} Q]}$$

en donnant aux exposans $\mathcal{C}_1$ et $\mathcal{C}_2$ les valeurs que nous leur avons assignées sous les marques (66)$'''$, savoir, $\mathcal{C}_1 = 0$, et $\mathcal{C}_2 = 1 + \mathcal{C}_1 = 1$, et en faisant dépendre les fonctions schins de la permutation de ces exposans. Construisons maintenant, avec les quantités Ω_0, Ω_1, Ω_2, Ω_3, etc., des fonctions schins analogues à celles que nous avons construites plus haut sous les marques (66) et (82)$'$, (82)$''$, (82)$'''$, etc., savoir, d'abord, ... (107)

$$Z_1 = w\,[\Delta^{\mathcal{C}_1}\Omega_0.\Delta^{\mathcal{C}_2}\Omega_1\,]$$
$$Z_2 = w\,[\Delta^{\mathcal{C}_1}\Omega_0.\Delta^{\mathcal{C}_2}\Omega_2\,]$$
$$Z_3 = w\,[\Delta^{\mathcal{C}_1}\Omega_0.\Delta^{\mathcal{C}_2}\Omega_3\,]$$
$$\cdots \cdots \cdots \cdots$$
$$Z_{\varpi} = w\,[\Delta^{\mathcal{C}_1}\Omega_0.\Delta^{\mathcal{C}_2}\Omega_{\varpi}\,];$$

et ensuite, les fonctions ... (108)$'$

$$Z(\mathrm{I})_2 = \mathbf{w}\left[\Delta^{G_1}Z_1.\Delta^{G_2}Z_2\right]$$
$$Z(\mathrm{I})_3 = \mathbf{w}\left[\Delta^{G_1}Z_1.\Delta^{G_2}Z_3\right]$$
$$Z(\mathrm{I})_4 = \mathbf{w}\left[\Delta^{G_1}Z_1.\Delta^{G_2}Z_4\right]$$
$$\cdots\cdots\cdots\cdots$$
$$Z(\mathrm{I})_\varpi = \mathbf{w}\left[\Delta^{G_1}Z_1.\Delta^{G_2}Z_\varpi\right],$$

de plus ... (108)$''$

$$Z(2)_3 = \mathbf{w}\left[\Delta^{G_1}Z(\mathrm{I})_2.\Delta^{G_2}Z(\mathrm{I})_3\right]$$
$$Z(2)_4 = \mathbf{w}\left[\Delta^{G_1}Z(\mathrm{I})_2.\Delta^{G_2}Z(\mathrm{I})_4\right]$$
$$Z(2)_5 = \mathbf{w}\left[\Delta^{G_1}Z(\mathrm{I})_2.\Delta^{G_2}Z(\mathrm{I})_5\right]$$
$$\cdots\cdots\cdots\cdots$$
$$Z(2)_\varpi = \mathbf{w}\left[\Delta^{G_1}Z(\mathrm{I})_2.\Delta^{G_2}Z(\mathrm{I})_\varpi\right],$$

de plus encore ... (108)$'''$

$$Z(3)_4 = \mathbf{w}\left[\Delta^{G_1}Z(2)_3.\Delta^{G_2}Z(2)_4\right]$$
$$Z(3)_5 = \mathbf{w}\left[\Delta^{G_1}Z(2)_3.\Delta^{G_2}Z(2)_5\right]$$
$$Z(3)_6 = \mathbf{w}\left[\Delta^{G_1}Z(2)_3.\Delta^{G_2}Z(2)_6\right]$$
$$\cdots\cdots\cdots\cdots$$
$$Z(3)_\varpi = \mathbf{w}\left[\Delta^{G_1}Z(2)_3.\Delta^{G_2}Z(2)_\varpi\right],$$

et généralement d'après les formules ... (108)

$$Z(\mu)_{\mu+1} = \mathbf{w}\left[\Delta^{G_1}Z(\mu-1)_\mu.\Delta^{G_2}Z(\mu-1)_{\mu+1}\right]$$
$$Z(\mu)_{\mu+2} = \mathbf{w}\left[\Delta^{G_1}Z(\mu-1)_\mu.\Delta^{G_2}Z(\mu-1)_{\mu+2}\right]$$
$$Z(\mu)_{\mu+3} = \mathbf{w}\left[\Delta^{G_1}Z(\mu-1)_\mu.\Delta^{G_2}Z(\mu-1)_{\mu+3}\right]$$
$$\cdots\cdots\cdots\cdots$$
$$Z(\mu)_\varpi = \mathbf{w}\left[\Delta^{G_1}Z(\mu-1)_\mu.\Delta^{G_2}Z(\mu-1)_\varpi\right],$$

en supposant que la fonction $Z(\mathrm{o})_\nu$, correspondante à l'indice $\mu = 1$, est identique avec la fonction simple Z_ν. Alors, si l'on observe que $\Omega_0 = 1$, nous aurons, d'après l'expression (106), pour les quantités que plus haut nous avons construites sous la marque (93), les valeurs suivantes ... (109)

$$\Omega(1)_2 = \frac{\Delta\Omega_2}{\Delta\Omega_1} = \frac{\Delta\left(\dfrac{\Omega_2}{\Omega_0}\right)}{\Delta\left(\dfrac{\Omega_1}{\Omega_0}\right)} =$$

$$= \frac{\psi\left[\Delta^{\mathcal{C}1}\Omega_0 \cdot \Delta^{\mathcal{C}2}\Omega_2\right]}{\psi\left[\Delta^{\mathcal{C}1}\Omega_0 \cdot \Delta^{\mathcal{C}2}\Omega_1\right]} = \frac{Z_2}{Z_1},$$

$$\Omega(1)_3 = \frac{\Delta\Omega_3}{\Delta\Omega_1} = \frac{\Delta\left(\dfrac{\Omega_3}{\Omega_0}\right)}{\Delta\left(\dfrac{\Omega_1}{\Omega_0}\right)} =$$

$$= \frac{\psi\left[\Delta^{\mathcal{C}1}\Omega_0 \cdot \Delta^{\mathcal{C}2}\Omega_3\right]}{\psi\left[\Delta^{\mathcal{C}1}\Omega_0 \cdot \Delta^{\mathcal{C}2}\Omega_1\right]} = \frac{Z_3}{Z_1},$$

$$\cdots \cdots \cdots \cdots \cdots \cdots$$

$$\Omega(1)_\varpi = \frac{\Delta\Omega_\varpi}{\Delta\Omega_1} = \frac{\Delta\left(\dfrac{\Omega_\varpi}{\Omega_0}\right)}{\Delta\left(\dfrac{\Omega_1}{\Omega_0}\right)} =$$

$$= \frac{\psi\left[\Delta^{\mathcal{C}1}\Omega_0 \cdot \Delta^{\mathcal{C}2}\Omega_\varpi\right]}{\psi\left[\Delta^{\mathcal{C}1}\Omega_0 \cdot \Delta^{\mathcal{C}2}\Omega_1\right]} = \frac{Z_\varpi}{Z_1};$$

$$\Omega(2)_3 = \frac{\Delta\Omega(1)_3}{\Delta\Omega(1)_2} = \frac{\Delta\left(\dfrac{Z_3}{Z_1}\right)}{\Delta\left(\dfrac{Z_2}{Z_1}\right)} =$$

$$= \frac{\psi\left[\Delta^{\mathcal{C}1}Z_1 \cdot \Delta^{\mathcal{C}2}Z_3\right]}{\psi\left[\Delta^{\mathcal{C}1}Z_1 \cdot \Delta^{\mathcal{C}2}Z_2\right]} = \frac{Z(1)_3}{Z(1)_2}$$

$$\Omega(2)_4 = \frac{\Delta\Omega(1)_4}{\Delta\Omega(1)_2} = \frac{\Delta\left(\dfrac{Z_4}{Z_1}\right)}{\Delta\left(\dfrac{Z_2}{Z_1}\right)} =$$

$$= \frac{\psi\left[\Delta^{\varepsilon_1} Z_1 . \Delta^{\varepsilon_2} Z_4\right]}{\psi\left[\Delta^{\varepsilon_1} Z_1 . \Delta^{\varepsilon_2} Z_2\right]} = \frac{Z(1)_4}{Z(1)_2},$$

$$\cdots\cdots\cdots\cdots\cdots\cdots$$

$$\Omega(2)_\varpi = \frac{\Delta\Omega(1)_\varpi}{\Delta\Omega(1)_2} = \frac{\Delta\left(\dfrac{Z_\varpi}{Z_1}\right)}{\Delta\left(\dfrac{Z_2}{Z_1}\right)} =$$

$$= \frac{\psi\left[\Delta^{\varepsilon_1} Z_1 . \Delta^{\varepsilon_2} Z_\varpi\right]}{\psi\left[\Delta^{\varepsilon_1} Z_1 . \Delta^{\varepsilon_2} Z_2\right]} = \frac{Z(1)_\varpi}{Z(1)_2};$$

$$\Omega(3)_4 = \frac{\Delta\Omega(2)_4}{\Delta\Omega(2)_3} = \frac{\Delta\left(\dfrac{Z(1)_4}{Z(1)_2}\right)}{\Delta\left(\dfrac{Z(1)_3}{Z(1)_2}\right)} =$$

$$= \frac{\psi\left[\Delta^{\varepsilon_1} Z(1)_2 . \Delta^{\varepsilon_2} Z(1)_4\right]}{\psi\left[\Delta^{\varepsilon_1} Z(1)_2 . \Delta^{\varepsilon_2} Z(1)_3\right]} = \frac{Z(2)_4}{Z(2)_3},$$

$$\Omega(3)_5 = \frac{\Delta\Omega(2)_5}{\Delta\Omega(2)_3} = \frac{\Delta\left(\dfrac{Z(1)_5}{Z(1)_2}\right)}{\Delta\left(\dfrac{Z(1)_3}{Z(1)_2}\right)} =$$

$$= \frac{\psi\left[\Delta^{\varepsilon_1} Z(1)_2 . \Delta^{\varepsilon_2} Z(1)_5\right]}{\psi\left[\Delta^{\varepsilon_1} Z(1)_2 . \Delta^{\varepsilon_2} Z(1)_3\right]} = \frac{Z(2)_5}{Z(2)_3},$$

$$\cdots\cdots\cdots\cdots\cdots\cdots$$

$$\Omega(3)_\varpi = \frac{\Delta\Omega(2)_\varpi}{\Delta\Omega(2)_3} = \frac{\Delta\left(\dfrac{Z(1)_\varpi}{Z(1)_2}\right)}{\Delta\left(\dfrac{Z(1)_3}{Z(1)_2}\right)} =$$

$$= \frac{\psi\left[\Delta^{\varepsilon_1} Z(1)_2 . \Delta^{\varepsilon_2} Z(1)_\varpi\right]}{\psi\left[\Delta^{\varepsilon_1} Z(1)_2 . \Delta^{\varepsilon_2} Z(1)_3\right]} = \frac{Z(2)_\varpi}{Z(2)_3};$$

etc., etc.

Et, poursuivant cette évaluation, on obtiendra évidemment, pour des indices quelconques μ et ϖ, les valeurs générales … (110)

$$\Omega(\mu+2)_{\mu+3} = \frac{Z(\mu+1)_{\mu+3}}{Z(\mu+1)_{\mu+2}} = \frac{W\left[\Delta^{\mathfrak{C}1} Z(\mu)_{\mu+1}.\Delta^{\mathfrak{C}2} Z(\mu)_{\mu+3}\right]}{W\left[\Delta^{\mathfrak{C}1} Z(\mu)_{\mu+1}.\Delta^{\mathfrak{C}2} Z(\mu)_{\mu+2}\right]},$$

$$\Omega(\mu+2)_{\mu+4} = \frac{Z(\mu+1)_{\mu+4}}{Z(\mu+1)_{\mu+2}} = \frac{W\left[\Delta^{\mathfrak{C}1} Z(\mu)_{\mu+1}.\Delta^{\mathfrak{C}2} Z(\mu)_{\mu+4}\right]}{W\left[\Delta^{\mathfrak{C}1} Z(\mu)_{\mu+1}.\Delta^{\mathfrak{C}2} Z(\mu)_{\mu+2}\right]},$$

$$\cdots\cdots\cdots\cdots\cdots\cdots\cdots\cdots$$

$$\Omega(\mu+2)_{\varpi} = \frac{Z(\mu+1)_{\varpi}}{Z(\mu+1)_{\mu+2}} = \frac{W\left[\Delta^{\mathfrak{C}1} Z(\mu)_{\mu+1}.\Delta^{\mathfrak{C}2} Z(\mu)_{\varpi}\right]}{W\left[\Delta^{\mathfrak{C}1} Z(\mu)_{\mu+1}.\Delta^{\mathfrak{C}2} Z(\mu)_{\mu+2}\right]}.$$

Ainsi, en appliquant ici, à l'expression générale de $\Omega(\mu+2)_{\varpi}$, la proposition (91) du troisième des trois Corollaires théoriques que nous avons déduits plus haut, nous obtiendrons, pour la détermination définitive de la quantité générale $\Omega(\mu+2)_{\varpi}$, l'expression … (111)

$$\Omega(\mu+2)_{\varpi} =$$

$$= \frac{W\left[\Delta^{\delta 0}\Omega_0.\Delta^{\delta 1}\Omega_1.\Delta^{\delta 2}\Omega_2 \ldots \Delta^{\delta\mu}\Omega_\mu.\Delta^{\delta(\mu+1)}\Omega_{\mu+1}.\Delta^{\delta(\mu+2)}\Omega_{\varpi}\right]}{W\left[\Delta^{\delta 0}\Omega_0.\Delta^{\delta 1}\Omega_1.\Delta^{\delta 2}\Omega_2 \ldots \Delta^{\delta\mu}\Omega_\mu.\Delta^{\delta(\mu+1)}\Omega_{\mu+1}.\Delta^{\delta(\mu+2)}\Omega_{\mu+2}\right]};$$

les exposans $\delta 0$, $\delta 1$, $\delta 2$, $\delta 3$, etc. ayant ici les valeurs suivantes … (111)′

$$\delta 0 = 0, \quad \delta 1 = 1, \quad \delta 2 = 2, \quad \delta 3 = 3, \quad \ldots \quad \delta\nu = \nu,$$

et Ω_{ϖ} étant, parmi les fonctions Ω_1, Ω_2, Ω_3, etc., celle qui, suivant les expressions (93), entre dans la construction de la fonction générale $\Omega(\mu+2)_{\varpi}$. Enfin, si l'on change l'indice $(\mu+2)$ en ω, et l'indice ϖ en ρ, l'expression précédente (111) prendra la forme … (112)

$$\Omega(\omega)_{\rho} =$$

$$= \frac{W\left[\Delta^{\delta 0}\Omega_0.\Delta^{\delta 1}\Omega_1.\Delta^{\delta 2}\Omega_2 \ldots \Delta^{\delta(\omega-2)}\Omega_{\omega-2}.\Delta^{\delta(\omega-1)}\Omega_{\omega-1}.\Delta^{\delta\omega}\Omega_{\rho}\right]}{W\left[\Delta^{\delta 0}\Omega_0.\Delta^{\delta 1}\Omega_1.\Delta^{\delta 2}\Omega_2 \ldots \Delta^{\delta(\omega-2)}\Omega_{\omega-2}.\Delta^{\delta(\omega-1)}\Omega_{\omega-1}.\Delta^{\delta\omega}\Omega_{\omega}\right]}$$

Pour déterminer de la même manière les quantités $F(1)$, $F(2)$, $F(3)$, etc. que nous avons construites plus haut sous la marque (94) et qui entrent également dans l'expression générale (104) des coefficiens de la Loi universelle, prenons, d'une part, la fonction proposée F qui est ici la partie constituante principale, et, d'une autre part, les fonctions Z_ϖ, $Z(1)_\varpi$, $Z(2)_\varpi$, $Z(3)_\varpi$, etc. formées sous les marques (107) et (108), et construisons, avec ces quantités, les fonctions schins consécutives et analogues aux fonctions mêmes Z_ϖ, $Z(1)_\varpi$, $Z(2)_\varpi$, etc., savoir, ... (113)

$$U = w\left[\Delta^{\mathcal{C}_1}\Omega_0 . \Delta^{\mathcal{C}_2}F\right]$$

$$U(1) = w\left[\Delta^{\mathcal{C}_1}Z_1 . \Delta^{\mathcal{C}_2}U\right]$$

$$U(2) = w\left[\Delta^{\mathcal{C}_1}Z(1)_2 . \Delta^{\mathcal{C}_2}U(1)\right]$$

$$U(3) = w\left[\Delta^{\mathcal{C}_1}Z(2)_3 . \Delta^{\mathcal{C}_2}U(2)\right]$$

$$\cdots\cdots\cdots\cdots\cdots\cdots\cdots\cdots$$

$$U(\varpi) = w\left[\Delta^{\mathcal{C}_1}Z(\varpi-1)_\varpi . \Delta^{\mathcal{C}_2}U(\varpi-1)\right];$$

les exposans $\mathcal{C}_1$ et $\mathcal{C}_2$ ayant toujours les valeurs assignées plus haut, savoir, $\mathcal{C}_1 = 0$, $\mathcal{C}_2 = 1 + \mathcal{C}_1 = 1$. Alors, procédant comme sous la marque (109), nous obtiendrons, d'après les expressions (106), (107) et (108), les résultats suivans .. : (114)

$$F(1) = \frac{\Delta F}{\Delta\Omega_1} = \frac{\Delta\left(\dfrac{F}{\Omega_0}\right)}{\Delta\left(\dfrac{\Omega_1}{\Omega_0}\right)} =$$

$$= \frac{w\left[\Delta^{\mathcal{C}_1}\Omega_0 . \Delta^{\mathcal{C}_2}F\right]}{w\left[\Delta^{\mathcal{C}_1}\Omega_0 . \Delta^{\mathcal{C}_2}\Omega_1\right]} = \frac{U}{Z_1},$$

$$F(2) = \frac{\Delta F(1)}{\Delta\Omega(1)_2} = \frac{\Delta\left(\dfrac{U}{Z_1}\right)}{\Delta\left(\dfrac{Z_2}{Z_1}\right)} =$$

$$= \frac{w\left[\Delta^{\mathcal{C}_1}Z_1 . \Delta^{\mathcal{C}_2}U\right]}{w\left[\Delta^{\mathcal{C}_1}Z_1 . \Delta^{\mathcal{C}_2}Z_2\right]} = \frac{U(1)}{Z(1)_2},$$

$$F(3) = \frac{\Delta F(2)}{\Omega(2)_3} = \frac{\Delta\left(\dfrac{U(1)}{Z(1)_2}\right)}{\Delta\left(\dfrac{Z(1)_3}{Z(1)_2}\right)} =$$

$$= \frac{w\left[\Delta^{\delta 1} Z(1)_2 . \Delta^{\delta 2} U(1)\right]}{w\left[\Delta^{\delta 1} Z(1)_2 . \Delta^{\delta 2} Z(1)_3\right]} = \frac{U(2)}{Z(2)_3},$$

etc., etc.

Et, poursuivant cette évaluation, nous obtiendrons évidemment, pour un indice quelconque μ, non par induction, mais par la nature même de cette construction algorithmique, la valeur générale ... (115)

$$F(\mu+2) = \frac{U(\mu+1)}{Z(\mu+1)_{\mu+2}} = \frac{w\left[\Delta^{\delta 1} Z(\mu)_{\mu+1} . \Delta^{\delta 2} U(\mu)\right]}{w\left[\Delta^{\delta 1} Z(\mu)_{\mu+1} . \Delta^{\delta 2} Z(\mu)_{\mu+2}\right]}.$$

Donc, si l'on suppose que la fonction générale $X(\mu)_\rho$ qui entre dans l'expression (91) du troisième des Corollaires précédens, désigne la fonction présente $U(\mu)$, c'est-à-dire que la fonction Y_ρ de cette expression désigne la fonction proposée F, et si l'on applique cette expression générale (91) au développement de l'expression précédente (115), on aura ... (116)

$$F(\mu+2) =$$

$$= \frac{w\left[\Delta^{\delta 0} \Omega_0 . \Delta^{\delta 1} \Omega_1 . \Delta^{\delta 2} \Omega_2 \ldots \Delta^{\delta \mu} \Omega_\mu . \Delta^{\delta(\mu+1)} \Omega_{\mu+1} . \Delta^{\delta(\mu+2)} F\right]}{w\left[\Delta^{\delta 0} \Omega_0 . \Delta^{\delta 1} \Omega_1 . \Delta^{\delta 2} \Omega_2 \ldots \Delta^{\delta \mu} \Omega_\mu . \Delta^{\delta(\mu+1)} \Omega_{\mu+1} . \Delta^{\delta(\mu+2)} \Omega_{\mu+2}\right]},$$

les exposans $\delta 0$, $\delta 1$, $\delta 2$, $\delta 3$, etc. ayant les valeurs que nous venons de leur assigner sous la marque (111)'. Enfin, si l'on fait $\mu + 2 = \omega$, on aura l'expression plus simple ... (117)

$$F(\omega) =$$

$$= \frac{w\left[\Delta^{\delta 0} \Omega_0 . \Delta^{\delta 1} \Omega_1 . \Delta^{\delta 2} \Omega_2 \ldots \Delta^{\delta(\omega-2)} \Omega_{\omega-2} . \Delta^{\delta(\omega-1)} \Omega_{\omega-1} . \Delta^{\delta \omega} F\right]}{w\left[\Delta^{\delta 0} \Omega_0 . \Delta^{\delta 1} \Omega_1 . \Delta^{\delta 2} \Omega_2 \ldots \Delta^{\delta(\omega-2)} \Omega_{\omega-2} . \Delta^{\delta(\omega-1)} \Omega_{\omega-1} . \Delta^{\delta \omega} \Omega_\omega\right]}.$$

Or, pour nous conformer à la notation employée dans l'expression
(64) donnant la détermination générale de la Loi universelle, qu'il
s'agit de démontrer, faisons généralement... (118)

$$F(\omega) = \Xi_\omega, \quad \text{et} \quad \Omega(\omega)_\rho = \Phi(\rho)_\omega;$$

et les expressions (117) et (112) seront ... (118)'

$$\Xi_\omega = \frac{\mathfrak{W}\left[\Delta^{\delta_0}\Omega_0 . \Delta^{\delta_1}\Omega_1 . \Delta^{\delta_2}\Omega_2 \ldots \Delta^{\delta(\omega-2)}\Omega_{\omega-2} . \Delta^{\delta(\omega-1)}\Omega_{\omega-1} . \Delta^{\delta\omega}F\right]}{\mathfrak{W}\left[\Delta^{\delta_0}\Omega_0 . \Delta^{\delta_1}\Omega_1 . \Delta^{\delta_2}\Omega_2 \ldots \Delta^{\delta(\omega-2)}\Omega_{\omega-2} . \Delta^{\delta(\omega-1)}\Omega_{\omega-1} . \Delta^{\delta\omega}\Omega_\omega\right]}$$

$$\Phi(\rho)_\omega = \frac{\mathfrak{W}\left[\Delta^{\delta_0}\Omega_0 . \Delta^{\delta_1}\Omega_1 . \Delta^{\delta_2}\Omega_2 \ldots \Delta^{\delta(\omega-2)}\Omega_{\omega-2} . \Delta^{\delta(\omega-1)}\Omega_{\omega-1} . \Delta^{\delta\omega}\Omega_\rho\right]}{\mathfrak{W}\left[\Delta^{\delta_0}\Omega_0 . \Delta^{\delta_1}\Omega_1 . \Delta^{\delta_2}\Omega_2 \ldots \Delta^{\delta(\omega-2)}\Omega_{\omega-2} . \Delta^{\delta(\omega-1)}\Omega_{\omega-1} . \Delta^{\delta\omega}\Omega_\omega\right]};$$

expressions qui sont respectivement les formules générales (59) et (61)
donnant, pour la loi (64) en question, les quantités auxiliaires Ξ_0,
Ξ_1, Ξ_2, etc. et $\Phi(\rho)_0$, $\Phi(\rho)_1$, $\Phi(\rho)_2$, etc. rapportées sous les marques
(60), (60)', et (62), (62)'. De plus, si, en vertu de la même nota-
tion (118), on substitue, dans les expressions (105), à la place des
quantités $\Omega(\omega)_\rho$ leurs équivalentes $\Phi(\rho)_\omega$, ces expressions deviendront
... (119)

$$\Psi(\mu)_1 = -\Phi(\mu+1)_\mu$$

$$\Psi(\mu)_2 = -\Phi(\mu+2)_\mu - \Psi(\mu)_1 . \Phi(\mu+2)_{\mu+1}$$

$$\Psi(\mu)_3 = -\Phi(\mu+3)_\mu - \Psi(\mu)_1 . \Phi(\mu+3)_{\mu+1} - \Psi(\mu)_2 . \Phi(\mu+3)_{\mu+2}$$

$$\Psi(\mu)_4 = -\Phi(\mu+4)_\mu - \Psi(\mu)_1 . \Phi(\mu+4)_{\mu+1} - \Psi(\mu)_2 . \Phi(\mu+4)_{\mu+2} - \Psi(\mu)_3 . \Phi(\mu+4)_{\mu+3}$$

$$\cdots \cdots \cdots \cdots \cdots$$

$$\Psi(\mu)_\nu = -\Phi(\mu+\nu)_\mu - \Psi(\mu)_1 . \Phi(\mu+\nu)_{\mu+1} - \Psi(\mu)_2 . \Phi(\mu+\nu)_{\mu+2}$$
$$- \Psi(\mu)_3 . \Phi(\mu+\nu)_{\mu+3} \cdots - \Psi(\mu)_{\nu-1} . \Phi(\mu+\nu)_{\mu+\nu-1};$$

et telles sont effectivement les expressions auxiliaires (63) des quantités $\Psi(\mu)_1$, $\Psi(\mu)_2$, $\Psi(\mu)_3$, etc. qui entrent dans l'expression (64)
dont il est question. Enfin, substituant dans l'expression (104), toujours en vertu de la notation (118), les quantités Ξ_ω à la place de leurs
équivalentes $F(\omega)$, cette expression (104) deviendra ... (120)

$$A_\mu = \dot{\Xi}_\mu + \dot{\Psi}(\mu)_1 . \dot{\Xi}_{\mu+1} + \dot{\Psi}(\mu)_2 . \dot{\Xi}_{\mu+2} + \dot{\Psi}(\mu)_3 . \dot{\Xi}_{\mu+3}$$
$$+ \dot{\Psi}(\mu)_4 . \dot{\Xi}_{\mu+4} + \text{etc.} ;$$

et c'est là l'expression (64) donnant la détermination générale de la Loi suprème et universelle. —Ainsi, cette détermination générale se trouve rigoureusement démontrée.

Nous allons maintenant, comme nous nous le sommes proposé plus haut, étendre l'expression (64) ou (120) selon l'extension que peuvent recevoir les conditions de la possibilité même de la Loi universelle. — Mais, avant tout, observons que, dans son état actuel, cette expression (64) ou (120) se trouve réduite à ses premiers principes.

En effet, cette expression se trouve donnée moyennant les différences prises arbitrairement ou par rapport à un accroissement quelconque de la variable x, sur les fonctions séparées ou individuelles Fx et Ω_0, Ω_1, Ω_2, Ω_3, etc. qui entrent dans la construction de la Loi universelle; et, comme nous l'avons reconnu plus haut, en parlant des Méthodes d'interpolation, ces différences arbitraires sont les élémens mêmes de la génération des fonctions Fx et Ω_0, Ω_1, Ω_2, Ω_3, etc., et, nommément, elles sont les élémens primaires lorsque l'accroissement dont dépendent ces différences est idéal ou indéfiniment petit, c'est-à-dire, lorsque ces différences sont des différentielles, et elles sont les élémens secondaires lorsque cet accroissement est réel ou fini, c'est-à-dire, lorsque les différences dont il s'agit, sont des différences proprement dites. Or, en vertu des conditions que présentent les équations (8) pour la possibilité de la Loi universelle, les coefficiens A_0, A_1, A_2, A_3, etc. qui entrent dans cette loi, se trouvent effectivement donnés moyennant les différentielles des fonctions Fx et Ω_0, Ω_1, Ω_2, Ω_3, etc., c'est-à-dire, moyennant les élémens primaires de la génération de ces fonctions. Ainsi, en supposant que, dans l'expression (64) ou (120), les différences dénotées par Δ soient des différences idéales ou des différentielles, c'est-à-dire, des différences prises par rapport à un accroissement indéfiniment petit de la variable x, cette expression (64) ou (120), considérée dans ce cas particulier, sera effectivement l'expression des coefficiens A_0, A_1, A_2, A_3, etc., réduite à ses premiers principes, tels qu'ils se trouvent donnés par les conditions fondamentales (8) de la possibilité même de la Loi universelle.

Mais, puisque l'accroissement de la variable x, duquel dépendent les différences Δ qui entrent dans l'expression (64) ou (120) dont il s'agit, peut avoir une valeur quelconque, idéale ou réelle, infiniment petite ou finie, cette expression présente déjà une extension de l'expression primaire qui, comme nous venons de le voir, ne doit impliquer ou du moins n'implique que les différentielles des fonctions Fx et Ω_0, Ω_1, Ω_2, Ω_3, etc., telles qu'elles sont données immédiatement par les conditions fondamentales (8) de la loi dont il est question; et cette extension contenue dans l'expression (64) doit évidemment dépendre d'une extension correspondante que peuvent recevoir les conditions fondamentales (8), car ce sont ces conditions qui seules peuvent fonder les diverses déterminations possibles de la Loi universelle. Et, en effet, nous avons reconnu que les différences des fonctions, en tant qu'elles peuvent déterminer les différentielles mêmes des fonctions, constituent les élémens secondaires de la génération de ces fonctions; et, par conséquent, que les valeurs des différences

$$\dots (121)$$

$$\Delta^0 Fx, \quad \Delta Fx, \quad \Delta^2 Fx, \quad \Delta^3 Fx, \quad \Delta^4 Fx, \quad \text{etc.}$$
$$\Delta^0 \Omega_0, \quad \Delta \Omega_0, \quad \Delta^2 \Omega_0, \quad \Delta^3 \Omega_0, \quad \Delta^4 \Omega_0, \quad \text{etc.}$$
$$\Delta^0 \Omega_1, \quad \Delta \Omega_1, \quad \Delta^2 \Omega_1, \quad \Delta^3 \Omega_1, \quad \Delta^4 \Omega_1, \quad \text{etc.}$$
$$\Delta^0 \Omega_2, \quad \Delta \Omega_2, \quad \Delta^2 \Omega_2, \quad \Delta^3 \Omega_2, \quad \Delta^4 \Omega_2, \quad \text{etc.}$$
$$\text{etc.}, \quad \text{etc.},$$

formant ces élémens secondaires de la génération des fonctions Fx, Ω_0, Ω_1, Ω_2, etc., peuvent, aussi bien que les différentielles mêmes de ces fonctions, servir à leur détermination; de sorte que, si l'on part de l'équation fondamentale ... (122)

$$Fx = A_0 . \Omega_0 + A_1 . \Omega_1 + A_2 . \Omega_2 + A_3 . \Omega_3 + A_4 . \Omega_4 + \text{etc.},$$

qui est la forme (7) de la Loi suprème et universelle, et si, après en avoir pris successivement les différences de tous les ordres, on donne à la variable x une valeur déterminée $\dot{x}$ que l'on marquera généralement par un point placé au-dessus des caractéristiques des fonctions de cette variable, on aura le système infini d'équations ... (123)

$$\dot{F}x = A_0 . \dot{\Omega}_0 + A_1 . \dot{\Omega}_1 + A_2 . \dot{\Omega}_2 + A_3 . \dot{\Omega}_3 + \text{etc.}$$
$$\Delta \dot{F}x = A_0 . \Delta \dot{\Omega}_0 + A_1 . \Delta \dot{\Omega}_1 + A_2 . \Delta \dot{\Omega}_2 + A_3 . \Delta \dot{\Omega}_3 + \text{etc.}$$
$$\Delta^2 \dot{F}x = A_0 . \Delta^2 \dot{\Omega}_0 + A_1 . \Delta^2 \dot{\Omega}_1 + A_2 . \Delta^2 \dot{\Omega}_2 + A_3 . \Delta^2 \dot{\Omega}_3 + \text{etc.}$$
$$\Delta^3 \dot{F}x = A_0 . \Delta^3 \dot{\Omega}_0 + A_1 . \Delta^3 \dot{\Omega}_1 + A_2 . \Delta^3 \dot{\Omega}_2 + A_3 . \Delta^3 \dot{\Omega}_3 + \text{etc.}$$

etc., etc.;

lesquelles, aussi bien que les équations primaires (8), serviront pour déterminer les quantités A_0, A_1, A_2, A_3, etc., parce que les différences (121) qui entrent dans ces équations (123), servent, aussi bien que les différentielles des mêmes fonctions, pour déterminer ces fonctions elles-mêmes qui précisément entrent dans l'équation fondamentale (122). Or, ces équations (123), où les différences Δ sont prises arbitrairement par rapport à un accroissement quelconque de la variable x, présentent évidemment une extension des équations fondamentales (8) où il n'entre que des différentielles; et, faisant attention à ce que les différences finies sont, aussi bien que les différentielles, les élémens de la génération des fonctions, on comprendra que les équations précédentes (123) constituent les conditions fondamentales GÉNÉRALES de la possibilité de la Loi universelle, et que les équations (8) ne sont que les conditions fondamentales PARTICULIÈRES qui ont lieu lorsque, dans ces conditions générales (123), l'accroissement arbitraire dont dépendent les différences Δ, est idéal ou indéfiniment petit. Et, pour en revenir à l'expression (64) ou (120), donnée moyennant les différences individuelles ou séparées (121), on comprendra maintenant que cette expression se trouve réellement réduite à ses permiers principes, pris dans la généralité dans laquelle ils se trouvent donnés par les conditions fondamentales générales (123) de la loi dont il s'agit.

Il résulte de ce dernier rapprochement des équations (123) et de l'expression (64) ou (120), une remarque de la plus haute importance. C'est que l'expression (64) présente immédiatement la solution générale des équations (123), en donnant la valeur générale des quantités A_0, A_1, A_2, A_3, etc. considérées comme inconnues, moyennant les différences (121) dont les valeurs entrent dans les équations (123) et forment les quantités considérées comme données ou connues. Aussi, est-ce là évidemment la SIMPLICITÉ ABSOLUE dans laquelle devait se présenter la Loi suprême et universelle de la génération des quantités. Car, tous les algorithmes possibles étant fondés sur l'algorithme primordial de la sommation (addition et soustraction), la Loi suprême et universelle, qui doit ramener à cet algorithme primordial tous les modes possibles de la génération des quantités, doit évidemment consister dans une sommation indéfinie, pour répondre à l'influence de l'idée de l'infini qui précisément donne naissance à ces divers modes de génération algorithmique ; et, par conséquent, sans aucune autre déduction, il est d'abord évident que la forme de cette Loi universelle est effectivement l'expression (7) ou (122). Or, suivant toujours le même algorithme primordial de la sommation, qui, d'après ce que nous avons vu dans la Philosophie des Mathématiques, est le véritable objet de la théorie des différences, si l'on

prend, sur l'expression (7) ou (122), les différences consécutives de
tous les ordres, il en résultera le système infini d'équations que, sous
la marque (123), nous avons reconnu pour les conditions fondamentales de la possibilité de la Loi suprème; et, la solution de ces équations (123), donnant les quantités A_0, A_1, A_2, A_3, etc., sera aussi
évidemment, dans cette simplicité absolue, la détermination générale
de cette grande loi.

En observant maintenant, d'une part, que, suivant ce que nous
venons de reconnaître, les équations (123) ne constituent les conditions de la Loi suprème que parce qu'elles contiennent, outre les
quantités A_0, A_1, A_2, A_3, etc., les différences (121) qui, comme
élémens, suffisent pour la détermination des fonctions Fx et Ω_0, Ω_1,
Ω_2, Ω_3, etc. composant cette loi; et, en observant, d'une autre part,
que, suivant ce que nous avons reconnu plus haut en traitant des
Méthodes d'interpolation, il existe, outre les différences d'une fonction fx, d'autres modifications de cette fonction, telles que sont, par
exemples, les valeurs consécutives fx, $f(x + \xi)$, $f(x + 2\xi)$,
$f(x + 3\xi)$, etc., ou généralement les sommes deltas que, sous la
marque (38), nous avons construites et dénotées par $\triangledown fx$, $\triangledown^2 fx$,
$\triangledown^3 fx$, etc., modifications qui suffisent également pour la détermination de la fonction fx; on comprendra qu'outre les équations (123)
qui présentent proprement les conditions FONDAMENTALES de la Loi
suprème, parce que les différences qu'elles impliquent sont immédiatement les ÉLÉMENS de la génération des fonctions, il peut exister
encore d'autres systèmes d'équations pareilles, qui, au lieu des diffé-
rences des fonctions Fx et Ω_0, Ω_1, Ω_2, Ω_3, etc., contiendront d'autres modifications de ces fonctions, suffisant également pour la dé-
termination de ces dernières. Et, l'on comprendra en même tems
que, suivant cette extension ou plutôt cette modification des conditions fondamentales (123), on pourra donner une extension ou une

modification pareille à l'expression (64) ou (120) de la loi à laquelle appartiennent ces conditions. — Mais, avant de nous occuper de ces conditions SUBORDONNÉES et de l'extension correspondante de l'expression (64), jetons encore un coup d'œil sur les conditions fondamentales (123), pour fixer les limites générales de l'impossibilité de la génération des quantités.

Pour peu qu'on examine les équations (123) constituant les conditions de la génération d'une fonction Fx moyennant d'autres fonctions Ω_0, Ω_1, Ω_2, Ω_3, etc., on reconnaîtra que l'impossibilité de cette génération ne peut avoir lieu que dans deux cas ; savoir, 1°. lorsque ces équations donnent, pour les quantités A_0, A_1, A_2, A_3, etc., des quantités IDÉALES et nommément INFINIES, et, 2°. lorsque ces équations donnent, pour les quantités A_0, A_1, A_2, A_3, etc. en question, de véritables ABSURDITÉS (*). Dans le premier cas, il n'existe qu'une IMPOSSIBILITÉ RÉELLE pour la génération de la fonction Fx moyennant les fonctions Ω_0, Ω_1, Ω_2, Ω_3, etc., parce qu'il est possible au moins idéalement, par le moyen de quantités infinies, d'opérer cette génération ; mais, dans le second cas, il existe une IMPOSSIBILITÉ IDÉALE et par conséquent ABSOLUE pour la génération de la fonction Fx moyennant les fonctions Ω_0, Ω_1, Ω_2, Ω_3, etc., parce qu'il n'existe alors, ni des quantités réelles, ni même des quantités idéales, propres à opérer cette génération (**). — Nous allons examiner séparément

---

(*) Nous ne parlons pas ici du cas où les équations (123) donnent, pour les quantités A_0, A_1, A_2, A_3, etc., des quantités indéterminées de la forme $\frac{0}{0}$, parce qu'alors la génération de la fonction Fx moyennant les fonctions Ω_0, Ω_1, Ω_2, Ω_3, etc. est purement INDÉTERMINÉE et non IMPOSSIBLE. — Voyez ce que nous avons dit à cet égard en traitant ci-dessus des Méthodes d'interpolation.

(**) Nous avons déjà indiqué, dans la Philosophie des Mathématiques (pages 167 et 168), cette double impossibilité de la génération des quantités. Pour compléter ici ces deux cas de l'impossibilité de la génération d'une fonction Fx moyennant d'autres fonctions données Ω_0, Ω_1, Ω_2, Ω_3, etc.

D'abord, lorsque l'expression (64) ou, ce qui est la même chose,

---

cet aperçu, il faut savoir qu'il existe deux espèces de QUANTITÉS IDÉALES, savoir, 1°. les quantités infinies, et 2°. les quantités dépendantes des racines paires des quantités négatives ou, en premier principe, les quantités radicales $\sqrt{-1}$; c'est-à-dire, en remontant à leur source transcendantale, 1°. les quantités qui impliquent expressément l'idée de l'infini dans la considération de la QUANTITÉ même, et 2°. celles qui impliquent de la même manière l'idée de l'infini dans la considération de la QUALITÉ qui constitue l'état positif ou négatif des quantités en général. Or, l'une et l'autre de ces deux espèces de quantités idéales, ne sont impossibles que RÉELLEMENT ; car, considérées IDÉALEMENT, elles sont possibles, comme nous l'avons montré (à l'endroit cité) pour les quantités radicales $\sqrt{-1}$, et comme cela est évident pour les quantités infinies, par l'*actualité* même de l'idée de l'infini.

Quant aux QUANTITÉS ABSURDES, proprement dites telles, que nous avons nommées quantités *imaginaires*, parce qu'elles sont des produits exclusifs de la faculté de l'Imagination, et non, comme les quantités idéales, des produits de la faculté de la Raison, ce que nous en avons dit (au même endroit cité), suffit complètement pour les caractériser ; et il en résulte que ces quantités absurdes ou imaginaires ne sont possibles ni réellement ni même idéalement. Mais, l'exemple que nous avons allégué pour ces quantités, savoir, les deux équations ... (A)

$$o = 3x - 2y + 5, \qquad o = 6x - 4y - 5,$$

n'est point exact. Car, les deux quantités x et y qui peuvent satisfaire à ces équations, ne sont point des quantités ABSURDES : ce sont de véritables quantités IDÉALES, et nommément des quantités infinies. Pour rectifier cet exemple, il faut ajouter à ces deux équations (A) encore une troisième équation, par exemple, ... (B)

$$o = x + y + 2.$$

Alors, les deux quantités x et y qui, suivant l'Imagination, devraient satisfaire aux trois équations (A) et (B), seraient proprement des quantités absurdes. En effet, l'équation (B) et la première des deux équations (A) donneraient $x = -\dfrac{9}{5}$, $y = -\dfrac{1}{5}$;

lorsque les équations (123) donnent pour les quantités A_0, A_1, A_2, A_3, etc. des quantités infinies, la génération de la fonction Fx moyennant les fonctions Ω_0, Ω_1, Ω_2, Ω_3, etc., n'est possible qu'idéalement. C'est le cas où les géomètres disent, du moins pour quelques séries qui leur sont connues, que les développemens sont *en défaut*. Mais cette manière de parler n'est exacte qu'autant que, par le mot *défaut*, on entend ici une pure absence de réalité; car, considérés idéalement, ces développemens ne sont nullement en défaut : il ne leur manque rien pour l'absolue rigueur de la vérité, pourvu que, comme cela est requis, on attache aux quantités infinies la véritable idée qu'on doit en avoir; idée d'après laquelle les quantités infinies peuvent être augmentées ou diminuées d'une quantité finie quelconque, sans cesser d'être égales à elles-mêmes (*). — Par exemple, si la fonction proposée Fx était le logarithme naturel de x, savoir, Lx, et que, Ω_0 étant toujours $= 1$, les fonctions Ω_1, Ω_2, Ω_3, etc., par

---

et l'équation (B) et la seconde des équations (A) donneraient, pour les mêmes quantités, $x = -\dfrac{3}{10}$, $y = -\dfrac{17}{10}$; de sorte qu'on aurait $18 = 3$, et $2 = 17$, qui sont des absurdités. — Il en serait de même de tout autre système imaginaire d'équations, qui donnerait des valeurs essentiellement différentes pour toutes, pour plusieurs, ou même pour une seule des quantités qui y seraient en question.

(*) C'est d'après la même idée des quantités infinies que les développemens par graduation qui ont été trouvés plus haut, sous les marques $(28)''$, $(28)'''$, $(29)''$, $(29)'''$, (30), $(30)'$, etc., et dans lesquels il entre des quantités infinies, ne sont nullement en défaut, quand on les considère idéalement. Sous cet aspect, ces développemens sont rigoureusement vrais, pourvu que, pour les différentes valeurs de la variable x de laquelle dépendent les fonctions développées, on considère comme étant différentes les quantités finies dont peuvent être augmentées ou diminuées les quantités infinies qu'impliquent ces développemens, sans que ces quantités infinies cessent d'être les mêmes.

rapport auxquelles on voudrait développer ce logarithme, fussent toutes égales à la variable même x, c'est-à-dire, si l'on avait

$$Fx = Lx; \quad \Omega_0 = 1, \quad \Omega_1 = x, \quad \Omega_2 = x, \quad \Omega_3 = x, \quad \Omega_4 = x, \quad \text{etc.};$$

les expressions (60), (60)$'$, (62) et (62)$'$ donneraient

$$z_0 = Lx, \quad z_1 = \frac{\Delta Lx}{\Delta x}, \quad z_2 = \infty_1, \quad z_3 = \infty_2, \quad z_4 = \infty_3, \quad \text{etc.,}$$

$$\Phi(\rho)_0 = x, \quad \Phi(\rho)_1 = 1, \quad \Phi(\rho)_2 = \frac{0}{0}, \quad \Phi(\rho)_3 = \frac{0}{0}, \quad \Phi(\rho)_4 = \frac{0}{0}, \quad \text{etc.,}$$

où ∞_1, ∞_2, ∞_3, ∞_4, etc. dénotent autant de quantités infinies; et, assignant à la variable x une valeur arbitraire $\dot{x} = a$, et considérant les différences Δ comme étant des différentielles, on aurait ... (124)

$$\dot{z}_0 = La, \quad \dot{z}_1 = \frac{1}{a}, \quad \dot{z}_2 = \infty_1, \quad \dot{z}_3 = \infty_2, \quad \dot{z}_4 = \infty_3, \quad \text{etc.,}$$

$$\dot{\Phi}(\rho)_0 = a, \quad \dot{\Phi}(\rho)_1 = 1, \quad \dot{\Phi}(\rho)_2 = \frac{0}{0}, \quad \dot{\Phi}(\rho)_3 = \frac{0}{0}, \quad \dot{\Phi}(\rho)_4 = \frac{0}{0}, \quad \text{etc.}$$

Ainsi, les expressions (63) donneraient, d'abord, pour $\mu = 0$, les valeurs ... (124)$'$

$$\dot{\Psi}(0)_1 = -a, \quad \dot{\Psi}(0)_2 = 0, \quad \dot{\Psi}(0)_3 = 0, \quad \dot{\Psi}(0)_4 = 0, \quad \text{etc.;}$$

et ensuite, pour toute autre valeur de l'indice μ, ces expressions (63) donneraient des quantités absolument indéterminées $\Psi(\mu)_1$, $\Psi(\mu)_2$, $\Psi(\mu)_3$, $\Psi(\mu)_4$, etc., mais telles cependant qu'on aurait ... (124)$''$

$$\Psi(1)_1 + 1 = 0$$
$$\Psi(1)_2 + \Psi(2)_1 + 1 = 0$$
$$\Psi(1)_3 + \Psi(2)_2 + \Psi(3)_1 + 1 = 0$$
$$\Psi(1)_4 + \Psi(2)_3 + \Psi(3)_2 + \Psi(4)_1 + 1 = 0$$
$$\text{etc., etc.}$$

Substituant donc ces valeurs (124), (124)$'$ et (124)$''$ dans l'expression

générale (64), on obtiendra, pour les quantités A_0, A_1, A_2, A_3, etc.
formant les coefficiens du développement en question, les valeurs
idéales ou infinies suivantes ... $(124)'''$

$$A_0 = La - 1$$

$$A_1 = \frac{1}{a} + \Psi(1)_1 . \infty_1 + \Psi(1)_2 . \infty_2 + \Psi(1)_3 . \infty_3 + \Psi(1)_4 . \infty_4 + \text{etc.}$$

$$A_2 = \infty_1 + \Psi(2)_1 . \infty_2 + \Psi(2)_2 . \infty_3 + \Psi(2)_3 . \infty_4 + \Psi(2)_4 . \infty_5 + \text{etc.}$$

$$A_3 = \infty_2 + \Psi(3)_1 . \infty_3 + \Psi(3)_2 . \infty_4 + \Psi(3)_3 . \infty_5 + \Psi(3)_4 . \infty_6 + \text{etc.}$$

etc., etc.;

et, avec ces valeurs, l'expression $(64)'$ de la loi universelle donnera
le développement demandé ... $(124)^{IV}$

$$Lx = La - 1$$

$$+ x . \left\{ \frac{1}{a} + \Psi(1)_1 . \infty_1 + \Psi(1)_2 . \infty_2 + \Psi(1)_3 . \infty_3 + \text{etc.} \right\}$$

$$+ x . \left\{ \infty_1 + \Psi(2)_1 . \infty_2 + \Psi(2)_2 . \infty_3 + \Psi(2)_3 . \infty_4 + \text{etc.} \right\}$$

$$+ x . \left\{ \infty_2 + \Psi(3)_1 . \infty_3 + \Psi(3)_2 . \infty_4 + \Psi(3)_3 . \infty_5 + \text{etc.} \right\} .$$

$$+ \text{etc., etc.};$$

développement qui, considéré idéalement, ne sera point en défaut
ou sera rigoureusement vrai, parce que, pour chaque valeur de la
variable x, on peut considérer comme étant différentes les quantités
finies dont peuvent être augmentées ou diminuées les diverses quan-
tités infinies ∞_1, ∞_2, ∞_3, ∞_4, etc. sans cesser d'être égales à elles-
mêmes. En effet, désignant ces quantités finies généralement par m_1,
m_2, m_3, m_4, etc., on aura les égalités idéales rigoureuses

$$\infty_1 = \infty_1 + m_1, \quad \infty_2 = \infty_2 + m_2, \quad \infty_3 = \infty_3 + m_3, \quad \text{etc.};$$

et, variant ces mêmes quantités finies m_1, m_2, m_3, etc. dans les divers coefficiens du développement $(124)^{\text{IV}}$, ce développement prendra la forme ... $(124)^{\text{V}}$

$$Lx = La - 1$$

$$+ x \cdot \left\{ \frac{1}{a} + \Psi(1)_1 \cdot (\infty_1 + m_1^{(1)}) + \Psi(1)_2 \cdot (\infty_2 + m_2^{(1)}) \right.$$
$$\left. + \Psi(1)_3 \cdot (\infty_3 + m_3^{(1)}) + \text{etc.} \right\}$$

$$+ x \cdot \left\{ (\infty_1 + m_1^{(2)}) + \Psi(2)_1 \cdot (\infty_2 + m_2^{(2)}) + \Psi(2)_2 \cdot (\infty_3 + m_3^{(2)}) \right.$$
$$\left. + \Psi(2)_3 \cdot (\infty_4 + m_4^{(2)}) + \text{etc.} \right\}$$

$$+ x \cdot \left\{ (\infty_2 + m_2^{(3)}) + \Psi(3)_1 \cdot (\infty_3 + m_3^{(3)}) + \Psi(3)_2 \cdot (\infty_4 + m_4^{(3)}) \right.$$
$$\left. + \Psi(3)_3 \cdot (\infty_5 + m_5^{(3)}) + \text{etc.} \right\}$$

$$+ \text{etc., etc.} ;$$

en distinguant par $m_1^{(1)}$, $m_2^{(1)}$, $m_3^{(1)}$, etc., $m_1^{(2)}$, $m_2^{(2)}$, $m_3^{(2)}$, etc., $m_2^{(3)}$, $m_3^{(3)}$, etc., etc. les diverses quantités finies dont peuvent varier les quantités infinies ∞_1, ∞_2, ∞_3, etc. sans cesser d'être égales à elles-mêmes. Et, ayant égard aux relations $(124)^{\text{II}}$ qui se trouvent entre les indéterminées $\Psi(1)_1$, $\Psi(1)_2$, $\Psi(1)_3$, etc., $\Psi(2)_1$, $\Psi(2)_2$, etc., $\Psi(3)_1$, $\Psi(3)_2$, etc., etc., on verra que les quantités infinies ∞_1, ∞_2, ∞_3, ∞_4, etc. disparaissent effectivement ou se détruisent dans l'expression précédente $(124)^{\text{V}}$, et que cette expression se réduit ainsi à l'expression tout-à-fait réelle suivante ... $(124)^{\text{VI}}$

$$Lx = La - 1$$

$$+ x \cdot \left\{ \frac{1}{a} + \Psi(1)_1 \cdot m_1^{(1)} + \Psi(1)_2 \cdot m_2^{(1)} + \Psi(1)_3 \cdot m_3^{(1)} + \text{etc.} \right\}$$

$$+ x \cdot \left\{ m_1^{(2)} + \Psi(2)_1 \cdot m_2^{(2)} + \Psi(2)_2 \cdot m_3^{(2)} + \Psi(2)_3 \cdot m_4^{(2)} + \text{etc.} \right\}$$

$$+ x \cdot \left\{ m_2^{(3)} + \Psi(3)_1 \cdot m_3^{(3)} + \Psi(3)_2 \cdot m_4^{(3)} + \Psi(3)_3 \cdot m_5^{(3)} + \text{etc.} \right\}$$

$$+ \text{etc., etc.} ;$$

expression qui, moyennant les quantités finies et arbitraires $m_1^{(1)}$, $m_2^{(1)}$, $m_3^{(1)}$, etc., $m_1^{(2)}$, $m_2^{(2)}$, etc., $m_2^{(3)}$, $m_3^{(3)}$, etc., etc., peut évidemment être rendue vraie pour chaque valeur de x; de sorte que le développement $(124)^v$ ou en origine le développement $(124)^{iv}$ sera idéalement possible. — Mais, cette POSSIBILITÉ IDÉALE de la génération d'une fonction Fx moyennant certaines autres fonctions Ω_0, Ω_1, Ω_2, Ω_3, etc., n'établit point encore la POSSIBILITÉ RÉELLE de cette génération, pour laquelle dernière il faut que les quantités A_0, A_1, A_2, A_3, etc. formant les coefficiens dans cette génération, ne soient, non seulement pas absurdes, mais même pas infinies; et, par conséquent, sous l'aspect de cette possibilité réelle de la génération technique d'une fonction, il est vrai que les développemens sont en défaut, lorsque leurs coefficiens A_0, A_1, A_2, A_3, etc. sont des quantités infinies. On pourra donc continuer à dire que les développemens des fonctions sont *en défaut*, lorsque leurs coefficiens A_0, A_1, A_2, etc. sont des quantités infinies; pourvu que, par le mot *défaut*, on n'entende ici que l'absence de la possibilité RÉELLE de pareilles générations des fonctions.

En second lieu, lorsque les équations (123) ou, ce qui revient au même, lorsque l'expression générale (64) donne, pour quelques unes ou pour chacune des quantités A_0, A_1, A_2, A_3, etc., qui entrent dans la Loi universelle $(64)^I$ ou (122), des valeurs différentes à mesure qu'on change la valeur arbitraire $\dot{x}$ de la variable x qu'il faut introduire dans l'expression (64), la génération d'une fonction Fx moyennant les fonctions génératrices adoptées Ω_0, Ω_1, Ω_2, Ω_3, etc., est, non seulement impossible réellement, mais même impossible idéalement; c'est-à-dire que cette génération est alors ABSURDE, parce qu'elle donne lieu à de véritables antinomies logiques ou absurdités (*).

(*) En traitant plus haut des Méthodes d'interpolation, nous avons bien distingué

— Par exemple, si l'on voulait développer une fonction Fx par rapport aux puissances progressives d'un polynome ($k_0 + k_1.x + + k_2.x^2 + k_3.x^3 \ldots + k_\varpi.x^\varpi$) du degré ϖ, c'est-à-dire, si l'on donnait aux fonctions génératrices Ω_0, Ω_1, Ω_2, Ω_3, etc., les déterminations suivantes ... (125)

$$\Omega_0 = (k_0 + k_1.x + k_2.x^2 \ldots + k_\varpi.x^\varpi)^0 = 1$$

les cas où les équations fondamentales (37) ou (42) de ces méthodes, donnent, pour les dérivées différentielles Ξ_0, Ξ_1, Ξ_2, Ξ_3, etc. de la fonction cherchée Fx, des valeurs de la forme indéterminée $\frac{0}{0}$ et de la forme idéale ou infinie ∞; mais, nous n'avons pas parlé du cas où, en variant la quantité déterminée $\dot{x}$ qui entre dans les valeurs consécutives $F\dot{x}$, $F(\dot{x}+\xi)$, $F(\dot{x}+2\xi)$, $F(\dot{x}+3\xi)$, etc., ces équations fondamentales (37) ou (42) conduiraient à des valeurs différentes d'une même des différentielles Ξ_0, Ξ_1, Ξ_2, Ξ_3, etc., pour la même valeur de la variable x. Ce dernier cas correspond à l'impossibilité absolue, réelle et même idéale, de la génération des fonctions; impossibilité dont il est question actuellement, pour en fixer les limites. — Or, joignant cette dernière considération à ce que nous avons déjà reconnu plus haut sur l'impossibilité de l'application des Méthodes d'interpolation, on statuera définitivement que, lorsque les équations fondamentales (37), (42) ou généralement (39) donnent, pour les dérivées différentielles Ξ_0, Ξ_1, Ξ_2, Ξ_3, etc., 1°. des valeurs de la forme $\frac{0}{0}$, la fonction cherchée Fx est INDÉTERMINÉE; 2°. des valeurs de la forme ∞, la fonction cherchée Fx n'est possible qu'IDÉALEMENT; et 3°. des valeurs différentes pour une même de ces différentielles, la fonction cherchée Fx n'est possible ni RÉELLEMENT, ni même IDÉALEMENT. — Nos fonctions lameds présentent des exemples des deux premiers de ces trois cas, comme nous l'avons déjà dit dans la note de la page 101; et nos fonctions alephs, considérées dans la signification propre qu'elles ont pour la Théorie des Nombres, où leurs valeurs sont zéro pour les exposans négatifs, présentent un exemple du dernier des trois cas précédens concernant l'impossibilité de l'application des Méthodes d'interpolation. Déjà dans l'Introduction à la Philosophie des Mathématiques, en parlant des Méthodes d'interpolation (page 247), nous avons allégué cette propriété des fonctions lameds et alephs.

$$\Omega_1 = (k_0 + k_1.x + k_2.x^2 \ldots + k_\varpi.x^\varpi)$$
$$\Omega_2 = (k_0 + k_1.x + k_2.x^2 \ldots + k_\varpi.x^\varpi)^2$$
$$\Omega_3 = (k_0 + k_1.x + k_2.x^2 \ldots + k_\varpi.x^\varpi)^3$$

etc., etc.;

l'expression générale (64) pourrait donner ϖ valeurs différentes pour chacun des coefficiens A_0, A_1, A_2, A_3, etc. de ce développement, comme nous allons le voir. — En assignant à la variable x, pour la valeur arbitraire $\dot{x}$, une valeur telle que le polynome $(k_0 + k_1.x + k_2.x^2 \ldots + k_\varpi.x^\varpi)$ devienne zéro, on aura évidemment

$$\left(\frac{d^\omega \Omega_\rho}{dx^\omega}\right) = 0,$$

toutes les fois que l'indice ρ est plus grand que l'exposant ω. Ainsi, considérant les différences Δ qui entrent dans les expressions (59) et (61), comme étant des différentielles, et observant que, dans l'expression générale (61), telle qu'elle sert pour la construction des quantités (63), l'indice ρ est toujours plus grand que l'indice ω, on verra que, dans ce cas, les expressions (62) et (62)' donnent

$$\dot{\Phi}(\rho)_0 = 0, \quad \dot{\Phi}(\rho)_1 = 0, \quad \dot{\Phi}(\rho)_2 = 0, \quad \dot{\Phi}(\rho)_3 = 0, \quad \text{etc.};$$

de sorte que les quantités (63) seront alors

$$\dot{\Psi}(\mu)_1 = 0, \quad \dot{\Psi}(\mu)_2 = 0, \quad \dot{\Psi}(\mu)_3 = 0, \quad \dot{\Psi}(\mu)_4 = 0, \quad \text{etc.}$$

Donc, l'expression (64) du coefficient général A_μ sera simplement

$$A_\mu = \dot{\Xi}_\mu ;$$

et, substituant la valeur de Ξ_μ donnée par l'expression générale (59), on aura définitivement ... (125)'

$$A_\mu = \frac{\Psi\left[d^0\dot{\Omega}_0.d^1\dot{\Omega}_1.d^2\dot{\Omega}_2 \ldots d^{\mu-1}\dot{\Omega}_{\mu-1}.d^\mu F\dot{x}\right]}{\Psi\left[d^0\dot{\Omega}_0.d^1\dot{\Omega}_1.d^2\dot{\Omega}_2 \ldots d^{\mu-1}\dot{\Omega}_{\mu-1}.d^\mu\dot{\Omega}_\mu\right]},$$

le point placé sur les lettres marquant toujours qu'il faut donner, dans les fonctions qu'elles désignent, à la variable x la valeur déterminée et convenue $\dot{x}$, c'est-à-dire, la valeur de x qui satisfait à l'équation ... $(125)''$

$$0 = k_0 + k_1 . x + k_2 . x^2 \ldots + k_\varpi . x^\varpi .$$

Or, il peut y avoir ϖ valeurs différentes de x qui toutes satisfont à cette équation ; donc, l'expression $(125)'$ pourrait donner ϖ valeurs différentes pour le coefficient général A_μ. Et, puisque dans l'expression fondamentale $(64)'$ donnant le développement de la fonction Fx, savoir, dans

$$Fx = A_0 . \Omega_0 + A_1 . \Omega_1 + A_2 . \Omega_2 + A_3 . \Omega_3 + \text{etc.},$$

les coefficiens A_0, A_1, A_2, A_3, etc. sont nécessairement identiques chacun avec lui-même, si l'on désignait par

$$A_\mu^{(1)}, \quad A_\mu^{(2)}, \quad A_\mu^{(3)}, \quad \ldots \quad A_\mu^{(\varpi)},$$

les ϖ valeurs différentes que l'expression précédente $(125)'$ peut donner pour le coefficient général A_μ, on aurait, en vertu de l'identité nécessaire que nous venons d'alléguer, les relations absurdes

$$A_\mu^{(1)} = A_\mu^{(2)} = A_\mu^{(3)} = \ldots = A_\mu^{(\varpi)} .$$

Ainsi, dans ce cas, la génération de la fonction Fx moyennant les puissances progressives du polynome $(k_0 + k_1 . x + k_2 . x^2 \ldots + k_\varpi . x^\varpi)$ dans lequel $\varpi > 1$, est tout-à-fait absurde ou absolument impossible, c'est-à-dire, non seulement impossible d'une manière réelle, mais même impossible d'une manière idéale. — Une pareille génération d'une fonction quelconque Fx ne saurait avoir lieu qu'autant que les coefficiens A_0, A_1, A_2, A_3, etc. qui entrent dans cette génération, se trouveraient eux-mêmes être des fonctions de la variable x, comme nous le verrons dans la suite de cette Philosophie de la Technie ; et cette dernière remarque s'applique non seulement au cas où il s'agirait de développer une fonction par rapport aux puissances progressives d'un polynome, mais généralement à tous les cas où a lieu l'impossibilité absolue ou l'absurdité dont nous venons d'examiner les conditions.

En résumant ce que nous avons reconnu sur la double impossibilité de la génération d'une fonction Fx moyennant certaines fonctions données Ω_0, Ω_1, Ω_2, Ω_3, etc., il résulte que, dans tous les cas, il suffit de s'en tenir à l'expression (64) de la Loi universelle, sans faire attention aux conditions fondamentales (123) de cette génération ; car, lorsqu'une telle génération est impossible, relativement ou absolument, l'expression de la Loi universelle le fera toujours connaître. En effet, lorsque la génération d'une fonction Fx moyennant les fonctions données Ω_0, Ω_1, Ω_2, Ω_3, etc., n'est impossible que réellement et qu'elle est possible au moins idéalement, c'est-à-dire, lorsque, comme l'on dit, le développement qui présentera cette génération sera *en défaut*, l'expression (64) donnera pour les coefficiens A_0, A_1, A_2, A_3, etc. de ce développement, des quantités idéales et nommément des quantités infinies ; et, lorsque la génération d'une fonction Fx moyennant certaines fonctions Ω_0, Ω_1, Ω_2, Ω_3, etc. est absurde ou absolument impossible, l'expression (64) donnera, pour quelques uns ou pour chacun des coefficiens A_0, A_1, A_2, A_3, etc., plusieurs valeurs différentes, et elle conduira ainsi à de véritables absurdités.

Procédons maintenant à l'extension que, d'après ce que nous avons reconnu plus haut, peuvent recevoir les conditions fondamentales (123) de la Loi universelle, en y introduisant, au lieu des différences des fonctions Fx et Ω_0, Ω_1, Ω_2, Ω_3, etc. qui entrent dans cette loi, d'autres modifications des mêmes fonctions, suffisant également à leur détermination ; c'est-à-dire, procédons à l'établissement de ce que nous avons nommé conditions SUBORDONNÉES de la Loi universelle. — Mais, pour plus de généralité, remarquons encore qu'il n'est nullement nécessaire de faire toujours $\Omega_0 = 1$ dans l'expression $(64)'$ de la Loi suprème dont il s'agit, et que, prenant pour Ω_0 une fonction quelconque, les expressions générales (59) et (61), ou $(118)'$, serviront également ; parce que, dans la démonstration de ces expressions, et nommément sous les marques (109) et (114), nous avons pris, à la place des fonctions F et Ω_1, Ω_2, Ω_3, Ω_4, etc., les fonctions

$$\frac{F}{\Omega_0} \quad \text{et} \quad \frac{\Omega_1}{\Omega_0}, \quad \frac{\Omega_2}{\Omega_0}, \quad \frac{\Omega_3}{\Omega_0}, \quad \frac{\Omega_4}{\Omega_0}, \quad \text{etc.,}$$

ce qui revient évidemment à diviser l'expression fondamentale (92) par la fonction Ω_0. — Venons actuellement aux conditions subordonnées en question.

En traitant plus haut des Méthodes d'interpolation, nous avons reconnu, comme nous l'avons déjà observé, qu'outre les différentielles et les différences d'une fonction, qui constituent les véritables élémens de la génération de cette fonction, il existe encore d'autres déterminations ou modifications de la même fonction, lesquelles, aussi bien que les différentielles et les différences, suffisent pour la détermination de la fonction. Et, ces autres déterminations ou modifications d'une fonction fx, sont, par exemple, les valeurs consécutives $f\ddot{x}$, $f(\dot{x}+\xi)$, $f(\dot{x}+2\xi)$, $f(\dot{x}+3\xi)$, etc., et, généralement, les fonctions que, sous la marque (38), nous avons dénotées par $\triangledown f\ddot{x}$, $\triangledown^2 f\ddot{x}$, $\triangledown^3 f\ddot{x}$, etc. et nommées sommes deltas.

Ainsi, partant de l'expression fondamentale (7) ou (92) de la Loi universelle, et désignant dorénavant par $\Omega_0 x$, $\Omega_1 x$, $\Omega_2 x$, $\Omega_3 x$, etc. les fonctions génératrices que, jusqu'ici, nous avons désignées simplement par Ω_0, Ω_1, Ω_2, Ω_3, etc.; c'est-à-dire, partant de l'expression fondamentale ... (126)

$$Fx = A_0 . \Omega_0 x + A_1 . \Omega_1 x + A_2 . \Omega_2 x + A_3 . \Omega_3 x + \text{etc.},$$

et, donnant successivement à la variable x un accroissement ξ, et à cette variable une valeur déterminée $\dot{x}$, on obtiendra le système infini d'équations ... (127)

$$Fx = A_0 . \Omega_0 \dot{x} + A_1 . \Omega_1 \dot{x} + A_2 . \Omega_2 \dot{x} + A_3 . \Omega_3 \dot{x} + \text{etc.}$$
$$F(\dot{x}+\xi) = A_0 . \Omega_0 (\dot{x}+\xi) + A_1 . \Omega_1 (\dot{x}+\xi) + A_2 . \Omega_2 (\dot{x}+\xi) + A_3 . \Omega_3 (\dot{x}+\xi) + \text{etc.}$$
$$F(\dot{x}+2\xi) = A_0 . \Omega_0 (\dot{x}+2\xi) + A_1 . \Omega_1 (\dot{x}+2\xi) + A_2 . \Omega_2 (\dot{x}+2\xi) + A_3 . \Omega_3 (\dot{x}+2\xi) + \text{etc.}$$
$$F(\dot{x}+3\xi) = A_0 . \Omega_0 (\dot{x}+3\xi) + A_1 . \Omega_1 (\dot{x}+3\xi) + A_2 . \Omega_2 (\dot{x}+3\xi) + A_3 . \Omega_3 (\dot{x}+3\xi) + \text{etc.}$$
$$\text{etc., etc.;}$$

équations qui, en vertu de l'observation que nous venons de faire, formeront également, comme les équations (123), les conditions de la possibilité de la Loi universelle. Mais, ces dernières conditions ne sont que subordonnées; et les conditions fondamentales sont celles que présentent les équations (123), parce que les différences qui entrent dans ces équations (123), sont les véritables élémens de la génération des fonctions Fx et $\Omega_0 x$, $\Omega_1 x$, $\Omega_2 x$, $\Omega_3 x$, etc. — Quoi qu'il en soit de la subordination de ces dernières conditions (127), il est clair qu'elles suffisent également pour la détermination de la fonction Fx moyennant les fonctions $\Omega_0 x$, $\Omega_1 x$, $\Omega_2 x$, $\Omega_3 x$, etc.; car, on peut en déduire, par la résolution de ces équations, les valeurs des quantités A_0, A_1, A_2, A_3, etc. qui, par le moyen de l'expression fondamentale (126), donneront la génération ou la détermination en question. En effet, nous avons déjà remarqué plus haut que l'expression (64) de la Loi suprême, n'est proprement autre chose que l'expression de la résolution générale du système infini d'équations (123) : ainsi, comparant

les équations présentes (127) avec les équations (123), on verra
d'abord que, pour ramener les équations (127) aux équations (123),
il suffit de prendre généralement

$$F(\dot{x} + \mu\xi) \quad \text{à la place de} \quad \Delta^{\mu}F\dot{x}, \qquad \text{et}$$
$$\Omega_{\rho}(\dot{x} + \mu\xi) \quad \text{à la place de} \quad \Delta^{\mu}\dot{\Omega}_{\rho};$$

et l'on verra ensuite qu'en substituant ces valeurs dans les expressions
auxiliaires (59) et (61), l'expression (64) donnera la solution générale
des équations présentes (127), en donnant la valeur générale des
quantités A_0, A_1, A_2, A_3, etc. en question.

On aura donc, de cette manière, une autre expression de la Loi
suprême, différente de celle que nous avons donnée en premier lieu
sous la marque (64). Et, cette autre expression correspondra évidemment aux conditions subordonnées (127), et ne sera, par conséquent,
qu'une expression subordonnée.

Mais, pour embrasser tout d'un coup, par une seule formule,
toutes les expressions possibles que peut recevoir la Loi suprême et
universelle, suivant les différentes formes sous lesquelles peuvent
être mises les conditions de la possibilité de cette loi, il suffit de fixer
la forme générale de ces conditions, et d'en déduire l'expression
correspondante pour la loi dont il s'agit. — Or, cette forme générale
en question dépend manifestement des sommes deltas, c'est-à-dire,
des fonctions $\triangledown f\dot{x}$, $\triangledown^2 f\dot{x}$, $\triangledown^3 f\dot{x}$, etc. qui, suivant ce que nous avons
reconnu plus haut, sont les déterminations ou les modifications géné-
rales de la fonction fx, desquelles dépend la génération même de
cette fonction. Il suffit donc d'amener les équations (123) ou (127) à
la forme dans laquelle, au lieu des différences ou des valeurs consé-
cutives des fonctions Fx et $\Omega_0 x$, $\Omega_1 x$, $\Omega_2 x$, $\Omega_3 x$, etc., il entre généralement les sommes $\triangledown$, $\triangledown^2$, $\triangledown^3$, etc. prises sur les mêmes fonctions.
— Pour cela, reprenons ici la construction générale des sommes

deltas dont il est question, telle que nous l'avons exposée sous la
marque (38), savoir, ... (128)

$$\nabla^0 fx = fx$$
$$\nabla fx = k_0 . fx + k_1 . f(x+\xi) + k_2 . f(x+2\xi) \ldots + k_\omega . f(x+\omega\xi)$$
$$\nabla^2 fx = k_0 . \nabla fx + k_1 . \nabla f(x+\xi) + k_2 . \nabla f(x+2\xi) \ldots + k_\omega . \nabla f(x+\omega\xi)$$
$$\nabla^3 fx = k_0 . \nabla^2 fx + k_1 . \nabla^2 f(x+\xi) + k_2 . \nabla^2 f(x+2\xi) \ldots + k_\omega . \nabla^2 f(x+\omega\xi)$$
$$\nabla^4 fx = k_0 . \nabla^3 fx + k_1 . \nabla^3 f(x+\xi) + k_2 . \nabla^3 f(x+2\xi) \ldots + k_\omega . \nabla^3 f(x+\omega\xi)$$

etc., etc.;

les coefficiens k_0, k_1, k_2, k_3, ... k_ω étant $(\omega + 1)$ quantités constantes arbitraires, et ξ un accroissement quelconque; et, considérant
les deux membres de la forme de la Loi universelle, savoir, les deux
membres de l'égalité ... (129)

$$Fx = A_0 . \Omega_0 x + A_1 . \Omega_1 x + A_2 . \Omega_2 x + A_3 . \Omega_3 x + \text{etc.,}$$

comme étant représentés alternativement par la fonction fx, appli-
quons à ces deux membres les déterminations précédentes (128).
Nous obtiendrons ainsi le système infini d'équations ... (130)

$$\nabla^0 F\dot{x} = A_0 . \nabla^0 \Omega_0 \dot{x} + A_1 . \nabla^0 \Omega_1 \dot{x} + A_2 . \nabla^0 \Omega_2 \dot{x} + A_3 . \nabla^0 \Omega_3 \dot{x} + \text{etc.}$$
$$\nabla F\dot{x} = A_0 . \nabla \Omega_0 \dot{x} + A_1 . \nabla \Omega_1 \dot{x} + A_2 . \nabla \Omega_2 \dot{x} + A_3 . \nabla \Omega_3 \dot{x} + \text{etc.}$$
$$\nabla^2 F\dot{x} = A_0 . \nabla^2 \Omega_0 \dot{x} + A_1 . \nabla^2 \Omega_1 \dot{x} + A_2 . \nabla^2 \Omega_2 \dot{x} + A_3 . \nabla^2 \Omega_3 \dot{x} + \text{etc.}$$
$$\nabla^3 F\dot{x} = A_0 . \nabla^3 \Omega_0 \dot{x} + A_1 . \nabla^3 \Omega_1 \dot{x} + A_2 . \nabla^3 \Omega_2 \dot{x} + A_3 . \nabla^3 \Omega_3 \dot{x} + \text{etc.}$$

etc., etc.;

équations dans lesquelles, suivant les formules (128), on aura, d'a-
bord pour la fonction Fx, les déterminations ... (130)'

$$\nabla^0 Fx = Fx$$
$$\nabla Fx = k_0 . Fx + k_1 . F(x+\xi) + k_2 . F(x+2\xi) \ldots + k_\omega . F(x+\omega\xi)$$

$$\nabla^2 Fx = k_0 \cdot \nabla Fx + k_1 \cdot \nabla F(x+\xi) + k_2 \cdot \nabla F(x+2\xi) \ldots + k_\omega \cdot \nabla F(x+\omega\xi)$$

$$\nabla^3 Fx = k_0 \cdot \nabla^2 Fx + k_1 \cdot \nabla^2 F(x+\xi) + k_2 \cdot \nabla^2 F(x+2\xi) \ldots + k_\omega \cdot \nabla^2 F(x+\omega\xi)$$

etc., etc. ;

et ensuite, pour une quelconque $\Omega_\rho x$ des fonctions $\Omega_0 x$, $\Omega_1 x$, $\Omega_2 x$, $\Omega_3 x$, etc., les déterminations pareilles … $(130)''$

$$\nabla^0 \Omega_\rho x = \Omega_\rho x$$

$$\nabla \Omega_\rho x = k_0 \cdot \Omega_\rho x + k_1 \cdot \Omega_\rho(x+\xi) + k_2 \cdot \Omega_\rho(x+2\xi) \ldots + k_\omega \cdot \Omega_\rho(x+\omega\xi)$$

$$\nabla^2 \Omega_\rho x = k_0 \cdot \nabla \Omega_\rho x + k_1 \cdot \nabla \Omega_\rho(x+\xi) + k_2 \cdot \nabla \Omega_\rho(x+2\xi) \ldots + k_\omega \cdot \nabla \Omega_\rho(x+\omega\xi)$$

$$\nabla^3 \Omega_\rho x = k_0 \cdot \nabla^2 \Omega_\rho x + k_1 \cdot \nabla^2 \Omega_\rho(x+\xi) + k_2 \cdot \nabla^2 \Omega_\rho(x+2\xi) \ldots + k_\omega \cdot \nabla^2 \Omega_\rho(x+\omega\xi)$$

etc., etc.

Bien plus, on peut concevoir comme étant différentes, d'une part, la valeur de la variable x dans chacune des équations (130), et, de l'autre part, la valeur de l'accroissement ξ dans chacune des sommes deltas ou déterminations $(130)'$ et $(130)''$. Nous distinguerons cette double circonstance en plaçant un point et un accent sur la caractéristique ∇ ; de sorte que fx étant une fonction de x, nous aurons

$$'\dot{\nabla}^\mu fx,$$

en marquant par le point que la valeur déterminée de x est différente pour chaque exposant μ, et par l'accent que la valeur de l'accroissement ξ dont dépendent les sommes ∇, ∇^2, ∇^3, etc., est également différente pour chaque exposant μ. De cette manière, les équations (130), portées à cette généralité, seront … (131)

$$'\dot{\nabla}^0 Fx = A_0 \cdot '\dot{\nabla}^0 \Omega_0 x + A_1 \cdot '\dot{\nabla}^0 \Omega_1 x + A_2 \cdot '\dot{\nabla}^0 \Omega_2 x + A_3 \cdot '\dot{\nabla}^0 \Omega_3 x + \text{etc.}$$

$$'\dot{\nabla} Fx = A_0 \cdot '\dot{\nabla} \Omega_0 x + A_1 \cdot '\dot{\nabla} \Omega_1 x + A_2 \cdot '\dot{\nabla} \Omega_2 x + A_3 \cdot '\dot{\nabla} \Omega_3 x + \text{etc.}$$

$$'\dot{\nabla}^2 Fx = A_0 . '\dot{\nabla}^2 \Omega_0 x + A_1 . '\dot{\nabla}^2 \Omega_1 x + A_2 . '\dot{\nabla}^2 \Omega_2 x + A_3 . '\dot{\nabla}^2 \Omega_3 x + \text{etc.}$$

$$'\dot{\nabla}^3 Fx = A_0 . '\dot{\nabla}^3 \Omega_0 x + A_1 . '\dot{\nabla}^3 \Omega_1 x + A_2 . '\dot{\nabla}^3 \Omega_2 x + A_3 . '\dot{\nabla}^3 \Omega_3 x + \text{etc.}$$

etc., etc ;

dans lesquelles les sommes deltas (130)$'$ et (130)$''$, portées à la même généralité, seront respectivement, d'abord, pour la fonction Fx, ... (131)$'$

$$'\nabla^0 Fx = Fx$$

$$'\nabla Fx = k_0 . Fx + k_1 . F(x+\xi_1) + k_2 . F(x+2\xi_1) \ldots + k_\omega . F(x+\omega\xi_1)$$

$$'\nabla^2 Fx = k_0 . '\nabla Fx + k_1 . '\nabla F(x+\xi_2) + k_2 . '\nabla F(x+2\xi_2) \ldots + k_\omega . '\nabla F(x+\omega\xi_2)$$

$$'\nabla^3 Fx = k_0 . '\nabla^2 Fx + k_1 . '\nabla^2 F(x+\xi_3) + k_2 . '\nabla^2 F(x+2\xi_3) \ldots + k_\omega . '\nabla^2 F(x+\omega\xi_3)$$

etc., etc. ;

et, ensuite, pour une fonction quelconque $\Omega_\rho x$, ... (131)$''$

$$'\nabla^0 \Omega_\rho x = \Omega_\rho x$$

$$'\nabla \Omega_\rho x = k_0 . \Omega_\rho x + k_1 . \Omega_\rho (x+\xi_1) + k_2 . \Omega_\rho (x+2\xi_1) \ldots + k_\omega . \Omega_\rho (x+\omega\xi_1)$$

$$'\nabla^2 \Omega_\rho x = k_0 . '\nabla \Omega_\rho x + k_1 . '\nabla \Omega_\rho (x+\xi_2) + k_2 . '\nabla \Omega_\rho (x+2\xi_2) \ldots + k_\omega . '\nabla \Omega_\rho (x+\omega\xi_2)$$

$$'\nabla^3 \Omega_\rho x = k_0 . '\nabla^2 \Omega_\rho x + k_1 . '\nabla^2 \Omega_\rho (x+\xi_3) + k_2 . '\nabla^2 \Omega_\rho (x+2\xi_3) \ldots + k_\omega . '\nabla^2 \Omega_\rho (x+\omega\xi_3)$$

etc., etc. ;

les accroissemens ξ_1, ξ_2, ξ_3, etc. pouvant être autant de quantités arbitraires différentes.

Enfin, pour atteindre à la généralité absolue, on peut encore, dans ces diverses déterminations des fonctions Fx et $\Omega_0 x$, $\Omega_1 x$, $\Omega_2 x$, $\Omega_3 x$, etc., construire les sommes deltas dénotées par ∇, ∇^2, ∇^3, etc. moyennant un accroissement ξ variable, c'est-à-dire, comme cela revient au même, en supposant que dans cette construction l'accroissement ξ dont dépendent les sommes deltas, s'applique à quelque autre variable auxiliaire dont la variable x serait considérée comme formant une certaine fonction arbitraire. Mais, au reste, cette dernière généralisation absolue peut être conçue comme étant déjà contenue dans les équations (131), en admettant que, dans la formation des sommes deltas, la variable x n'est que l'indice de la caractéristique d'un système de fonctions, de manière que, cet indice venant à varier, les fonctions elles-mêmes se trouvent différentes (*).

Or, les équations (130) et surtout (131) présentent manifestement la forme générale des conditions pour la possibilité de la Loi universelle; et, par conséquent, ce sont là les CONDITIONS GÉNÉRALES de cette possibilité. En effet, toutes les autres formes que peuvent recevoir ces conditions, dépendent tout simplement du nombre $(\omega + 1)$ des quantités arbitraires k_0, k_1, k_2, ... k_ω qui entrent dans les déterminations (130)′ et (130)″, ou (131)′ et (131)″, et de la valeur de ces quantités arbitraires. Ainsi, par exemple, lorsque $\omega = 1$, et de plus $k_0 = 0$, et $k_1 = 1$, les formules (130)′ et (130)″ donneront respectivement

$$\nabla Fx = F(x+\xi), \quad \nabla^2 Fx = F(x+2\xi), \quad \nabla^3 Fx = F(x+3\xi), \quad \text{etc.};$$
$$\nabla \Omega_\rho x = \Omega_\rho(x+\xi), \quad \nabla^2 \Omega_\rho x = \Omega_\rho(x+2\xi), \quad \nabla^3 \Omega_\rho x = \Omega_\rho(x+3\xi), \quad \text{etc.};$$

et les équations générales (130) prendront alors la forme particulière sous laquelle elles constituent les conditions subordonnées que nous avons examinées plus haut sous la marque (127). Ou bien, lorsque

---

(*) Nous aurons occasion de mettre en usage cette considération dans la suite de cette Philosophie de la Technie, pour montrer que la loi fondamentale des Séries, que par anticipation nous avons fait connaître dans la Réfutation de Lagrange et qui répond à l'expression (VIII) de la Philosophie des Mathématiques, embrasse déjà la loi la plus générale des Séries, celle qui répond à l'expression (21)^VII de l'ouvrage présent.

$\omega = 1$, et qu'on fait $k_0 = -1$, et $k_1 = +1$, les formules $(130)'$ et $(130)''$ donnent respectivement

$$\nabla Fx = \Delta Fx, \qquad \nabla^2 Fx = \Delta^2 Fx, \qquad \nabla^3 Fx = \Delta^3 Fx, \qquad \text{etc.},$$

$$\nabla \Omega_\rho x = \Delta \Omega_\rho x, \qquad \nabla^2 \Omega_\rho x = \Delta^2 \Omega_\rho x, \qquad \nabla^3 \Omega_\rho x = \Delta^3 \Omega_\rho x, \qquad \text{etc.},$$

Δ désignant ici les différences prises, suivant la voie progressive, par rapport à l'accroissement ξ de la variable x; et les équations (130) reçoivent alors la forme des équations (123) qui constituent les conditions fondamentales pour la possibilité de la Loi universelle, du moins dans le cas où les différences Δ qui entrent dans les équations (123), sont considérées comme progressives. Dans le cas où ces dernières différences seraient considérées comme régressives, il faudrait, dans les équations (130) et spécialement dans les formules $(130)'$ et $(130)''$, changer le signe de ξ, et faire $k_0 = +1$ et $k_1 = -1$, ω étant $= 1$.

Ayant ainsi, dans les équations (130) et (131), les conditions générales pour la possibilité de la Loi universelle, c'est-à-dire, l'expression générale des formes que peuvent recevoir les conditions de cette possibilité, on peut, par le moyen de l'expression fondamentale (64), en déduire la formule générale de toutes les expressions possibles de la Loi suprème et universelle, formule qui est ici notre dernier objet. En effet, comme nous l'avons déjà remarqué, cette expression fondamentale (64) n'est rien autre que l'expression de la résolution générale d'un système infini d'équations, et nommément du système infini d'équations constituant les conditions fondamentales (123); et cela en donnant la valeur générale des quantités A_0, A_1, A_2, A_3, etc. qui sont considérées comme les inconnues dans ce système infini d'équations. Il suffit donc de ramener les équations générales présentes (130) ou (131) à la forme des équations fondamentales (123), en prenant généralement

$$'\dot{\nabla}^m Fx \quad \text{à la place de} \quad \Delta^m Fx,$$
$$\text{et} \quad '\dot{\nabla}^m_{\prime}\Omega_\rho x \quad \text{à la place de} \quad \Delta^m \Omega_\rho x,$$

m étant un exposant quelconque, et de substituer ces quantités dans l'expression fondamentale (64) et spécialement dans les expressions auxiliaires (59) et (61), pour avoir la formule générale de toutes les expressions possibles de la Loi universelle. Et, opérant ces substitutions, on aura les résultats suivans.

D'abord, en désignant de nouveau simplement par Ω_0, Ω_1, Ω_2, Ω_3, etc. les fonctions $\Omega_0 x$, $\Omega_1 x$, $\Omega_2 x$, $\Omega_3 x$, etc., les expressions (59) et (61) donneront les deux formules ... (132)

$$z_\omega = \frac{\mathcal{W}\left['\nabla^{\mathcal{C}0}\Omega_0 . '\nabla^{\mathcal{C}1}\Omega_1 . '\nabla^{\mathcal{C}2}\Omega_2 \ldots '\nabla^{\mathcal{C}(\omega-2)}\Omega_{\omega-2} . '\nabla^{\mathcal{C}(\omega-1)}\Omega_{\omega-1} . '\nabla^{\mathcal{C}\omega}Fx\right]}{\mathcal{W}\left['\nabla^{\mathcal{C}0}\Omega_0 . '\nabla^{\mathcal{C}1}\Omega_1 . '\nabla^{\mathcal{C}2}\Omega_2 \ldots '\nabla^{\mathcal{C}(\omega-2)}\Omega_{\omega-2} . '\nabla^{\mathcal{C}(\omega-1)}\Omega_{\omega-1} . '\nabla^{\mathcal{C}\omega}\Omega_\omega\right]},$$

$$\Phi(\rho)_\omega = \frac{\mathcal{W}\left['\nabla^{\mathcal{C}0}\Omega_0 . '\nabla^{\mathcal{C}1}\Omega_1 . '\nabla^{\mathcal{C}2}\Omega_2 \ldots '\nabla^{\mathcal{C}(\omega-2)}\Omega_{\omega-2} . '\nabla^{\mathcal{C}(\omega-1)}\Omega_{\omega-1} . '\nabla^{\mathcal{C}\omega}\Omega_\rho\right]}{\mathcal{W}\left['\nabla^{\mathcal{C}0}\Omega_0 . '\nabla^{\mathcal{C}1}\Omega_1 . '\nabla^{\mathcal{C}2}\Omega_2 \ldots '\nabla^{\mathcal{C}(\omega-2)}\Omega_{\omega-2} . '\nabla^{\mathcal{C}(\omega-1)}\Omega_{\omega-1} . '\nabla^{\mathcal{C}\omega}\Omega_\omega\right]};$$

les exposans $\mathcal{C}0$, $\mathcal{C}1$, $\mathcal{C}2$, $\mathcal{C}3$, ... $\mathcal{C}\omega$ ayant toujours les mêmes valeurs, savoir, ... (132)'

$$\mathcal{C}0 = 0, \quad \mathcal{C}1 = 1, \quad \mathcal{C}2 = 2, \quad \mathcal{C}3 = 3, \quad \ldots \quad \mathcal{C}\omega = \omega.$$

Et, avec ces formules, on obtiendra les quantités particulières suivantes : ... (133)

$$z_0 = \frac{\mathcal{W}\left['\nabla^0 Fx\right]}{\mathcal{W}\left['\nabla^0 \Omega_0\right]} = \frac{Fx}{\Omega_0}$$

$$z_1 = \frac{\mathcal{W}\left['\nabla^0 \Omega_0 . '\nabla^1 Fx\right]}{\mathcal{W}\left['\nabla^0 \Omega_0 . '\nabla^1 \Omega_1\right]}$$

$$z_2 = \frac{\mathcal{W}\left['\nabla^0 \Omega_0 . '\nabla^1 \Omega_1 . '\nabla^2 Fx\right]}{\mathcal{W}\left['\nabla^0 \Omega_0 . '\nabla^1 \Omega_1 . '\nabla^2 \Omega_2\right]}$$

$$\Xi_3 = \frac{W\,['\nabla^0\Omega_0 \cdot '\nabla^1\Omega_1 \cdot '\nabla^2\Omega_2 \cdot '\nabla^3 Fx]}{W\,['\nabla^0\Omega_0 \cdot '\nabla^1\Omega_1 \cdot '\nabla^2\Omega_2 \cdot '\nabla^3\Omega_3]}$$

etc., etc.;

et pareillement ... (134)

$$\Phi(\rho)_0 = \frac{W\,['\nabla^0\Omega_\rho]}{W\,['\nabla^0\Omega_0]} = \frac{\Omega_\rho}{\Omega_0}$$

$$\Phi(\rho)_1 = \frac{W\,['\nabla^0\Omega_0 \cdot '\nabla^1\Omega_\rho]}{W\,['\nabla^0\Omega_0 \cdot '\nabla^1\Omega_1]}$$

$$\Phi(\rho)_2 = \frac{W\,['\nabla^0\Omega_0 \cdot '\nabla^1\Omega_1 \cdot '\nabla^2\Omega_\rho]}{W\,['\nabla^0\Omega_0 \cdot '\nabla^1\Omega_1 \cdot '\nabla^2\Omega_2]}$$

$$\Phi(\rho)_3 = \frac{W\,['\nabla^0\Omega_0 \cdot '\nabla^1\Omega_1 \cdot '\nabla^2\Omega_2 \cdot '\nabla^3\Omega_\rho]}{W\,['\nabla^0\Omega_0 \cdot '\nabla^1\Omega_1 \cdot '\nabla^2\Omega_2 \cdot '\nabla^3\Omega_3]}$$

etc., etc.

Ensuite, les expressions (63) des quantités auxiliaires $\Psi(\mu)_1$, $\Psi(\mu)_2$, $\Psi(\mu)_3$, etc. construites avec les dernières (134) des quantités précédentes, conserveront la même forme, savoir, ... (135)

$$\Psi(\mu)_1 = -\,\Phi(\mu+1)_\mu$$

$$\Psi(\mu)_2 = -\,\Phi(\mu+2)_\mu - \Psi(\mu)_1 \cdot \Phi(\mu+2)_{\mu+1}$$

$$\Psi(\mu)_3 = -\,\Phi(\mu+3)_\mu - \Psi(\mu)_1 \cdot \Phi(\mu+3)_{\mu+1} - \Psi(\mu)_2 \cdot \Phi(\mu+3)_{\mu+2}$$

$$\Psi(\mu)_4 = -\,\Phi(\mu+4)_\mu - \Psi(\mu)_1 \cdot \Phi(\mu+4)_{\mu+1} - \Psi(\mu)_2 \cdot \Phi(\mu+4)_{\mu+2}$$
$$- \Psi(\mu)_3 \cdot \Phi(\mu+4)_{\mu+3}$$

$$. \quad . \quad . \quad . \quad . \quad . \quad . \quad . \quad . \quad . \quad . \quad . \quad . \quad . \quad . \quad . \quad .$$

$$\Psi(\mu)_\nu = -\,\Phi(\mu+\nu)_\mu - \Psi(\mu)_1 \cdot \Phi(\mu+\nu)_{\mu+1} - \Psi(\mu)_2 \cdot \Phi(\mu+\nu)_{\mu+2}$$
$$- \Psi(\mu)_3 \cdot \Phi(\mu+\nu)_{\mu+3} \ldots - \Psi(\mu)_{\nu-1} \cdot \Phi(\mu+\nu)_{\mu+\nu-1};$$

ou bien, suivant leur expression générale et indépendante (63)$'''$

qui (*) donne proprement la solution des équations (135), ces quantités auxiliaires $\Psi(\mu)_1$, $\Psi(\mu)_2$, $\Psi(\mu)_3$, etc. conserveront la même forme indépendante, savoir, … (135)^I

$$\Psi(\mu)_1 = -\frac{\mathcal{W}\left[\Phi(\mu+61)_\mu\right]}{\mathcal{W}\left[\Phi(\mu+61)_{\mu+1}\right]} = -\frac{\Phi(\mu+1)_\mu}{\Phi(\mu+1)_{\mu+1}}$$

$$\Psi(\mu)_2 = -\frac{\mathcal{W}\left[\Phi(\mu+61)_{\mu+1}\cdot\Phi(\mu+62)_\mu\right]}{\mathcal{W}\left[\Phi(\mu+61)_{\mu+1}\cdot\Phi(\mu+62)_{\mu+2}\right]}$$

(*) Nous avons déjà remarqué plus haut que cette solution des équations du premier degré se trouve elle-même donnée par la Loi suprême. Nous nous en servons ici par anticipation, pour compléter immédiatement l'expression générale de cette loi; quoique rigoureusement nous devrions nous arrêter ici aux expressions (135) qui d'ailleurs sont suffisantes. — A cette occasion, nous devons remarquer aussi que ce procédé de la solution des équations du premier degré, par lequel nous avons transformé ci-dessus les expressions relatives (63) en expressions indépendantes (63)$^{\prime\prime\prime}$, peut être appliqué généralement à tous les cas analogues. Ainsi, par exemple, en l'appliquant aux expressions relatives (21)^{VIII}, on en tirerait facilement, pour les coefficiens de la Série générale (21)^{VII}, l'expression indépendante que voici … (21)^{IX}

$$A_\mu = \frac{\mathcal{W}\left[\Omega_1\alpha_1\cdot\Omega_2\alpha_2\cdot\Omega_3\alpha_3\ldots\Omega_{\mu-1}\alpha_{\mu-1}\cdot(F\alpha_\mu-F\alpha_0)\right]}{\mathcal{W}\left[\Omega_1\alpha_1\cdot\Omega_2\alpha_2\cdot\Omega_3\alpha_3\ldots\Omega_{\mu-1}\alpha_{\mu-1}\cdot\Omega_\mu\alpha_\mu\right]},$$

dans laquelle

$$\Omega_1 x = \varphi_0 x$$
$$\Omega_2 x = \varphi_0 x\cdot\varphi_1 x$$
$$\Omega_3 x = \varphi_0 x\cdot\varphi_1 x\cdot\varphi_2 x$$
$$\Omega_4 x = \varphi_0 x\cdot\varphi_1 x\cdot\varphi_2 x\cdot\varphi_3 x$$

etc., etc.;

les fonctions schins du numérateur et du dénominateur portant ici sur la permutation des indices 1, 2, 3, … μ des quantités α_1, α_2, α_3, … α_μ. — C'est là (21)^{IX} l'expression constituant la loi dont il est question dans la note de la page 56.

$$\Psi(\mu)_3 = - \cdot \frac{w\left[\, \Phi(\mu+\varsigma_1)_{\mu+1} \cdot \Phi(\mu+\varsigma_2)_{\mu+2} \cdot\cdot \Phi(\mu+\varsigma_3)_{\mu} \,\right]}{w\left[\, \Phi(\mu+\varsigma_1)_{\mu+1} \cdot \Phi(\mu+\varsigma_2)_{\mu+2} \cdot \Phi(\mu+\varsigma_3)_{\mu+3} \,\right]}$$

$$\Psi(\mu)_4 = - \frac{w\left[\, \Phi(\mu+\varsigma_1)_{\mu+1} \cdot \Phi(\mu+\varsigma_2)_{\mu+2} \cdot \Phi(\mu+\varsigma_3)_{\mu+3} \cdot \Phi(\mu+\varsigma_4)_{\mu} \,\right]}{w\left[\, \Phi(\mu+\varsigma_1)_{\mu+1} \cdot \Phi(\mu+\varsigma_2)_{\mu+2} \cdot \Phi(\mu+\varsigma_3)_{\mu+3} \cdot \Phi(\mu+\varsigma_4)_{\mu+4} \,\right]}$$

etc., etc. ;

les quantités ς_1, ς_2, ς_3, ς_4, etc. ayant toujours les valeurs $(132)'$ et étant les élémens de la permutation desquels dépendent ici les fonctions schins.

Enfin, observant aussi que les quantités dénotées par les caractéristiques Ξ, Φ et Ψ, que nous venons de construire, sont toutes des fonctions de la variable x, et donnant, dans ces fonctions, à la variable x des valeurs arbitraires $\dot{x}$ qui peuvent être différentes pour chaque exposant des sommes ∇^0, ∇^1, ∇^2, ∇^3, l'expression (64), savoir, ... (136)

$$A_\mu = \dot{\Xi}_\mu + \dot{\Psi}(\mu)_1 \cdot \dot{\Xi}_{\mu+1} + \dot{\Psi}(\mu)_2 \cdot \dot{\Xi}_{\mu+2} + \dot{\Psi}(\mu)_3 \cdot \dot{\Xi}_{\mu+3}$$
$$+ \dot{\Psi}(\mu)_4 \cdot \dot{\Xi}_{\mu+4} + \text{etc.},$$

formée avec les quantités précédentes générales (133) et (135) ou $(135)'$, sera ici la formule générale de toutes les expressions possibles de la Loi suprème ... (137)

$$Fx = A_0 \cdot \Omega_0 + A_1 \cdot \Omega_1 + A_2 \cdot \Omega_2 + A_3 \cdot \Omega_3 + A_4 \cdot \Omega_4 + \text{etc.}$$

Telle (136) est donc définitivement l'expression la plus générale de la Loi absolue et universelle de la génération des quantités. — Et, cette expression a l'avantage précieux de présenter, dans tous les cas, une série convergente ; car, suivant ce que nous avons remarqué plus haut sur la nature des fonctions dénotées par ∇, ∇^2, ∇^3, ∇^4, etc., on peut toujours construire ces fonctions de manière à ce que les quan-

tités (133) ou les quantités (135) aillent en diminuant, et par conséquent de manière à ce que la série qui constitue l'expression (136),
soit convergente. Au reste, la circonstance de la convergence de la
série (136), était une partie constituante indispensable (*requisitum*)
de l'expression générale de la Loi suprème; parce que, comme Loi
universelle de la génération des quantités, cette loi doit porter en
elle-même sa propre détermination complète, c'est-à-dire, la convergence de la série par laquelle elle se trouve donnée, sans qu'il soit
besoin de recourir à aucune autre détermination étrangère à elle-
même, qui ne saurait évidemment être fondée que sur cette Loi
absolue.

Telle (136) est donc aussi la Loi fondamentale de la partie systématique de la Technie, en la considérant sous le point de vue transcendantal. — Nous procèderons à la déduction des Lois fondamentales des autres branches de la Technie, après avoir dit quelques mots
sur l'application de la Loi suprème, par lesquels nous terminerons
cette première section de la Philosophie de la Technie.

Il faut cependant remarquer que cette application n'appartient plus
à la Philosophie de l'Algorithmie, mais à l'Algorithmie elle-même, si
ce n'est en tant que, par le moyen de cette application, on déduit,
de la Loi suprème, toutes les lois fondamentales de la science; et,
pour ce qui concerne cette dernière déduction, nous en parlerons à
la fin de la Philosophie présente, lorsqu'il sera question des BUTS ou
FINS de la Technie. Ainsi, toutes les autres applications de la Loi
suprème, sortant déjà des bornes de la philosophie et rentrant dans
celles de la science elle-même, ne sauraient ici faire un objet nécessaire
de nos recherches. Mais, vu la nouveauté et l'importance du domaine
que ces applications formeront dans l'Algorithmie et dans les Mathématiques en général, nous devons ici, par anticipation sur ce que
nous aurons nous-mêmes occasion d'en publier dans la suite de nos

ouvrages, dire au moins quelques mots sur ces applications de la Loi suprême et universelle.

Et, pour abréger ce que nous avons à dire, nous pouvons ranger ici en deux classes les applications dont il est question : dans l'une, celles qui se réduisent à déduire, de la Loi universelle, les diverses formules ou lois algorithmiques qui sont déjà connues ; et, dans l'autre, les applications qui servent à déduire, de cette Loi absolue, les formules ou lois algorithmiques encore inconnues.

Or, pour ce qui concerne d'abord la première classe de ces applications, nous pouvons nous en rapporter entièrement au jugement d'un Corps savant très célèbre, nommément au jugement de l'Institut de France auquel nous avons fait connaître, déjà en 1810 (*), notre Loi suprème et universelle, du moins dans son expression fondamentale, telle qu'elle se trouve donnée dans l'ouvrage présent sous la marque (64). Le rapport de la Commission de ce Corps savant, adopté en toutes formes par le Corps lui-même, contient cette déclaration :

> « Mais, ce qui a frappé vos Commissaires (MM. Lagrange et
> « Lacroix) dans le Mémoire de l'auteur, c'est qu'il tire, de sa
> « formule, TOUTES celles que l'on connaît pour les développe-
> « mens des fonctions, et qu'elles n'en sont que des cas TRÈS
> « PARTICULIERS » ;

déclaration très précise et de la plus haute signification, que nous avons déjà eu plusieurs fois occasion de citer, par des raisons faciles à déduire. Mais, faisant ici abstraction de toutes raisons étrangères à la science, il suffit de jeter un coup d'œil, non sur l'origine et le fond

---

(*) La découverte de la Loi suprème remonte vers 1804 ; mais, avant d'avoir achevé ses travaux, l'auteur n'a pas jugé convenable de rien publier.

(le contenu) même de la Loi universelle, mais seulement sur sa forme,
pour reconnaître que toutes les formules connues n'en sont que des
cas très particuliers; de sorte que, loin d'avoir besoin d'une approbation étrangère, pour la possibilité de la déduction de toutes les
formules connues, la forme seule de notre Loi suprème servirait au
contraire pour légitimer une pareille approbation, si, par son ex-
trème nouveauté, cette dernière paraissait trop paradoxale.

En second lieu, pour ce qui concerne la classe des applications de
la Loi universelle, qui serviront à déduire, de cette loi, les formules
encore inconnues, il suffit ici de jeter un coup d'œil sur l'origine et
le contenu de la loi dont il s'agit, pour reconnaître, d'une part, qu'il
ne saurait y avoir aucune formule nouvelle qui ne dérivât de la même
Loi absolue, et, d'une autre part, que le champ des formules ou lois
algorithmiques qu'il reste encore à connaître et qui toutes se trouvent
données par la Loi universelle, est infiniment plus grand que le champ
des formules ou lois algorithmiques qui sont déjà connues ; car, telle
est évidemment, dans son origine et dans son essence, l'infinie fécondité de la Loi suprème. — Pour en donner un exemple, nous nous
bornerons ici à déduire, de cette Loi universelle, la formule servant
de Loi fondamentale à toutes les recherches de haute Physique.

Soit Fx la fonction inconnue dont il s'agit d'avoir la génération
algorithmique, et soient, parmi les fonctions Ω_0, Ω_1, Ω_2, Ω_3, etc. au
moyen desquelles doit être opérée cette génération, d'abord les
$(\varpi + 1)$ premières fonctions, savoir,

$$\Omega_0, \quad \Omega_1, \quad \Omega_2, \quad \Omega_3, \quad \ldots \quad \Omega_\varpi,$$

indépendantes de toute loi ou recevant chacune séparément des déterminations particulières et arbitraires, et, ensuite, les fonctions
génératrices restantes, savoir,

$$\Omega_{\varpi+1}, \quad \Omega_{\varpi+2}, \quad \Omega_{\varpi+3}, \quad \Omega_{\varpi+4}, \quad etc., \quad \textit{à l'infini},$$

soumises à la loi de former la suite des facultés progressives d'une fonction arbitraire φx, c'est-à-dire,

$$\Omega_{\varpi+1} = \varphi x^{(\varpi+1)}{}^{|\xi}, \qquad \Omega_{\varpi+2} = \varphi x^{(\varpi+2)}{}^{|\xi}, \qquad \Omega_{\varpi+3} = \varphi x^{(\varpi+3)}{}^{|\xi},$$

$$\Omega_{\varpi+4} = \varphi x^{(\varpi+4)}{}^{|\xi}, \qquad \Omega_{\varpi+5} = \varphi x^{(\varpi+)5}{}^{|\xi}, \qquad \text{etc., etc.,}$$

ξ étant un accroissement quelconque. Alors, l'expression générale $(64)'$ donnera, pour la génération de la fonction Fx, la forme particulière ... (138)

$$
\begin{aligned}
Fx = {}&A_0 . \Omega_0 + A_1 . \Omega_1 + A_2 . \Omega_2 + A_3 . \Omega_3 \ldots . + A_\varpi . \Omega_\varpi \\
&+ A_{\varpi+1} . \varphi x^{(\varpi+1)}{}^{|\xi} + A_{x+2} . \varphi x^{(\varpi+2)}{}^{|\xi} + A_{\varpi+3} . \varphi x^{(\varpi+3)}{}^{|\xi} \\
&+ A_{\varpi+4} . \varphi x^{(\varpi+4)}{}^{|\xi} + A_{\varpi+5} . \varphi x^{(\varpi+5)}{}^{|\xi} + \text{etc., etc.};
\end{aligned}
$$

ou bien, ... $(138)'$

$$
\begin{aligned}
Fx = {}&A_0 . \Omega_0 + A_1 . \Omega_1 + A_2 . \Omega_2 + A_3 . \Omega_3 \ldots . + A_\varpi . \Omega_\varpi \\
&+ \varphi x^{(\varpi+1)}{}^{|\xi} . \Big\{ A_{\varpi+1} + A_{\varpi+2} . \varphi\big(x + (\varpi+1)\xi \big)^{1}{}^{|\xi} \\
&\hspace{3em} + A_{\varpi+3} . \varphi\big(x + (\varpi+2)\xi \big)^{2}{}^{|\xi} \\
&\hspace{3em} + A_{\varpi+4} . \varphi\big(x + (\varpi+3)\xi \big)^{3}{}^{|\xi} \\
&\hspace{3em} + \qquad \text{etc.,} \qquad \text{etc.} \qquad \Big\} .
\end{aligned}
$$

Or, si l'on désigne par Δ les différences prises, suivant la voie régressive, par rapport au même accroissement ξ dont dépendent ici les facultés, et si l'on donne à la variable x la valeur $\dot{x}$ qui résulte de la relation $\varphi\dot{x} = 0$, on verra, comme nous l'avons déjà observé sous la marque (91) de la Réfutation de Lagrange, qu'on a généralement ... (139)

$$\Delta^\mu \varphi x^{\nu}{}^{|\xi} = 0,$$

tant que l'exposant ν de la faculté est plus grand que l'exposant μ de la différence. Ainsi, en supposant que, dans les expressions auxiliaires

(59) et (61), les différences Δ sont celles que nous venons de fixer, et que la variable x reçoit la valeur $\dot{x}$ donnée par la relation $\varphi\dot{x} = 0$, on verra que, lorsque l'indice ρ qui entre dans l'expression (61) sera plus grand que l'indice ϖ qui entre dans les expressions précédentes (138) ou (138)$'$, les quantités $\Phi(\rho)_\omega$ données par l'expression générale (61), seront toutes égales à zéro, parce que, de la manière dont ces quantités entrent dans les expressions (63), l'indice ρ est toujours plus grand que l'indice ω dans les quantités $\Phi(\rho)_\omega$ en question. Donc, pour cette valeur $\dot{x}$ de la variable x, lorsque dans les expressions (63) l'indice μ est le même ou plus grand que l'indice précédent ϖ, les quantités auxiliaires $\Psi(\mu)_1$, $\Psi(\mu)_2$, $\Psi(\mu)_3$, etc. que donnent ces expressions (63), seront toutes égales à zéro ; et, lorsque cet indice μ sera plus petit que l'indice précédent ϖ dans (138) ou (138)$'$, les expressions (63) seront toujours en nombre fini et se réduiront à celles-ci ... (140)

$$\Psi(\mu)_1 = -\ \Phi(\mu+1)_\mu$$
$$\Psi(\mu)_2 = -\ \Phi(\mu+2)_\mu - \Psi(\mu)_1 . \Phi(\mu+2)_{\mu+1}$$
$$\Psi(\mu)_3 = -\ \Phi(\mu+3)_\mu - \Psi(\mu)_1 . \Phi(\mu+3)_{\mu+1} - \Psi(\mu)_2 . \Phi(\mu+3)_{\mu+2}$$
$$\cdots\cdots\cdots\cdots\cdots\cdots\cdots$$
$$\Psi(\mu)_{\varpi-\mu} = -\ \Phi(\varpi)_\mu - \Psi(\mu)_1 . \Phi(\varpi)_{\mu+1} - \Psi(\mu)_2 . \Phi(\varpi)_{\mu+2}$$
$$- \Psi(\mu)_3 . \Phi(\varpi)_{\mu+3} \cdots - \Psi(\mu)_{\varpi-\mu-1} . \Phi(\varpi)_{\varpi-1} ;$$

les expressions suivantes donnant évidemment zéro pour les quantités

$$\dot{\Psi}(\mu)_{\varpi-\mu+1} , \quad \dot{\Psi}(\mu)_{\varpi-\mu+2} , \quad \dot{\Psi}(\mu)_{\varpi-\mu+3} , \quad \text{etc., etc.}$$

Alors, en substituant ces dernières valeurs (140) dans l'expression fondamentale (64) de la Loi universelle, cette expression donnera, pour le coefficient général A_μ du cas présent (138) ou (138)$'$, la valeur finie ... (141)

$$A_\mu = \dot{\Xi}_\mu + \dot{\Psi}(\mu)_1 . \dot{\Xi}_{\mu+1} + \dot{\Psi}(\mu)_2 . \dot{\Xi}_{\mu+2}$$
$$+ \dot{\Psi}(\mu)_3 . \dot{\Xi}_{\mu+3} \cdots + \dot{\Psi}(\mu)_{\varpi-\mu} . \dot{\Xi}_\varpi ;$$

en observant de faire $\Psi(\mu)_0$ égale à l'unité. — De cette manière, si l'on prend pour les quantités

$$\Omega_0, \quad \Omega_1, \quad \Omega_2, \quad \Omega_3, \quad \ldots \Omega_\varpi, \quad \text{et}$$
$$\Omega_{\varpi+1}, \quad \Omega_{\varpi+2}, \quad \Omega_{\varpi+3}, \quad \Omega_{\varpi+4}, \quad \text{etc.},$$

les fonctions respectives dont il s'agit dans le cas présent (138), et si l'on forme, d'une part, avec ces fonctions, moyennant les expressions générales (59) et (61), les quantités auxiliaires

$$(141)' \ldots z_0 = \frac{W[\Delta^0 Fx]}{W[\Delta^0 \Omega_0]} = \frac{Fx}{\Omega_0}$$

$$z_1 = \frac{W[\Delta^0 \Omega_0 . \Delta^1 Fx]}{W[\Delta^0 \Omega_0 . \Delta^1 \Omega_1]}$$

$$z_2 = \frac{W[\Delta^0 \Omega_0 . \Delta^1 \Omega_1 . \Delta^2 Fx]}{W[\Delta^0 \Omega_0 . \Delta^1 \Omega_1 . \Delta^2 \Omega_2]}$$

$$z_3 = \frac{W[\Delta^0 \Omega_0 . \Delta^1 \Omega_1 . \Delta^2 \Omega_2 . \Delta^3 Fx]}{W[\Delta^0 \Omega_0 . \Delta^1 \Omega_1 . \Delta^2 \Omega_2 . \Delta^3 \Omega_3]}$$

etc., etc.;

$$(141)'' \ldots \Phi(\rho)_0 = \frac{W[\Delta^0 \Omega_\rho]}{W[\Delta^0 \Omega_0]} = \frac{\Omega_\rho}{\Omega_0}$$

$$\Phi(\rho)_1 = \frac{W[\Delta^0 \Omega_0 . \Delta^1 \Omega_\rho]}{W[\Delta^0 \Omega_0 . \Delta^1 \Omega_1]}$$

$$\Phi(\rho)_2 = \frac{W[\Delta^0 \Omega_0 . \Delta^1 \Omega_1 . \Delta^2 \Omega_\rho]}{W[\Delta^0 \Omega_0 . \Delta^1 \Omega_1 . \Delta^2 \Omega_2]}$$

$$\Phi(\rho)_3 = \frac{W[\Delta^0 \Omega_0 . \Delta^1 \Omega_1 . \Delta^2 \Omega_2 . \Delta^3 \Omega_\rho]}{W[\Delta^0 \Omega_0 . \Delta^1 \Omega_1 . \Delta^2 \Omega_2 . \Delta^3 \Omega_3]}$$

etc., etc.;

et, de l'autre part, avec les dernières $(141)''$ de ces quantités, moyennant les expressions précédentes (140), les quantités auxiliaires

$$\Psi(\mu)_1, \quad \Psi(\mu)_2, \quad \Psi(\mu)_3, \quad \Psi(\mu)_4, \quad \dots \quad \Psi(\mu)_{\varpi-\mu};$$

on aura définitivement, en vertu de l'expression générale (141), pour la génération en question de la fonction Fx, l'expression … (142)

$$
\begin{aligned}
Fx = \ \Omega_0 \cdot &\left\{ \dot{z}_0 + \dot{\Psi}(0)_1 \cdot \dot{z}_1 + \dot{\Psi}(0)_2 \cdot \dot{z}_2 + \dot{\Psi}(0)_3 \cdot \dot{z}_3 \dots + \dot{\Psi}(0)_\varpi \cdot \dot{z}_\varpi \right\} \\
+ \ \Omega_1 \cdot &\left\{ \dot{z}_1 + \dot{\Psi}(1)_1 \cdot \dot{z}_2 + \dot{\Psi}(1)_2 \cdot \dot{z}_3 \dots + \dot{\Psi}(1)_{\varpi-1} \cdot \dot{z}_\varpi \right\} \\
+ \ \Omega_2 \cdot &\left\{ \dot{z}_2 + \dot{\Psi}(2)_1 \cdot \dot{z}_3 + \dot{\Psi}(2)_2 \cdot \dot{z}_4 \dots + \dot{\Psi}(2)_{\varpi-2} \cdot \dot{z}_\varpi \right\} \\
& \quad \cdots \cdots \cdots \cdots \cdots \cdots \\
+ \ \Omega_{\varpi-1} \cdot &\left\{ \dot{z}_{\varpi-1} + \dot{\Psi}(\varpi-1)_1 \cdot \dot{z}_\varpi \right\} \\
+ \ \Omega_\varpi \cdot & \ \dot{z}_\varpi \\
+ \ \dot{z}_{\varpi+1} \cdot & \ \varphi x^{(\varpi+1)}|\xi + \dot{z}_{\varpi+2} \cdot \varphi x^{(\varpi+2)}|\xi + \dot{z}_{\varpi+3} \cdot \varphi x^{(\varpi+3)}|\xi \\
+ \ \dot{z}_{\varpi+4} \cdot & \ \varphi x^{(\varpi+4)}|\xi + \text{etc., etc.} ;
\end{aligned}
$$

en marquant par le point placé sur les lettres, les valeurs des fonctions qu'elles désignent, lorsque la variable x reçoit la valeur $\dot{x}$ donnée par la relation $\varphi \dot{x} = 0$.

Telle (142) est la formule particulière très remarquable qu'on peut employer, comme Loi fondamentale, dans l'application des Mathématiques à des recherches de haute Physique. En effet, dans ces recherches, les élémens de la fonction inconnue Fx, c'est-à-dire, les différences ou les différentielles de cette fonction, sont toujours donnés par la nature même de la question; et, alors, moyennant la formule précédente (142), on peut obtenir, avec une rigueur à volonté, la génération de cette fonction, en déterminant successivement les fonctions génératrices Ω_0, Ω_1, Ω_2, Ω_3, etc. par les procédés dont nous allons indiquer un exemple pris, par anticipation, dans la Philosophie de la Mécanique céleste que, d'après ce que nous avons déjà annoncé, nous devons publier à la suite de notre Philosophie de la Mécanique.

On sait que le mouvement des Astres, considéré mathématiquement, est fonction du tems que nous désignerons par la variable x. Or, soit Fx la fonction inconnue, constituant le mouvement d'un Astre dans un sens déterminé, ou la variation d'un des élémens de son orbite; on aura toujours, comme cela est déjà connu et comme on le verra mieux dans la Philosophie de la Mécanique céleste, les différentielles de tous les ordres de la fonction en question Fx. Si l'on suppose donc infiniment petit l'accroissement ξ qui entre dans la formule précédente (142), pour n'avoir que des différentielles dans cette formule, et si l'on y fait généralement $\Omega_0 = 1$, pour avoir ce qu'il faut proprement appeler *époque* du mouvement Fx, cette formule (142), en y faisant d'abord $\varpi = 1$, donnera ... (143)

$$Fx = \left(\dot{z}_0 + \dot{\Psi}(0)_1 . \dot{z}_1 \right) + \dot{z}_1' . \Omega_1$$
$$+ (\varphi x)^2 . \left\{ \dot{z}_2 + \dot{z}_3 . \varphi x + \dot{z}_4 . (\varphi x)^2 + \dot{z}_5 . (\varphi x)^3 + \text{etc., etc.} \right\},$$

les fonctions Ω_1 et φx étant des fonctions quelconques. — Dans cette expression, la valeur de la série ... (143)′

$$\left\{ \dot{z}_2 + \dot{z}_3 . \varphi x + \dot{z}_4 . (\varphi x)^2 + \dot{z}_5 . (\varphi x)^3 + \text{etc., etc.} \right\}$$

dépend évidemment de la grandeur absolue des coefficiens Ξ_2, Ξ_3, Ξ_4, Ξ_5, etc., en faisant abstraction de la fonction arbitraire φx qu'on peut toujours prendre de manière à ce que cette série soit convergente entre des limites quelconques $(-m)$ et $(+n)$ du tems x (*).

(*) Nous montrerons ailleurs quelles sont les conditions de cette convergence, et la nature de la fonction φx correspondante aux limites $(-m)$ et $(+n)$ de x.

Il faut donc, pour s'acheminer vers la génération finie de la fonction Fx moyennant la fonction Ω_1, déterminer cette fonction génératrice Ω_1 de manière à ce que les coefficiens Ξ_2, Ξ_3, Ξ_4, Ξ_5, etc. de la série $(143)'$ deviennent les plus petits qu'il est possible de le faire. Et, pour cela, il suffit de traiter l'équation $\Xi_2 = 0$, c'est-à-dire, en vertu des expressions $(141)'$, l'équation ... $(143)''$

$$0 = \mathit{W}\,[d^1\Omega_1 . d^2 Fx],$$

ou bien, l'équation

$$0 = d\Omega_1 . d^2 Fx - d^2\Omega_1 . dFx,$$

en observant que les différentielles dFx et d^2Fx sont données immédiatement par la nature de la question; car, comme nous le verrons bientôt, mieux on aura satisfait à l'équation précédente $(143)''$ moyennant une certaine fonction Ω_1, et plus seront petites les quantités formant les valeurs absolues des coefficiens Ξ_2, Ξ_3, Ξ_4, Ξ_5, etc. en question. — Or, si l'on parvenait immédiatement à l'intégration rigoureuse de l'équation $(143)''$, la fonction Ω_1 que l'on trouverait par cette intégration, serait la fonction même Fx dont il s'agit d'avoir la génération finie; aussi, dans ce cas, tous les coefficiens Ξ_2, Ξ_3, Ξ_4, Ξ_5, etc. de la série $(143)'$ seraient-ils zéro, et l'on aurait de plus

$$\Xi_0 = Fx, \quad \Xi_1 = 1, \quad \Psi(0)_1 = -\Phi(1)_0 = -\Omega_1 = -Fx;$$

de sorte que la formule (143) donnerait

$$Fx = \Omega_1, \quad \text{c'est-à-dire,} \quad Fx = Fx.$$

Mais, cette intégration rigoureuse de l'équation $(143)''$ est précisément ce que nous supposons ne pouvoir être opéré immédiatement, et que nous nous proposons d'opérer médiatement ou progressivement. Pour cela, il suffira de prendre pour Ω_1 une fonction qui satisfasse à l'équation $(143)''$ le mieux qu'on pourra le faire; et cette fonction sera évidemment une partie de l'intégrale finie de la différentielle donnée dFx, c'est-à-dire, une partie de la fonction même Fx qu'il s'agit de découvrir. Alors, les coefficiens Ξ_2, Ξ_3, Ξ_4, Ξ_5, etc. de la série $(143)'$ seront le plus petits qu'il aura été possible de le faire par cette première détermination. Car, en vertu des expressions $(141)'$, ces coefficiens, pour un indice quelconque ρ, sont généralement

$$z_\rho = \frac{w\left[d^1\Omega_1 , d^2(\varphi\rho)^2 . d^3(\varphi x)^3 , d^4(\varphi x)^4 \ldots d^{\rho-1}(\varphi x)^{\rho-1} . d^\rho Fx\right]}{w\left[d^1\Omega_1 : d^2(\varphi x)^2 . d^3(\varphi x)^3 , d^4(\varphi x)^4 \ldots d^{\rho-1}(\varphi x)^{\rho-1} . d^\rho(\varphi x)^\rho\right]} ;$$

et, développant la fonction schin qui forme le numérateur, en dégageant ainsi tous les facteurs intermédiaires $(\varphi x)^2$, $(\varphi x)^3$, $(\varphi x)^4$, … $(\varphi x)^{\rho-1}$, les termes qui composeront ce développement, seront tous multipliés par des fonctions schins partielles de la forme

$$w\left[d^\alpha \Omega_1 . d^\beta Fx\right] ;$$

de sorte que, puisque la fonction Ω_1 a été prise aussi près de la fonction Fx qu'il a été possible de le faire, toutes ces fonctions $w\left[d^\alpha \Omega_1 . d^\beta Fx\right]$ seront aussi près de zéro qu'il a été possible d'y arriver par cette première détermination. — Ainsi, avec cette fonction Ω_1, la formule (143) présentera évidemment la première détermination de la génération de la fonction Fx en question; et, dans cette formule, la fonction arbitraire φx pourra être prise de manière à ce que la série $(143)'$ qui fait partie de la formule (143), soit convergente entre des limites quelconques $(-m)$ et $(+n)$ du tems x.

Revenant actuellement à la formule générale (142), en y faisant toujours $\Omega_0 = 1$ et l'accroissement ξ indéfiniment petit, si l'on suppose que $w = 2$, et que, parmi les deux fonctions correspondantes Ω_1 et Ω_2, la première Ω_1 est la fonction que nous venons de déterminer, et la seconde Ω_2 une fonction encore inconnue, cette formule générale

(142) donnera, pour la détermination ultérieure de la fonction Fx, l'expression ... (144)

$$Fx = \left(\dot{\Xi}_0 + \dot{\Psi}(0)_1 . \dot{\Xi}_1 + \dot{\Psi}(0)_2 . \dot{\Xi}_2 \right)$$
$$+ \left(\dot{\Xi}_1 + \dot{\Psi}(1)_1 . \dot{\Xi}_2 \right) . \Omega_1 + \dot{\Xi}_2 . \Omega_2$$
$$+ (\varphi x)^3 . \left\{ \dot{\Xi}_3 + \dot{\Xi}_4 . \varphi x + \dot{\Xi}_5 . (\varphi x)^2 + \dot{\Xi}_6 . (\varphi x)^3 + \text{etc.}, \text{etc.} \right\},$$

dans laquelle φx est une fonction quelconque. Or, faisant encore abstraction de cette fonction φx qui, suivant l'observation antérieure, peut être prise de manière à ce que la série ... (144)'

$$\left\{ \dot{\Xi}_3 + \dot{\Xi}_4 . \varphi x + \dot{\Xi}_5 . (\varphi x)^2 + \dot{\Xi}_6 . (\varphi x)^3 + \text{etc.}, \text{etc.} \right\}$$

soit convergente entre des limites quelconques $(-m)$ et $(+n)$ de x, il est clair que la valeur de cette série dépend de la grandeur absolue des coefficiens Ξ_3, Ξ_4, Ξ_5, etc., et par conséquent que, pour diminuer cette valeur, il faut déterminer la fonction Ω_2 de manière à ce que ces coefficiens Ξ_3, Ξ_4, Ξ_5, etc. soient le moins grands possibles. Pour cela, il suffit de nouveau de traiter l'équation $\Xi_3 = 0$, c'est-à-dire, en vertu des expressions (141)', l'équation ... (144)''

$$0 = \Psi \left[d^1 \Omega_1 . d^2 \Omega_2 . d^3 Fx \right],$$

ou bien, l'équation

$$0 = d\Omega_2 . \Psi \left[d^2 \Omega_1 . d^3 Fx \right]$$
$$- d^2 \Omega_2 . \Psi \left[d^1 \Omega_1 . d^3 Fx \right]$$
$$+ d^3 \Omega_2 . \Psi \left[d^1 \Omega_1 . d^2 Fx \right],$$

dans laquelle les fonctions $d\Omega_1$, $d^2\Omega_1$, $d^3\Omega_1$ et dFx, d^2Fx, d^3Fx sont données. Il faut donc, pour opérer progressivement, chercher encore pour Ω_2 une fonction telle qu'elle satisfasse le mieux faisable à l'équation précédente (144)'', et, de plus, qu'elle soit soumise aux deux conditions suivantes : d'abord, cette fonction Ω_2 ne doit pas donner de valeurs infinies ou indéterminées pour les coefficiens de Ω_1 et de Ω_2 dans la formule (144), comme cela arriverait si l'on prenait, pour la fonction Ω_2, la fonction précédente Ω_1 qui satisfait rigoureusement à l'équation (144)″; et, ensuite, cette fonction Ω_2 doit, avec une fonction quelconque φx, donner, pour le premier coefficient Ξ_3 de la série (144)′, une valeur plus petite que ne l'est celle du premier coefficient Ξ_2 de la série précédente (143)′, parce que, de cette manière, entre les mêmes limites quelconques $(-m)$ et $(+n)$ du tems x, la fonction Ω_2 réduira la série présente (144)′ à une valeur absolue moindre que ne l'est celle de la série antérieure (143)′. En effet, la grandeur des coefficiens de la série précédente (143)′ et, par conséquent, la valeur absolue de cette série, dépendent de la grandeur du premier coefficient de cette première série, comme nous l'avons déjà prouvé ; et, pareillement, la grandeur des coefficiens de la série présente (144)′ et, par conséquent, la valeur absolue de cette série, dépendent aussi de la grandeur du premier coefficient de cette seconde série, comme on peut le prouver de la même manière. Car, suivant les expressions (141)′, ces derniers coefficiens, pour un indice quelconque ρ, sont généralement

$$z_\rho = \frac{w\left[\,d^1\Omega_1 \cdot d^2\Omega_2 \cdot d^3(\varphi x)^3 \cdot d^4(\varphi x)^4 \ldots d^{\rho-1}(\varphi x)^{\rho-1} \cdot d^\rho F x\,\right]}{w\left[\,d^1\Omega_1 \cdot d^2\Omega_2 \cdot d^3(\varphi x)^3 \cdot d^4(\varphi x)^4 \ldots d^{\rho-1}(\varphi x)^{\rho-1} \cdot d^\rho(\varphi x)^\rho\,\right]} ;$$

et, développant la fonction schin qui forme le numérateur, en dégageant ainsi les facteurs intermédiaires $(\varphi x)^3$, $(\varphi x)^4$, $(\varphi x)^5$, ... $(\varphi x)^{\rho-1}$, les termes qui composeront ce développement, seront tous multipliés par des fonctions schins partielles de la forme

$$w\left[\,d^\alpha\Omega_1 \cdot d^\beta\Omega_2 \cdot d^\gamma F x\,\right] ;$$

et alors, puisque, pour des exposans quelconques α, β et γ, l'intégration rigoureuse de l'équation

$$0 = \varpi\,[\,d^{\alpha}\Omega_{1}\,.\,d^{\beta}\Omega_{2}\,.\,d^{\gamma}Fx\,]$$

donne, pour la fonction Ω_{2} considérée comme inconnue, la détermination exacte

$$\Omega_{2} = A\,.\,\Omega_{1} + B\,.\,Fx,$$

A et B étant deux constantes arbitraires, il est évident que, suivant l'exactitude avec laquelle la fonction Ω_{2} satisfait à l'équation $(144)''$, c'est-à-dire, à l'équation

$$0 = \varpi\,[\,d^{1}\Omega_{1}\,.\,d^{2}\Omega_{2}\,.\,d^{3}Fx\,],$$

et, par conséquent, suivant la valeur plus ou moins grande du premier coefficient Ξ_{3} de la série $(144)'$, cette même fonction Ω_{2} doit réduire toutes les fonctions schins partielles $\varpi\,[\,d^{\alpha}\Omega_{1}\,.\,d^{\beta}\Omega_{2}\,.\,d^{\gamma}Fx\,]$ dont nous venons de parler, et par conséquent tous les autres coefficiens de la série $(144)'$, à la moindre valeur à laquelle il est possible d'arriver par cette seconde détermination. — On aura donc, avec cette fonction Ω_{2}, au moyen de la formule particulière (144), une seconde détermination de la génération de la fonction Fx qu'il s'agit de découvrir; et, dans cette seconde formule, la fonction arbitraire φx pourra toujours être prise de manière à ce que la série $(144)'$ qui fait partie de la même formule, soit convergente entre des limites quelconques $(-m)$ et $(+n)$ du tems x.

Revenant encore à la formule générale (142), en y faisant $\Omega_{0} = 1$ et l'accroissement ξ indéfiniment petit, si l'on suppose que $\varpi = 3$, et que, parmi les trois fonctions correspondantes Ω_{1}, Ω_{2}, Ω_{3}, les deux premières Ω_{1} et Ω_{2} sont celles que nous venons de déterminer, et la troisième Ω_{3} une fonction encore inconnue, cette formule (142) donnera, pour la génération ultérieure de la fonction Fx, l'expression
$\ldots (145)$

$$Fx = \left(\dot{z}_0 + \dot{\psi}(0)_1 . \dot{z}_1 + \dot{\psi}(0)_2 . \dot{z}_2 + \dot{\psi}(0)_3 . \dot{z}_3 \right)$$
$$+ \left(\dot{z}_1 + \dot{\psi}(1)_1 . \dot{z}_2 + \dot{\psi}(1)_2 . \dot{z}_3 \right) . \Omega_1$$
$$+ \left(\dot{z}_2 + \dot{\psi}(2)_1 . \dot{z}_3 \right) . \Omega_2 + \dot{z}_3 . \Omega_3$$
$$+ (\varphi x)^4 . \left\{ \dot{z}_4 + \dot{z}_5 . \varphi x + \dot{z}_6 . (\varphi x)^2 + \dot{z}_7 . (\varphi x)^3 + \text{etc.}, \text{etc.} \right\} .$$

Or, d'après ce que nous avons vu dans les deux cas précédens, il faut ici déterminer la fonction Ω_3 de manière à ce que la valeur de la série ... $(145)'$

$$\left\{ \dot{z}_4 + \dot{z}_5 . \varphi x + \dot{z}_6 . (\varphi x)^2 + \dot{z}_7 . (\varphi x)^3 + \text{etc.} \right\} ,$$

et spécialement la valeur des coefficiens $\dot{\Xi}_4$, $\dot{\Xi}_5$, $\dot{\Xi}_6$, etc. s'écarte le moins possible de zéro ; et, pour cela, il suffit toujours de réduire à cet état la valeur absolue du premier coefficient Ξ_4 de cette série. Il faut donc former l'équation $\Xi_4 = 0$, c'est-à-dire, en vertu des expressions $(141)'$, l'équation ... $(145)''$

$$0 = w\left[d^1\Omega_1 . d^2\Omega_2 . d^3\Omega_3 . d^4 Fx \right],$$

ou bien, l'équation

$$0 = d\Omega_3 . w\left[d^2\Omega_1 . d^3\Omega_2 . d^4 Fx \right]$$
$$- d^2\Omega_3 . w\left[d^1\Omega_1 . d^3\Omega_2 . d^4 Fx \right]$$
$$+ d^3\Omega_3 . w\left[d^1\Omega_1 . d^2\Omega_2 . d^4 Fx \right]$$
$$- d^4\Omega_3 . w\left[d^1\Omega_1 . d^2\Omega_2 . d^3 Fx \right],$$

dans laquelle les fonctions Ω_1, Ω_2 et dFx, d^2Fx, d^3Fx, d^4Fx sont données ; et il faut chercher, pour Ω_3, une fonction qui satisfasse le mieux faisable à cette équation. Mais, cette fonction Ω_3 doit, de plus, être soumise aux deux conditions suivantes : d'abord, cette fonction Ω_3 ne doit pas donner de valeurs infinies ou indéterminées pour les coefficiens de Ω_1, de Ω_2, et de Ω_3 dans la formule (145), comme cela arri-

verait si l'on prenait, pour la fonction Ω_3, l'une des deux fonctions précédentes Ω_1 et Ω_2 qui satisferaient rigoureusement à l'équation $(145)''$;
et, ensuite, cette fonction Ω_3 doit, avec une fonction quelconque φx,
donner, pour le premier coefficient Ξ_4 de la série présente $(145)'$,
une valeur plus petite que ne l'est celle du premier coefficient Ξ_3 de
la série précédente $(144)'$, parce que, de cette manière, entre les
mêmes limites quelconques $(-m)$ et $(+n)$ du tems x, la fonction
Ω_3 réduira la série actuelle $(145)'$ à une valeur moindre que ne l'est
celle de la série antérieure $(144)'$. On peut prouver cette dernière
assertion de la même manière que nous l'avons fait dans le cas
précédent pour la fonction Ω_2, en observant ici que, pour des
exposans quelconques α, β, γ, δ, l'intégration rigoureuse de
l'équation

$$0 = \psi\,[\,d^\alpha\Omega_1 \,.\, d^\beta\Omega_2 \,.\, d^\gamma\Omega_3 \,.\, d^\delta Fx\,]$$

donne, pour la fonction Ω_3 considérée comme inconnue, la détermination

$$\Omega_3 = A\,.\,\Omega_1 + B\,.\,\Omega_2 + C\,.\,Fx,$$

les quantités A, B, C étant des constantes arbitraires $(*)$. — Ainsi,
avec cette nouvelle fonction Ω_3 qu'on aura obtenue par le moyen de

---

$(*)$ Nous devons ici remarquer que, si Z et Y_1, Y_2, Y_3, $\ldots Y_\omega$ sont des quantités
ou des fonctions quelconques, et si, par les exposans $(\delta 0)$, $(\delta 1)$, $(\delta 2)$, $(\delta 3)$, $\ldots (\delta\omega)$
attachés aux quantités Z et Y_1, Y_2, Y_3, $\ldots Y_\omega$, on désigne des fonctions quelconques
nouvelles, prises sur ces quantités, l'équation $\ldots$ (A)

$$0 = \psi\,\big[\,Z^{(\delta 0)} \,.\, Y_1^{(\delta 1)} \,.\, Y_2^{(\delta 2)} \,.\, Y_3^{(\delta 3)} \ldots Y_\omega^{(\delta\omega)}\,\big],$$

dans laquelle Z est considérée comme la quantité inconnue, contient le principe de
la pluralité des systèmes qui donnent les valeurs de cette inconnue dans les équations
composées de plusieurs termes dont chacun a pour facteur l'une des fonctions

l'équation $(145)''$, la formule (145) présentera évidemment la troisième détermination de la génération de la fonction Fx, dont il est

---

$Z^{(\delta 0)}$, $Z^{(\delta 1)}$, $Z^{(\delta 2)}$, $Z^{(\delta 3)}$, ... $Z^{(\delta \omega)}$ de l'inconnue Z. En effet, l'équation (A) donne immédiatement pour Z les ω systèmes de valeurs ... (B)

$$Z = Y_1, \quad Z = Y_2, \quad Z = Y_3, \quad .... \quad Z = Y_\omega;$$

et, développant la fonction schin qui forme l'équation (A), on aura ... (C)

$$0 = Z^{(\delta 0)} \cdot w \left[Y_1^{(\delta 1)} \cdot Y_2^{(\delta 2)} \cdot Y_3^{(\delta 3)} \ldots Y_\omega^{(\delta \omega)} \right]$$
$$- Z^{(\delta 1)} \cdot w \left[Y_1^{(\delta 0)} \cdot Y_2^{(\delta 2)} \cdot Y_3^{(\delta 3)} \ldots Y_\omega^{(\delta \omega)} \right]$$
$$+ Z^{(\delta 2)} \cdot w \left[Y_1^{(\delta 0)} \cdot Y_2^{(\delta 1)} \cdot Y_3^{(\delta 3)} \ldots Y_\omega^{(\delta \omega)} \right]$$
$$\cdot \cdot \cdot \cdot \cdot \cdot \cdot \cdot \cdot \cdot \cdot \cdot \cdot \cdot \cdot \cdot \cdot$$
$$(-1)^\omega \cdot Z^{(\delta \omega)} \cdot w \left[Y_1^{(\delta 0)} \cdot Y_2^{(\delta 1)} \cdot Y_3^{(\delta 2)} \ldots Y_\omega^{(\delta(\omega-1))} \right];$$

expression qui est la forme des équations à plusieurs termes dont nous venons de parler, savoir, des équations qui ont la forme ... (D)

$$0 = A_0 \cdot Z^{(\delta 0)} + A_1 \cdot Z^{(\delta 1)} + A_2 \cdot Z^{(\delta 2)} \ldots + A_\omega \cdot Z^{(\delta \omega)}.$$

On voit par là immédiatement quelle est la construction générale des coefficiens A_0, A_1, A_2, A_3, ... A_ω dans les équations de tous les genres; car, en comparant les expressions (C) et (D), on trouve ... (E)

$$A_0 = + w \left[Y_1^{(\delta 1)} \cdot Y_2^{(\delta 2)} \cdot Y_3^{(\delta 3)} \ldots Y_\omega^{(\delta \omega)} \right]$$
$$A_1 = - w \left[Y_1^{(\delta 0)} \cdot Y_2^{(\delta 2)} \cdot Y_3^{(\delta 3)} \ldots Y_\omega^{(\delta \omega)} \right]$$
$$A_2 = + w \left[Y_1^{(\delta 0)} \cdot Y_2^{(\delta 1)} \cdot Y_3^{(\delta 3)} \ldots Y_\omega^{(\delta \omega)} \right]$$
$$\cdot \cdot \cdot \cdot \cdot \cdot \cdot \cdot \cdot \cdot \cdot \cdot \cdot \cdot \cdot \cdot$$
$$A_\omega = (-1)^\omega \cdot w \left[Y_1^{(\delta 0)} \cdot Y_2^{(\delta 1)} \cdot Y_3^{(\delta 2)} \ldots Y_\omega^{(\delta(\omega-1))} \right].$$

Mais, cette nouvelle manière d'envisager la construction des équations, appartient proprement à la philosophie de la théorie des équations des différens genres; et, c'est en traitant cette philosophie que nous nous en occuperons.

1. 36

question; et, dans cette nouvelle formule (145), la fonction arbitraire φx pourra encore être prise de manière à ce que la série (145)′ qui fait partie de la même formule, soit convergente entre des limites quelconques $(-m)$ et $(+n)$ du tems x.

Et, procédant de la même manière (*) à la détermination des fonctions consécutives Ω_4, Ω_5, Ω_6, Ω_7, etc., on parviendra évidemment, après un certain nombre ϖ de ces déterminations, ou à épuiser complètement la génération de la fonction Fx qu'il s'agit de découvrir, ou du moins à réduire cette génération à la forme … (146)

$$
\begin{aligned}
Fx = {}& \left(\dot{z}_0 + \dot{\Psi}(0)_1 . \dot{z}_1 + \dot{\Psi}(0)_2 . \dot{z}_2 + \dot{\Psi}(0)_3 . \dot{z}_3 \ldots + \dot{\Psi}(0)_\varpi . \dot{z}_\varpi \right) \\
& + \left(\dot{z}_1 + \dot{\Psi}(1)_1 . \dot{z}_2 + \dot{\Psi}(1)_2 . \dot{z}_3 \ldots + \dot{\Psi}(1)_{\varpi-1} . \dot{z}_\varpi \right) . \Omega_1 \\
& + \left(\dot{z}_2 + \dot{\Psi}(2)_1 . \dot{z}_3 + \dot{\Psi}(2)_2 . \dot{z}_4 \ldots + \dot{\Psi}(2)_{\varpi-2} . \dot{z}_\varpi \right) . \Omega_2 \\
& + \left(\dot{z}_3 + \dot{\Psi}(3)_1 . \dot{z}_4 \ldots + \dot{\Psi}(3)_{\varpi-3} . \dot{z}_\varpi \right) . \Omega_3 \\
& \cdots \cdots \cdots \cdots \cdots \cdots \cdots \\
& + \left(\dot{z}_{\varpi-1} + \dot{\Psi}(\varpi-1)_1 . \dot{z}_\varpi \right) . \Omega_{\varpi-1} \\
& + \dot{z}_\varpi . \Omega_\varpi \\
& + (\varphi x)^{\varpi+1} . \Big\{ \dot{z}_{\varpi+1} + \dot{z}_{\varpi+2} . \varphi x + \dot{z}_{\varpi+3} . (\varphi x)^2 \\
& \qquad\qquad + \dot{z}_{\varpi+4} . (\varphi x)^3 + \dot{z}_{\varpi+5} . (\varphi x)^4 + \text{etc., etc.} \Big\} ;
\end{aligned}
$$

(*) Cette manière de déterminer successivement les fonctions Ω_1, Ω_2, Ω_3, Ω_4, Ω_5, etc. par l'intégration approchée des équations auxiliaires (143)″, (144)″, (145)″, etc., ne présente aucune difficulté; et cette détermination peut même être opérée pour ainsi dire mécaniquement. Car, il suffit évidemment d'intégrer ces équations auxiliaires par le moyen des développemens en séries; et nommément, dans le cas présent où ces équations sont toutes données en fonctions de sinus et cosinus dépendans de la variable, il suffit d'opérer leur intégration par des développemens procédant par rapport aux multiples des arcs de ces sinus et cosinus; et, ensuite, on prendra, dans ces développemens, autant de termes qu'il en faut pour satisfaire aux conditions des approximations respectives qu'on doit atteindre par ces intégrations.

dans laquelle la série ... $(146)'$

$$\left\{ \dot{z}_{\varpi+1} + \dot{z}_{\varpi+2}\cdot\varphi x + \dot{z}_{\varpi+3}\cdot(\varphi x)^2 + \dot{z}_{\varpi+4}\cdot(\varphi x)^3 + \text{etc.}, \text{etc.} \right\}$$

n'aura plus qu'une valeur aussi petite qu'on peut le désirer, entre les limites quelconques $(-m)$ et $(+n)$ du tems x.

Or, dans cette dernière expression (146), le premier terme, savoir,

$$\left(\dot{z}_0 + \dot{\Psi}(0)_1\cdot\dot{z}_1 + \dot{\Psi}(0)_2\cdot\dot{z}_2 + \dot{\Psi}(0)_3\cdot\dot{z}_3 \ldots + \dot{\Psi}(0)_\varpi\cdot\dot{z}_\varpi \right)$$

est ce qu'il faudrait proprement nommer *époque* du mouvement céleste Fx dont il est question; les termes suivans qui dépendent des fonctions $\Omega_1, \Omega_2, \Omega_3, \ldots \Omega_{\varpi-1}, \Omega_\varpi$, constituent ce mouvement même Fx et ses *équations périodiques*; et, enfin, le dernier terme, savoir,

$$(\varphi x)^{\varpi+1}\cdot\left\{ \dot{z}_{\varpi+1} + \dot{z}_{\varpi+2}\cdot\varphi x + \dot{z}_{\varpi+3}\cdot(\varphi x)^2 \right.$$
$$\left. + \dot{z}_{\varpi+4}\cdot(\varphi x)^3 + \dot{z}_{\varpi+5}\cdot(\varphi x)^4 + \text{etc.}, \text{etc.} \right\}$$

est la véritable *équation séculaire* du même mouvement Fx, équation qu'on peut étendre à des limites quelconques $(-m)$ et $(+n)$ du tems x, en donnant à la fonction arbitraire φx une détermination telle que, dans ces limites, on ait toujours $\varphi x < 1$, et que la série soit convergente, ce qu'il est facile de faire ayant le choix de la fonction φx. — On voit actuellement comment, en changeant la détermination de cette fonction arbitraire φx, pour étendre de plus en plus les limites du tems x, et par conséquent en changeant la valeur déterminée $\dot{x}$ qui résulte de la relation $\varphi\dot{x}=0$ et qu'il faut substituer, à la place de la variable x, dans tous les coefficiens de l'expression définitive (146), on voit, disons-nous, comment ce changement opèrera un changement correspondant dans la valeur des coefficiens que nous venons de nommer, c'est-à-dire, comment l'*époque* et les coefficiens des différens *argumens* Ω_1, Ω_2, Ω_3, ... Ω_ϖ varient avec l'étendue du tems qu'embrasse l'*équation séculaire*. On voit aussi qu'à mesure que le premier et, par conséquent, tous les autres coefficiens

$$\dot{z}_{\varpi+1}, \quad \dot{z}_{\varpi+2}, \quad \dot{z}_{\varpi+3}, \quad \dot{z}_{\varpi+4}, \quad \text{etc.}$$

dans la série additionnelle $(146)'$ formant l'équation séculaire, viennent à diminuer dans leurs valeurs absolues, c'est-à-dire, à mesure que les argumens trouvés Ω_1, Ω_2, Ω_3, ... Ω_ϖ s'approchent davantage de la véritable génération de la fonction cherchée Fx, les coefficiens de ces argumens dans l'expression (146) et le coefficient de Ω_0 formant l'époque dans la même expression, deviendront de moins en moins variables par l'emploi des diverses valeurs arbitraires $\dot{x}$ que donne la relation $\varphi\dot{x} = 0$ dépendante de la fonction arbitraire φx; car, si ces argumens trouvés Ω_1, Ω_2, Ω_3, ... Ω_ϖ suffisaient pour épuiser complètement la génération de la fonction cherchée Fx, et si, par conséquent, les coefficiens de la série additionnelle $(146)'$ étaient absolument zéro, c'est-à-dire, si l'on avait

$$z_{\varpi+1} = 0, \quad z_{\varpi+2} = 0, \quad z_{\varpi+3} = 0, \quad \text{etc., etc.,}$$

quelle que fût la valeur de la variable x dont dépendent ces coefficiens, la valeur arbitraire $\dot{x}$ provenant de la relation arbitraire $\varphi\dot{x} = 0$, ne pourrait plus influer sur ces derniers coefficiens, et, par conséquent, cette valeur ne saurait non plus influer sur les autres coefficiens de l'expression définitive (146).

Tel est le procédé constituant évidemment la Loi fondamentale de toute la partie systématique de la Mécanique céleste, et généralement de toutes les autres recherches mathématiques de la Physique (*). —

____

(*) Il faut, en effet, prévenir les savans que, sous le nom simple de Loi fondamen-

On comprendra, ce nous semble, que, sans même connaître encore les véritables lois que suivent les élémens du mouvement des Astres (les différentielles de ce mouvement), lois qui appartiennent à la partie élémentaire de la Mécanique céleste, on pourra déjà, en employant provisoirement les équations différentielles connues, arriver, par le procédé précédent, à une Théorie des mouvemens célestes, bien autrement simple et rigoureuse que ne le sont les résultats *fragmentaires* que, faute de procédés algorithmiques supérieurs, on a été forcé de ramasser sans ordre et de prendre pour une Théorie du mouvement des Astres.

On aura surtout l'avantage inappréciable de pouvoir juger les véritables progrès de la Mécanique céleste. Car, pour chaque mouvement faisant partie du Système du Monde, le tout consiste évidemment, suivant la théorie philosophique que nous venons d'exposer, à réduire le plus possible la valeur absolue de la série $(146)'$ formant l'équation séculaire de ce mouvement; de sorte que, pour donner un véritable avancement à la science, il faudra, d'après le procédé de cette nouvelle ou plutôt unique théorie, ou découvrir une fonction ultérieure $\Omega_{\varpi+1}$ à la suite des fonctions déjà connues Ω_1, Ω_2, Ω_3, ... Ω_ϖ formant la génération du mouvement dont il est question, ou modifier celles de ces fonctions qui seront déjà connues, de manière à ce que, dans l'un ou dans l'autre cas, la série complémentaire $(146)'$ ou l'équation séculaire soit réduite à une valeur plus petite que celle qu'on aura déjà obtenue. On aura ainsi un critérium précis et infaillible pour reconnaître une véritable découverte en Mécanique céleste, et, en même tems, pour estimer, à leur juste valeur, un tas de formules rapsodiques que, sous le nom pompeux d'*équations*, on ne cesse d'accumuler et

______

tale de la Mécanique céleste, ils viennent de recevoir, dans ses derniers détails, la Loi FONDAMENTALE DE L'APPLICATION UNIVERSELLE DES MATHÉMATIQUES A LA PHYSIQUE.

d'ajuster pour compléter certains mouvemens célestes, par exemple, celui de la Lune.

Mais ces considérations appartiennent déjà à la Philosophie de la Mécanique céleste, dans laquelle, après avoir fixé le vrai point de vue du Système du Monde, et après avoir donné entièrement à priori les lois que suivent les élémens de ce Système, sans rien puiser dans l'expérience, pas même la loi newtonienne de l'attraction (*), nous appliquerons à ces élémens, avec des modifications convenables, le procédé philosophique (146) que nous venons de présenter, et nous arriverons ainsi aux lois du Système même des mouvemens célestes. Notre objet se réduisait ici à donner un exemple pour l'application de notre Loi suprème des Mathématiques; et cet objet se trouve atteint.

(*) Déjà en 1804 nous avons communiqué à M. le baron de Zach la Loi ABSOLUE de la Mécanique céleste, de laquelle découlent toutes les autres lois du Système du Monde. Mais, M. le baron, entouré de ses horloges et de la savante trigonométrie, se croyait probablement au sommet de la science, et il dédaigna notre communication. — C'est pour la millième fois que les savans de profession, titrés ou brévetés, exercent cette ridicule et malheureusement pernicieuse arrogance: ces Messieurs, à eux seuls, ont plus nui aux progrès de la vérité, que ne l'ont fait tous les autres obstacles réunis qui s'y opposent naturellement. — Puissions-nous en présenter le dernier exemple!

FIN DE LA PREMIÈRE SECTION.

ERRATA.

Page 137, ligne 25, de la première section, *lisez* de la première partie

171, 13, première partie qui est l'objet de l'ouvrage présent, *lisez* première section qui constitue l'ouvrage présent où nous allons donner la solution de la première de ces questions.

191, *dernière*, $\Delta^{\delta 2} Y_2$, *lisez*, $\Delta^{\delta 3} Y_2$

200, 13, $\dfrac{\quad\quad}{1^2|3}$, *lisez*, $\dfrac{\quad\quad}{1^2|\iota}$

236, 1, $F(3) = \dfrac{\Delta F'(2)}{\Omega(2)_3} =$, *lisez*

$$F(3) = \frac{\Delta F(2)}{\Delta \Omega(2)_3} =$$

242, 17, par exemples, *lisez* par exemple,

269, 4, $\varphi x^{(\varpi+)5}|\xi$, *lisez*, $\varphi x^{(\varpi+5)}|\xi$,